QR코드 동영상으로
무료강의를 들을 수 있습니다!

에너지관리 기능사 실기시험

윤상민 편저

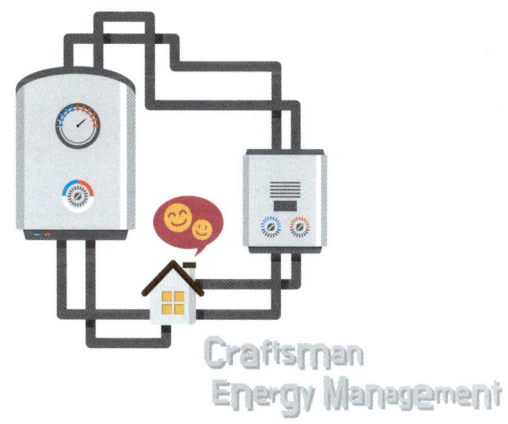
Craftsman Energy Management

일진사

머리말

　현대 사회에서 에너지 산업은 매우 중요한 비중을 차지하고 있다. 특히, 지하자원이 넉넉하지 못한 우리에게는 국가적인 차원에서 지속적인 관심을 가지며 투자를 하고 있는 분야이다. 이러한 정부 시책에 따라 에너지관리기능사의 수요는 앞으로도 지속적으로 증가할 전망이다. 에너지관리기능사 실기시험은 필답형 주관식 50 %(약 10문항 출제)와 작업형 50 %(시험시간 3시간 20분)로 실시된다.

　이 책은 에너지관리기능사 실기시험을 준비하는 수험생들의 실력 배양 및 합격에 도움이 되고자 다음과 같은 부분에 중점을 두어 구성하였다.

첫째, 한국산업인력공단의 출제 기준에 따라 반드시 알아야 하는 기본 이론을 이해하기 쉽도록 일목요연하게 정리하였다.
둘째, 2012년 이후부터 지금까지 출제된 과년도 문제를 철저히 분석하여 핵심 문제를 수록하였으며, 각 문제마다 상세한 해설을 곁들여 이해를 도왔다.
셋째, 최근에 시행된 기출 문제를 수록하여 줌으로써 출제 경향을 파악하고, 이에 맞춰 실전에 대비할 수 있도록 하였다.
넷째, 작업형 도면 및 완성 작품 사진을 풍부하게 수록하여 작업형 실기시험에 충분히 대비할 수 있도록 하였다.

　끝으로 이 책으로 에너지관리기능사 실기시험을 준비하는 수험생 여러분께 합격의 영광이 함께 하길 바라며, 이 책이 나오기까지 여러모로 도와주신 모든 분들과 두서출판 **일진사** 직원 여러분께 깊은 감사를 드린다.

저자 씀

에너지관리기능사 출제기준(실기)

직무분야	환경·에너지	중직무분야	에너지·기상	자격종목	에너지관리기능사	적용기간	2018.1.1~2019.12.31

- **직무내용**: 건물용 및 산업용 보일러와 부대설비의 운영을 위하여 기기의 설치, 배관, 용접 등의 작업과 보일러 연료와 열을 효율적이고 경제적으로 사용하기 위한 관리, 운전, 정비 등의 업무를 수행
- **수행준거**:
  1. 난방 및 급탕부하를 파악하고 보일러 용량을 계산할 수 있다.
  2. 보일러 시공도면을 해독·작성할 수 있다.
  3. 보일러 및 부대설비 설치 시 공구와 장비를 이용하여 시공할 수 있다.
  4. 보일러 부속장치를 설치하고 정비할 수 있다.
  5. 보일러 및 부속설비의 구조를 이해하고 운전 및 관리를 할 수 있다.
  6. 보일러 및 부속설비의 고장을 파악하고 정비 및 취급할 수 있다.
  7. 보일러 및 부속설비의 취급에 따른 안전조치를 취할 수 있다.

실기 검정방법	복합형	시험시간	4시간 정도(필답형 : 1시간, 작업형 : 3시간 정도)

실기과목명	주요항목	세부항목
보일러 시공 작업	1. 시운전	(1) 보일러설비 시운전하기 (2) 급·배수설비 시운전하기
	2. 자동제어설비 설치	(1) 보일러제어설비 설치하기 (2) 급배수제어설비 설치하기
	3. 열원설비 설치	(1) 급수설비 설치하기 (2) 연료설비 설치하기 (3) 통풍장치 설치하기 (4) 송기장치 설치하기 (5) 에너지절약장치 설치하기 (6) 증기설비 설치하기 (7) 난방설비 설치하기 (8) 급탕설비 설치하기
	4. 에너지관리	(1) 단열성능 관리하기 (2) 에너지사용량 분석하기
	5. 유지보수공사	(1) 보일러설비 유지보수공사하기 (2) 배관설비 유지보수공사하기 (3) 덕트설비 유지보수공사하기 (4) 정비·세관작업하기
	6. 유지보수 안전관리	(1) 안전작업하기
	7. 보일러설비 운영	(1) 보일러 관리하기 (2) 부속장치 점검하기 (3) 보일러 가동 전 점검하기 (4) 보일러 가동 중 점검하기 (5) 보일러 가동 후 점검하기 (6) 보일러 고장 시 조치하기 (7) 열펌프(EHP)장치 관리하기 (8) 수처리 관리하기 (9) 연료장치 관리하기

차례

Chapter 01 에너지관리기능사 계산 문제 총정리

- 1-1 사각형 보일러 ·· 10
- 1-2 삼각형 보일러 ·· 10
- 1-3 열의 이동 ·· 11
- 1-4 보일러의 출력(보일러의 용량) ·· 12

Chapter 02 보일러의 종류 및 특성

- 2-1 보일러의 개요 및 분류 ··· 30
- 2-2 보일러의 종류 및 특성 ··· 32
  - 1 원통형 보일러 ·· 32
  - 2 수관식 보일러(water tube boiler) ······································ 35
  - 3 주철제 보일러(cast-iron boiler) ·· 38
  - 4 특수 보일러 ··· 38

Chapter 03 보일러의 부속장치

- 3-1 부속장치의 종류 ·· 40
- 3-2 계측기 ··· 40
- 3-3 안전장치 ·· 43
- 3-4 급수장치 ·· 48
- 3-5 송기장치 ·· 53
- 3-6 분출장치 ·· 61
- 3-7 폐열회수장치(보일러 열효율 증대장치) ··································· 62
- 3-8 통풍장치 ·· 65

3-9	집진장치	68
3-10	수트블로어(매연 분출기)	68
3-11	연소 보조장치	69
3-12	보염장치	71

Chapter 04 연료 및 연소장치

4-1	연료의 종류와 특성	74
	1 연료의 개요	74
	2 연료의 종류	75
4-2	연소방법 및 연소장치	80
	1 연소	80
	2 성상에 따른 연소장치 및 특징	81
4-3	연소 계산	83

Chapter 05 보일러 자동제어

| 5-1 | 자동제어의 개요 | 92 |
| 5-2 | 보일러 자동제어 | 95 |

Chapter 06 난방설비

6-1	난방의 분류	102
6-2	증기 난방설비	102
6-3	온수 난방설비	107
6-4	복사 난방법(panel heating system)	109
6-5	온수 온돌 시공	110
6-6	연료 배관	117

Chapter 07 보일러 열효율 및 열정산

- **7-1** 보일러 열효율 ·· 120
- **7-2** 보일러 열정산(열수지, heat balance) ·· 124

Chapter 08 보일러 설치 시공 및 검사 기준

- **8-1** 보일러 설치 시공 기준 ·· 128
  - 1 설치 장소 ·· 128
  - 2 급수장치 ·· 130
  - 3 안전밸브 및 압력방출장치 ·· 131
  - 4 수면계 ·· 131
  - 5 계측기 ·· 132
- **8-2** 보일러 설치 검사 기준 ·· 133
- **8-3** 보일러 취급 일반 ··· 135
  - 1 보일러의 사용 전 준비사항 ·· 135
  - 2 보일러의 점화 ·· 135
  - 3 증기 발생 시의 취급 ··· 137
  - 4 보일러 운전 중의 취급 ··· 138
  - 5 보일러 정지 시 취급 ··· 139
- **8-4** 보일러 운전 중의 사고 및 대책 ··· 141
  - 1 과열 사고 ·· 141
  - 2 저수위 사고 ··· 142
  - 3 포밍, 프라이밍, 캐리오버, 워터해머 ··· 143
  - 4 부식 사고 ·· 143
- **8-5** 보일러의 급수 처리 ·· 146
  - 1 보일러 급수(용수) 처리법 ··· 146
  - 2 급수 외처리(1차 처리) ·· 146
  - 3 급수 내처리(2차 처리) ·· 147
- **8-6** 보일러의 청소 및 보존법 ··· 148
  - 1 보일러의 청소 ·· 148
  - 2 보일러의 보존법 ·· 149

Chapter 09 배관 공작

9-1 배관 재료 ········· 152
 1 강관(steel pipe) ········· 152
 2 주철관(cast iron pipe) ········· 154
 3 비철 금속관 ········· 155
 4 비금속관 ········· 156
 5 배관 이음 ········· 157
 6 신축 이음(expansion joint) ········· 161
 7 밸브(valve) ········· 162

9-2 배관 공작 ········· 165
 1 배관 공작용 공구와 기계 ········· 165
 2 관의 접합 및 벤딩 가공 ········· 168
 3 배관지지장치(배관지지쇠) ········· 173
 4 배관 보온 단열재 ········· 176
 5 패킹(packing) ········· 178
 6 방청용 도료(paint) ········· 178

9-3 배관 도시 ········· 179

부록

- ■필답형 실기시험 ········· 192
- •2012년도 출제문제 ········· 193
- •2013년도 출제문제 ········· 205
- •2014년도 출제문제 ········· 216
- •2015년도 출제문제 ········· 228
- •2016년도 출제문제 ········· 239
- •2017년도 출제문제 ········· 250
- •2018년도 출제문제 ········· 262
- ■작업형 실기시험 ········· 275

Chapter 1

에너지관리기능사 계산 문제 총정리

1-1 사각형 보일러
1-2 삼각형 보일러
1-3 열의 이동
1-4 보일러의 출력(보일러의 용량)

Chapter 01 ≫ 에너지관리기능사 계산 문제 총정리

1-1 사각형 보일러

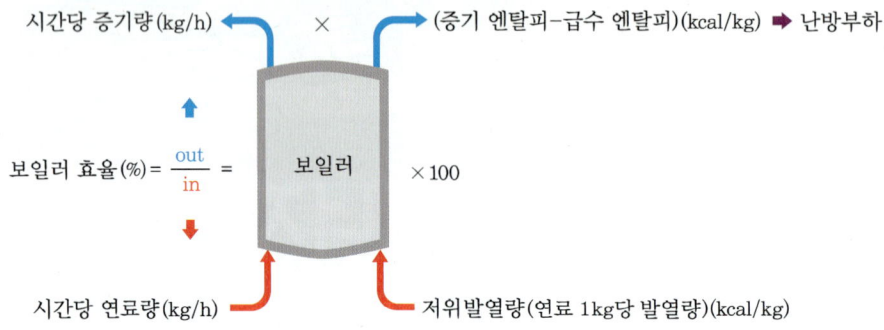

▶ **엔탈피** : 물질이 가지고 있는 에너지의 함량

1-2 삼각형 보일러

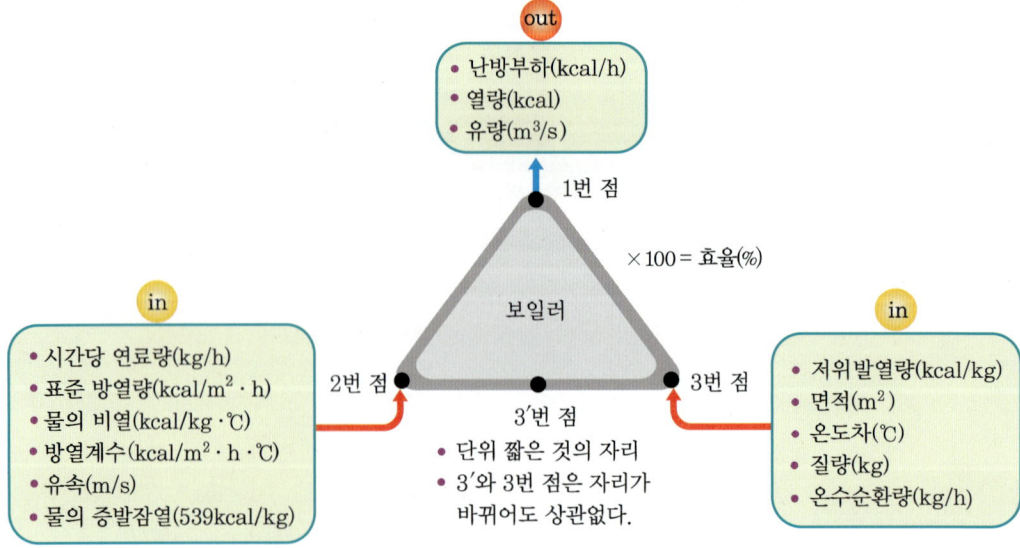

① 1번 꼭짓점 자리에 올 수 있는 항목 : 난방부하(kcal/h), 열량(kcal), 유량(m^3/s) 등
② 2번 꼭짓점 자리에 올 수 있는 항목 : 시간당 연료량(kg/h) 및 유속(m/s)
　예외로 문제에서 연료량 값이 주어지지 않으면 3개 이상의 단위로 구성된 것
③ 3번 꼭짓점 자리에 올 수 있는 항목 : 저위발열량(연료량이 주어진 경우)
　예외로 연료량이 없으면 단위가 2개 이하로 구성된 것
▶ 문제를 풀 때 제시된 지문 중에 난방부하(kcal/h) 값이 주어지면 삼각형 보일러, 주어지지 않으면 사각형 보일러를 이용한다.

1-3 열의 이동

열은 고온으로부터 저온으로 이동된다.

(1) 전도 : 푸리에(Fourier)의 법칙

고체 간의 열의 이동을 말한다. 즉, 고온의 고체에서 저온체로 이동하는 것을 말한다.

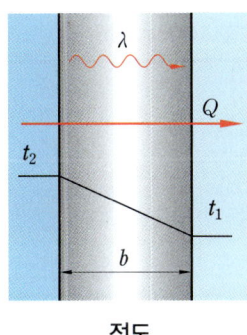

$$Q = \frac{\lambda A (t_2 - t_1)}{b}$$

여기서, Q : 전도 전열량(kcal/h)
　　　　λ : 열전도율(kcal/m·h·℃)
　　　　A : 전열면적(m^2)
　　　　t_2 : 고온측 온도(℃)
　　　　t_1 : 저온측 온도(℃)
　　　　b : 벽체의 두께(m)

전도

(2) 대류 : 뉴턴(Newton)의 법칙

유체 간의 분자 활동에 의한 열의 이동으로 온도가 상승하면 밀도가 작아지면서 밀도차에 의한 열의 이동을 말한다.

$$Q = K \times A \times \Delta t$$

여기서, Q : 대류 열전달량(kcal/h)
　　　　K : 열관류(대류)율(kcal/m^2·h·℃)
　　　　A : 전열면적(m^2)
　　　　Δt : 온도차(℃)

(3) 복사 : 스테판(Stefan-Boltzmann)의 법칙

열선에 의하여 열이 이동하는 현상으로 흑체로부터의 복사 전열량은 절대온도(T) 4제곱에 비례한다.

$$Q = a_r \times F \times \Delta t$$

여기서, a_r : 복사 열전달률(kcal/m² · h · ℃)

$$a_r = \frac{1}{T_1 - T_2} \cdot \varepsilon \cdot C_b \left[\left(\frac{T_1}{100}\right)^4 - \left(\frac{T_2}{100}\right)^4 \right]$$

T_1 : 고온면 절대온도, T_2 : 고온면 절대온도
ε : 방사율, C_b : 볼츠만 상수[= 4.88 kcal/m² · h · K(100)⁴]

> **참고 · 열관류율(열통과율)**
>
> 열이 한 유체에서 벽을 통과하여 다른 유체로 전달되는 현상을 말한다. 즉 고온측으로부터 저온측으로 열이 이동할 때를 평균 열통과율이라 생각할 수 있다. 단위는 kcal/m² · h · ℃로 나타내고 역수를 열저항(m² · h · ℃/kcal)이라 한다.
>
>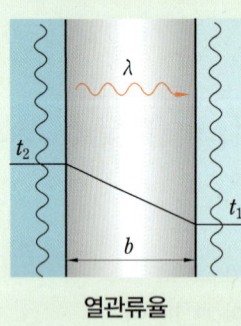
>
> 열관류율
>
> $$K = \frac{1}{\dfrac{1}{a_1} + \dfrac{b}{\lambda} + \dfrac{1}{a_2}}$$
>
> 여기서, K : 열관류율(kcal/m² · h · ℃)
> a_1 : 고온측 열전달률(kcal/m² · h · ℃)
> a_2 : 저온측 열전달률(kcal/m² · h · ℃)
> t_2 : 고온측 온도(℃)
> t_1 : 저온측 온도(℃)
> b : 벽체의 두께(m)

1-4 보일러의 출력(보일러의 용량)

보일러의 출력은 증기(온수) 보일러에서는 kcal/h로 표시한다. 설치해야 할 보일러의 크기, 즉 출력은 필요한 열량(난방, 급탕)과 배관 중의 손실, 보일러 예열에 소비되는 열량 등의 총합으로 나타낼 수 있다. 일반적으로 보일러의 출력은 정격출력으로 표시한다.

> **참고 · 정격출력**
>
>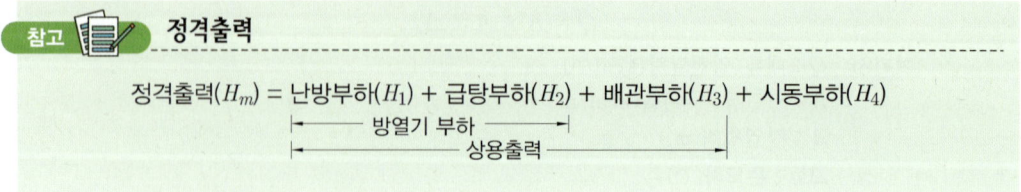
>
> 정격출력(H_m) = 난방부하(H_1) + 급탕부하(H_2) + 배관부하(H_3) + 시동부하(H_4)

(1) 난방부하(H_1) 계산

① EDR(상당방열면적)에 의한 계산 : 가장 많이 사용
② 손실열량에 의한 계산

③ 간이식에 의한 계산

(2) 상당방열면적(EDR)으로부터 난방부하의 계산 중요

① EDR : 상당방열면적이라고 말하며, 표준방열량을 방열하는 면적 $1\,m^2$를 1EDR(표준방열면적)이라고 한다.
② 주철제 방열기인 경우 온수 평균온도 80℃, 실내온도 18.5℃인 경우에 방열량을 $450\,kcal/m^2 \cdot h$로 한 것을 말한다.
③ 레이팅(rating)이라고도 하며, 난방의 경우 방열기의 방열면적을 가지고 보일러 능력을 표시한다.

> **참고** 표준방열량과 상당방열면적
>
> 상당방열면적 $1\,m^2$당 증기는 $650\,kcal/m^2 \cdot h$, 온수는 $450\,kcal/m^2 \cdot h$를 방열하는 것을 기준으로 한다.
>
> | 구분 | 방열기내 평균온도(℃) | 난방온도(℃) | 온도차 | 방열계수 | 표준방열량 (kcal/m²·h) |
> |---|---|---|---|---|---|
> | 증기 | 102 | 18.5 | 81 | 7.78 | 650 |
> | 온수 | 80 | 18.5 | 62 | 7.31 | 450 |

(가) 방열량 계산

㉮ 방열기 방열량($kcal/m^2 \cdot h$) = 방열기 방열계수×온도차
　　　　　　　　　　　　　　＝ 표준방열량×방열량 보정계수

㉯ 온도차 ＝ $\dfrac{방열기\ 입구온도 + 방열기\ 출구온도}{2}$ － 실내온도

(나) 난방부하

㉮ 난방부하 ＝ EDR×방열기 표준방열량(kcal/h)
㉯ 난방부하 ＝ 방열기 소요 방열면적 × 방열기 방열량
㉰ 방열기 소요 방열면적(m^2) ＝ 난방부하 ÷ 방열기 방열량

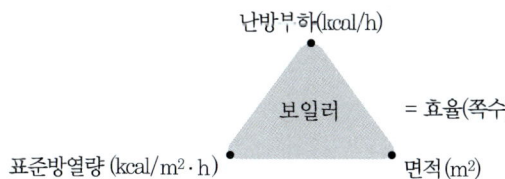

(다) 온수 난방 시 방열기의 쪽수 및 상당방열면적 계산

쪽수 ＝ $\dfrac{난방부하}{450 \times 쪽당\ 표면적}$　　　　상당방열면적(m^2) ＝ $\dfrac{난방부하}{450}$

▶ 증기 난방 시 450 대신 650을 대입하여 구한다.

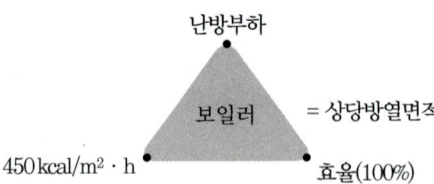

핵심문제

01 방열기의 입구온도 70℃, 출구온도 55℃, 방열계수 6.8 kcal/m² · h · ℃이고, 실내 온도가 18℃일 때, 이 방열기의 방열량은?

해답 방열기 방열량＝방열계수×(평균온도－실내온도)
$$= 6.8 \times \left(\frac{70+55}{2} - 18\right) = 302.6 \text{ kcal/m}^2 \cdot \text{h}$$

참고 문제에서 효율이 주어지지 않으면 100%로 보면 된다. 그리고 방열계수의 위치는 단위가 가장 긴 곳의 자리이며, 온도차의 위치는 단위가 가장 짧은 곳의 자리이다.

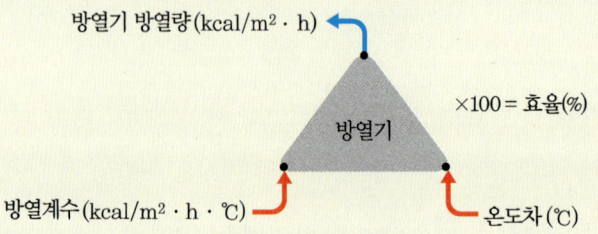

02 윗 문제에서 난방부하가 23200 kcal/h라면 소요방열면적과 상당방열면적은? (단, 온수 난방일 경우)

해답 ① 소요방열면적 $= \dfrac{23200}{302.6} = 76.669 \text{ m}^2$

② 상당방열면적(EDR) $= \dfrac{23200}{450} = 51.556 \text{ m}^2$

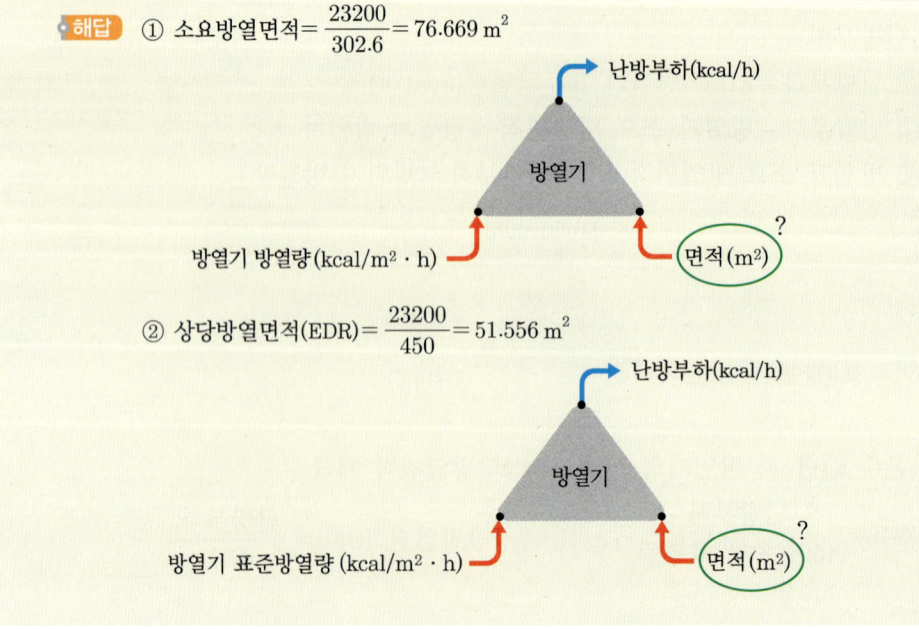

(3) 급탕부하(H_2) 계산

급탕열량은 냉수를 공급하여 온수로 만들어 사용하는 열량으로 계산할 수가 있다.

$$H_2 = G \cdot C \cdot \Delta t$$

여기서, H_2 : 급탕부하(kcal/h)
 G : 시간당 온수 사용량(kg/h)
 C : 물의 평균비열(kcal/kg·℃)
 Δt : 온도차(=출탕온도−급수온도)(℃)

(4) 배관부하(H_3)

배관으로부터 생기는 열손실을 말한다.

$$H_3 = (H_1 + H_2) \times (0.25 \sim 035)$$

(5) 시동부하(예열부하 : H_4)

냉각된 상태의 보일러를 운전온도가 될 때까지 가열하는 데 필요한 열량을 말한다.

$$H_4 = 철\ 무게 \times 철\ 비열 \times 온도차 + 물\ 무게 \times 물\ 비열 \times 온도차$$
$$= (G \cdot C + V) \times (t_2 - t_1)$$

여기서, G : 철의 무게(kg)
 C : 철의 비열(0.12 kcal/kg·℃)
 V : 물의 무게(kg)
 t_2 : 운전온도(℃)
 t_1 : 시동 전 온도(℃)

또는 $H_4 = (H_1 + H_2 + H_3) \times (0.2 \sim 0.35)$

(6) 보일러의 출력(H_m) 계산

$$H_m = \frac{(H_1 + H_2)(1+\alpha)\beta}{K} [\text{kcal/h}]$$

여기서, H_1 : 난방부하(kcal/h)
 H_2 : 급탕 및 취사부하(kcal/h)
 α : 배관부하율(0.25~0.35)
 β : 여력계수(예열부하)
 K : 출력저하계수

출력저하계수가 1인 경우에는 다음 식으로 적용된다.

$$H_m = (H_1 + H_2)(1+\alpha)\beta [\text{kcal/h}]$$

핵심문제

03 보일러의 압력이 5 kg/cm²이고, 증발량이 3000 kg/h, 급수 온도 25℃, 증기 엔탈피 640 kcal/kg, 시간당 연료 사용량이 250 kg/h일 때 보일러 효율은 몇 %인가? (단, 연료의 저위발열량은 9700 kcal/kg이다.)

해답 보일러 효율(%) = $\dfrac{\text{시간당 증기량}(\text{증기 엔탈피} - \text{급수 엔탈피})}{\text{시간당 연료량} \times \text{연료의 저위발열량}} \times 100$

$= \dfrac{3000 \times (640-25)}{250 \times 9600} \times 100 = 76\%$

참고

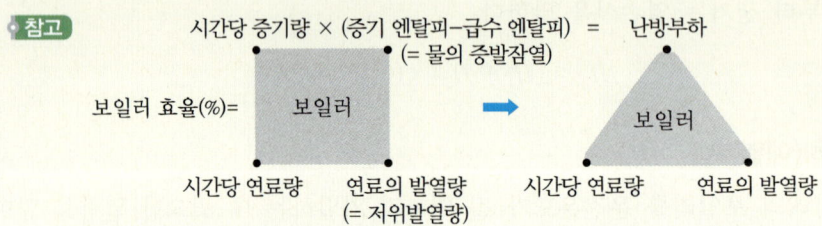

04 시간당 증발량이 2000 kg/h이고 발열량이 9800 kcal일 때 연료사용량(kg/h)은? (단, 보일러 효율은 80%이다.)

해답 연료량(kg/h) = $\dfrac{\text{시간당 증발량} \times \text{물의 증발잠열}}{\text{효율} \times \text{발열량}} \times 100$

$= \dfrac{2000 \times 539}{0.8 \times 9800} = 137.5 \text{ kg/h}$

참고

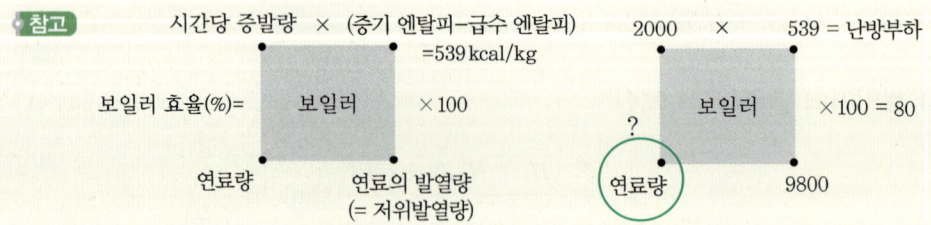

05 어떤 보일러의 급수 온도가 60℃, 증발량이 1시간당 2500 kg, 증기압력이 7 kgf/cm²일 때 상당증발량(kg/h)은? (단, 발생 증기 엔탈피는 660 kcal/kg이다.)

해답 상당증발량(kg/h) = $\dfrac{\text{난방부하}}{\text{물의 증발잠열}} = \dfrac{\text{시간당 증기량} \times (\text{증기 엔탈피} - \text{급수 엔탈피})}{539}$

$= \dfrac{2500 \times (660-60)}{539} = 2782 \text{ kg/h}$

> **참고**

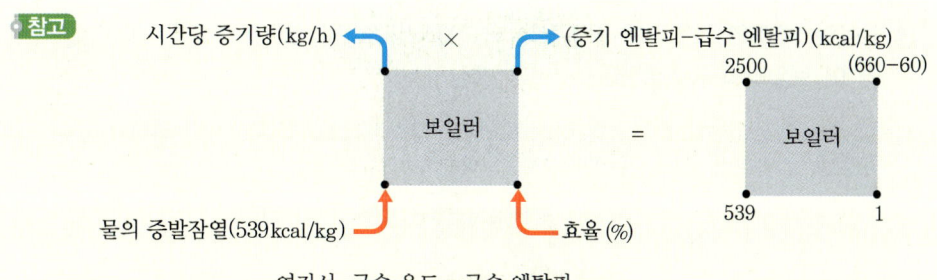

여기서, 급수 온도 = 급수 엔탈피

06 어떤 사무실에 설치된 온수방열기의 상당방열면적(EDR)이 7.5 m²이었다. 난방부하는 몇 kcal/h인지 계산하시오.

> **해답** 난방부하 = 방열기 표준방열량 × EDR = 450 × 7.5 = 3375 kcal/h

> **참고** 방열기 표준방열량
> • 온수난방 : 450 kcal/m² · h   • 증기난방 : 650 kcal/m² · h

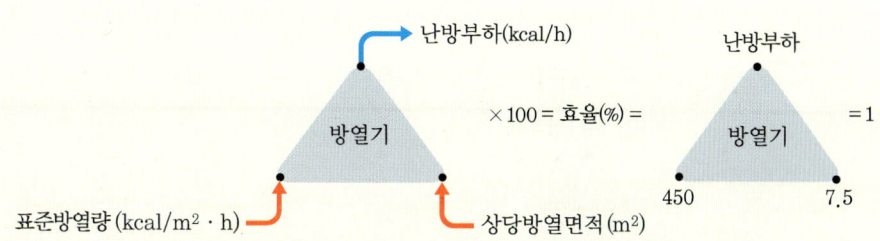

07 다음과 같은 조건에서 오일버너의 연료소비량은 몇 kg/h인지 계산하시오.

- 연료의 발열량 : 10000 kcal/kg
- 보일러 효율 : 85 %
- 보일러 정격출력 : 20400 kcal/h
- 연료의 비중 무시

> **해답** 연료소비량(kg/h) = $\dfrac{\text{정격출력}}{\text{효율} \times \text{연료의 발열량}} = \dfrac{20400}{0.85 \times 10000} = 2.4$ kg/h

> **참고** 문제에서 난방부하(정격출력)가 주어졌기 때문에 삼각형 보일러를 이용하여 푼다. 그리고 효율은 주어지지 않으면 100 %이다.

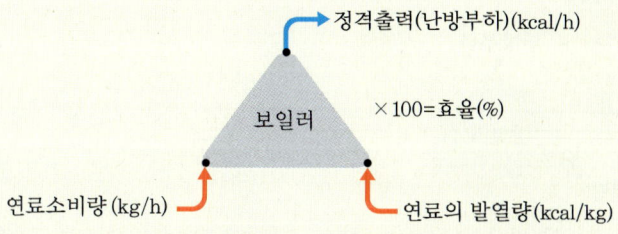

08 효율이 90 %인 보일러에 발열량이 11000 kcal/kg인 연료를 시간당 60 kg을 사용한다면 이 보일러의 유효열량(kcal/h)을 계산하시오.

- **해답** 유효열량(kcal/h) = 연료량 × 발열량 × 효율 = 60 × 11000 × 0.9 = 594000 kcal/h
- **참고** 손실열량 = (60 × 11000) × 0.1 = 66000 kcal/h

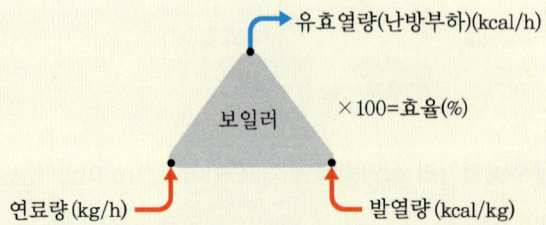

09 어떤 보일러 외부 표면으로부터 보일러실 내로 열전달이 되고 있다. 보일러 외부의 표면적이 40 m²이고 온도가 80℃이며, 실내온도가 20℃이면, 열전달량(kcal/h)은? (단, 열전달계수는 0.25 kcal/m²·h·℃이다.)

- **해답** 열전달량(kcal/h) = 열전달계수 × 온도차 × 면적 = 0.25 × 60 × 40 = 600 kcal/h
- **참고** 문제에서 효율에 대한 언급이 없으므로 100%로 보면 된다.

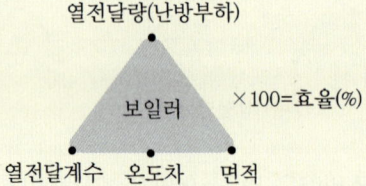

10 사무실에 온수용 3세주 650 mm 주철제 방열기를 설치하고자 한다. 난방부하가 6750 kcal/h일 때 방열기의 섹션수는 얼마가 되어야 하는가? (단, 방열기 방열량은 표준으로 하고 방열기의 섹션당 표면적은 0.15 m²이다.)

- **해답** 섹션수 = $\dfrac{\text{난방부하}}{\text{표준방열량} \times \text{면적}} = \dfrac{6750}{450 \times 0.15} = 100$쪽
- **참고** 방열기 표준방열량
  - 온수난방 : 450 kcal/m²·h
  - 증기난방 : 650 kcal/m²·h

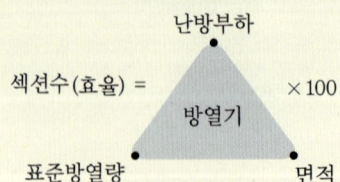

11 온수난방의 난방부하가 2250 kcal/h이며 방열기 쪽당 방열면적이 0.2 m²일 때 방열기의 쪽수를 구하시오.

🔹해답 섹션수 = 난방부하 / (표준방열량×면적) = 2250 / (450×0.2) = 25쪽

12 난방부하 18000 kcal/h이고 방열기 1개당 20쪽짜리이며 쪽당 방열면적이 0.2 m²일 때 주철제 온수난방 보일러에서 이러한 방열기 몇 개가 필요한가?

🔹해답 방열기의 수 = 난방부하 / (표준방열량×1개당 쪽수×면적) = 18000 / (450×20×0.2) = 10개

🔹참고

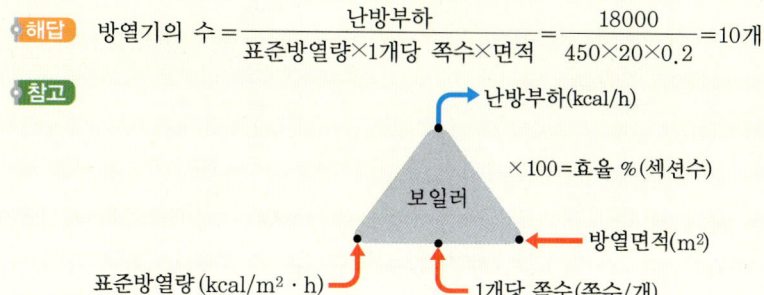

13 난방면적이 120 m²인 사무실에 온수로 난방을 하려고 한다. 열손실지수가 150 kcal/m²·h일 때 (1) 난방부하(kcal/h)와 (2) 방열기 소요 쪽수를 계산하시오. (단, 방열기의 방열량은 표준으로 하고, 쪽당 방열면적은 0.2 m²이다.)

🔹해답 (1) 난방부하 = 열손실지수×난방면적 = 150×120 = 18000 kcal/h

(2) 방열기 쪽수 = 난방부하 / (표준방열량×면적) = 18000 / (450×0.2) = 200쪽

🔹참고

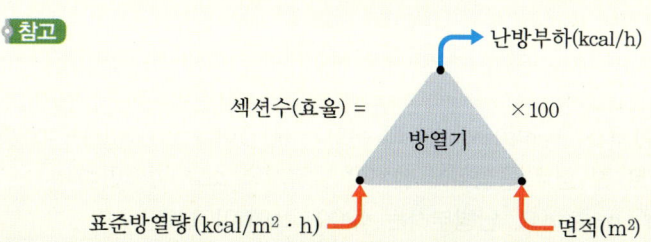

14 사무실 벽면적이 120 m²이고 열통과율 0.18 kcal/m²·h·℃, 실내온도 20℃, 실외온도 -5℃일 때 손실열량(kcal/h)을 계산하시오.

🔹해답 손실열량 = 열통과율×벽면적×온도차 = 0.18×120×{20-(-5)} = 540 kcal/h

🔹참고

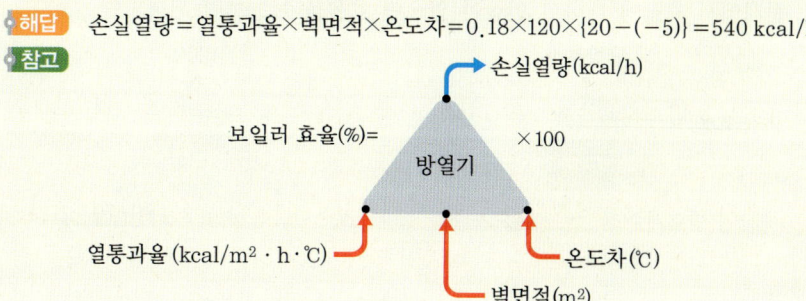

15 현재 보일러 온도가 20℃이고, 운전 온도가 80℃, 철의 무게가 0.8 ton, 철의 비열이 0.117 kcal/kg·℃이다. 철만 가열하는 데 필요한 예열부하는?

해답 예열부하(열량)＝비열×질량×온도차＝0.117×800×60＝5616 kcal

참고 질량＝온수순환량

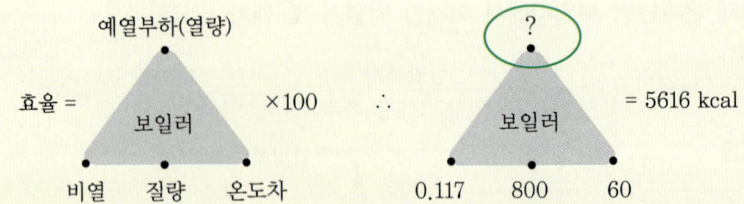

16 온수난방으로 방의 실내온도를 18℃로 유지하는 데 14000 kcal/h의 열량이 소모된다. 송수주관의 온도가 88℃이고, 환수주관의 온도가 60℃라면 온수순환량(kg/h)은?

해답 온수순환량(질량)＝$\dfrac{열량}{비열×온도차}$＝$\dfrac{14000}{1×28}$＝500 kg/h

참고
- 배관에서 물의 순환량을 구할 때는 실내온도와는 무관하다.
- 온도차＝송수주관의 온도－환수주관의 온도
- 물의 비열 : 1 kcal/kg·℃

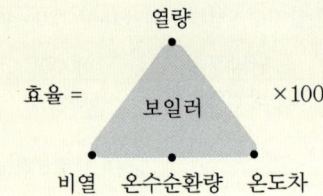

17 상향 공급식 중력 순환의 온수난방에서 송수의 온도가 90℃이고 환수의 온도가 70℃이다. 실내온도를 20℃로 할 경우 응접실에 설치할 방열기의 소요 방열면적(m²)은? (단, 방열계수는 7 kcal/m²·h·℃이고, 난방부하는 4200 kcal/h이다.)

해답 소요 방열면적＝$\dfrac{난방부하}{방열계수×온도차}$＝$\dfrac{4200}{7×\left(\dfrac{90+70}{2}-20\right)}$＝10 m²

참고 문제에서 효율에 대하여 언급이 없으면 효율을 1로 보면 된다.

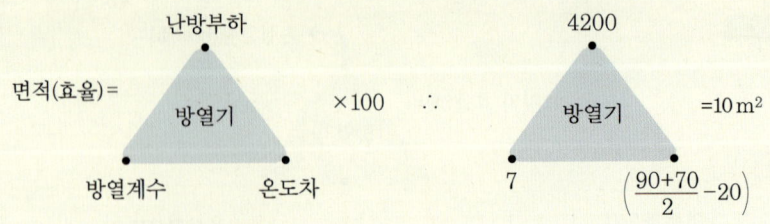

18 어떤 배관의 안지름이 20 mm이고 흐르는 유체의 유속이 1.5 m/s라면 관속을 흐르는 유량(m³/h)은 얼마인지 계산하시오. (단, 답은 소수 둘째 자리에서 반올림할 것)

해답 유량 = 유속 × 배관의 단면적 = $1.5 \times 0.785 \times (0.02)^2 \times 3600 = 1.7 \, m^3/h$

참고

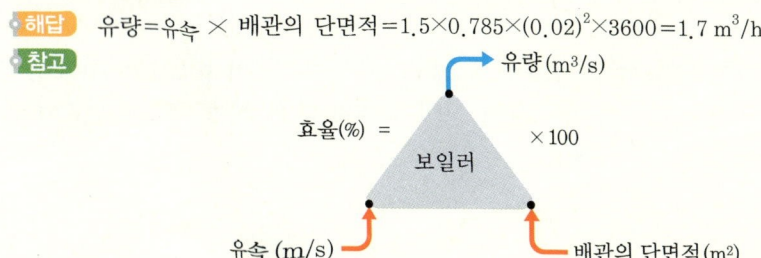

19 안지름 20 mm인 관을 통하여 보일러에 시간당 250 L의 급수를 하는 경우 관내 급수의 유속(m/s)은? (단, 급수 1m³은 1000 L이다.)

해답 유속 = $\dfrac{유량}{단면적} = \dfrac{\dfrac{250}{1000} \times \dfrac{1}{3600}}{0.785 \times 0.02^2} = 0.22 \, m/s$

참고 ① 원의 단면적 = $\dfrac{\pi}{4} \times 지름^2 = 0.785 \times (지름)^2$

② $\dfrac{250 \, L}{h} \Big| \dfrac{1 \, m^3}{1000 \, L} \Big| \dfrac{1 \, h}{3600 \, s} = \dfrac{250}{1000 \times 3600} \, (m^3/s)$

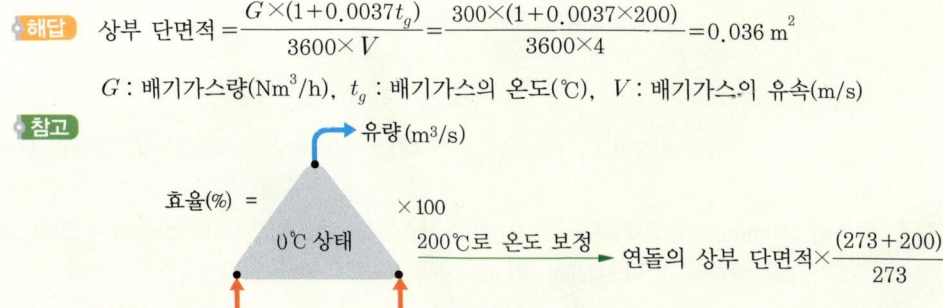

20 연돌 출구에서 평균온도가 200℃인 연소가스가 시간당 300 Nm³ 흐르고 있다. 이 연돌의 연소가스 유속을 4 m/s로 유지하기 위해서는 연돌의 상부 단면적은 몇 m²로 하여야 하는지 계산하시오. (단, 노내압과 대기압은 같다.)

해답 상부 단면적 = $\dfrac{G \times (1 + 0.0037 t_g)}{3600 \times V} = \dfrac{300 \times (1 + 0.0037 \times 200)}{3600 \times 4} = 0.036 \, m^2$

G : 배기가스량(Nm³/h), t_g : 배기가스의 온도(℃), V : 배기가스의 유속(m/s)

참고

$$\therefore 단면적 = \frac{유량}{유속} \times 온도\,보정 = \frac{300 \times \frac{1}{3600}}{4} \times \frac{273+200}{273} = 0.036\,m^2$$

21 5 ton/h인 수관식 보일러에서 연돌로 배출되는 배기 가스량이 9100 Nm³/h이고, 연돌로 배출되는 배기가스 온도는 250℃이다. 이때 굴뚝의 상부 최소단면적이 0.7 m²일 경우 배기가스 유속은 몇 m/s인가?

해답 $0.7 = \dfrac{9100 \times (1 + 0.0037 \times 250)}{3600 \times x}$ 에서

$x = \dfrac{9100 \times (1 + 0.0037 \times 250)}{3600 \times 0.7} = 6.95\,m/s$

참고

효율(%) = $\dfrac{유량(m^3/s)}{유속(m/s) \cdot 단면적(m^2)} \times 100$ (0℃ 상태)

250℃로 온도 보정 → 유속 × $\dfrac{(273+250)}{273}$

$$\therefore 유속 = \frac{유량}{단면적} \times 온도\,보정 = \frac{9100 \times \frac{1}{3600}}{0.7} \times \frac{523}{273} = 6.92\,m/s$$

22 연돌의 높이가 50 m, 배기가스의 평균온도 200℃, 외기온도가 25℃, 대기의 비중량이 1.29 kg/Nm³, 가스의 비중량이 1.34 kg/Nm³일 때 이론 통풍력(mmH₂O)을 계산하시오. (단, 답은 소수 셋째 자리에서 반올림하여 둘째 자리까지 구하시오.)

해답 통풍력(압력) = 비중량 × 온도 보정 × 굴뚝의 높이
$= \left(1.29 \times \dfrac{273}{298} - 1.34 \times \dfrac{273}{473}\right) \times 50 = 20.42\,mmH_2O$

참고 $kg/m^2 = mmH_2O = mmAq$

효율(%) = $\dfrac{통풍력(압력)(kg/m^2)}{비중량(kg/Nm^3) \cdot 굴뚝의 높이(m)} \times 100$ (0℃ 상태)

온도 보정 $\left(\gamma_a \times \dfrac{273}{(273+25)} - \gamma_g \times \dfrac{273}{(273+200)}\right) \times H$

γ_a : 외기의 비중량(kg/Nm³), γ_g : 연소가스의 비중량(kg/Nm³), H : 굴뚝의 높이(m)

23 통풍력 10 mmH₂O, 외기온도 20℃, 연소가스온도 150℃, 외기의 비중량 1.29 kg/Nm³, 연소가스의 비중량 1.34 kg/Nm³일 때 굴뚝 높이는 몇 m인가?

해답
$$\frac{10}{273 \times \left(\frac{1.29}{20+273} - \frac{1.34}{150+273}\right)} = 29.66 \text{ m}$$

참고

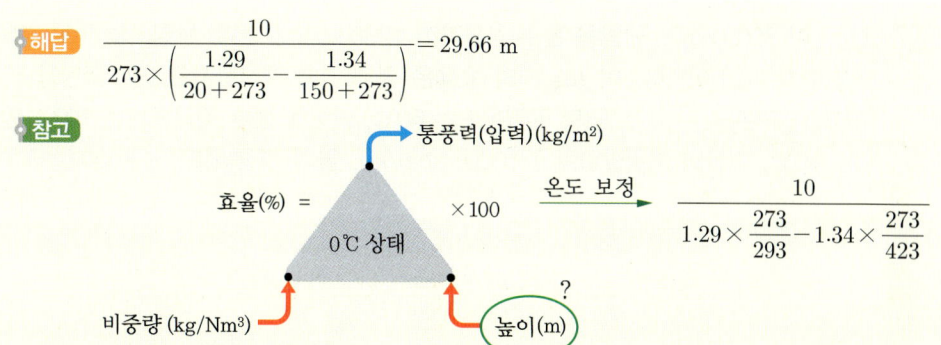

24 온수 보일러 1일 난방부하가 108000 kcal/day, 급탕부하가 96500 kcal/day, 시동부하가 65000 kcal/day, 배관부하가 90500 kcal/day일 때 정격열출력(kcal/h)을 계산하시오.

해답
$$\frac{108000 + 96500 + 90500 + 65000}{24} = 15000 \text{ kcal/h}$$

참고 정격출력(kcal/h) = 난방부하 + 급탕부하 + 배관부하 + 예열부하

25 상당방열면적이 300 m²이고, 이 건물의 1시간당 급탕량을 410 L, 급탕온도 80℃, 급수온도 20℃이다. 이때 배관부하 α : 25 %, 예열부하 β : 20 %일 때 온수 보일러의 용량은 몇 kcal/h인가? (단, 물의 비열은 1 kcal/kg · ℃이다.)

해답 H_1 : 난방부하, H_2 : 급탕부하, α : 배관부하, β : 예열부하, K : 출력저하계수라 하면,

정격출력(보일러 용량) $= \dfrac{(H_1 + H_2) \times (1+α) \times β}{K}$

$= \{300 \times 450 + 410 \times 1 \times (80-20)\} \times (1+0.25) \times 1.2$
$= 239400 \text{ kcal/h}$

26 온수방열기의 전 방열면적이 400 m²일 때 급탕량 60 L/h에 사용해야 할 주철제 보일러의 용량은? (단, 급수온도는 20℃, 출탕온도 80℃, 배관부하 α : 0.25, 예열부하 β : 1.45, 출력저하계수 k : 0.69로 한다.)

해답 보일러 용량 $= \dfrac{\{450 \times 400 + 60 \times 1 \times (80-20)\} \times (1+0.25) \times 1.45}{0.69}$

$= 482282.61 \text{ kcal/h}$

27 급탕량이 3000 kg/h, 난방용 온수 공급량이 1280 kg/h인 온수 보일러의 연료(경유) 소모량이 18 kg/h이었다. 이 보일러의 효율은 몇 %인지 계산하시오. (단, 급탕용 급수의 보일러 입구온도는 20℃, 급탕 공급온도는 60℃, 난방용 온수 공급온도는 70℃, 환수온도는 40℃, 경유의 저위발열량은 10000 kcal/kg, 물의 평균비열은 1 kcal/kg·℃이다.)

해답 효율(%) = $\dfrac{\text{열출력}}{\text{연료소모량} \times \text{저위발열량}} \times 100$

$= \dfrac{\{1280 \times 1 \times (70-40) + 3000 \times 1 \times (60-20)\}}{18 \times 10000} \times 100 = 88\,\%$

참고

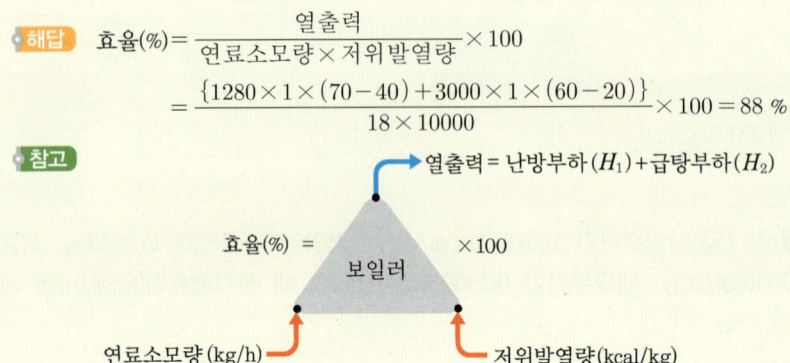

28 두께 200 mm인 벽돌의 열전도율이 0.02 kcal/m·h·℃이고, 내벽의 온도가 300℃, 외벽의 온도가 30℃이다. 이 벽 1 m²를 통하여 손실되는 열량(kcal/h)은 얼마인지 계산하시오.

해답 손실열량 = $\dfrac{\text{열전도율} \times \text{벽체면적} \times \text{온도차}}{\text{두께}} = \dfrac{0.02 \times 1 \times 270}{0.2} = 27\,\text{kcal/h}$

참고 문제 지문 중 열전도율이 주어지면 삼각형 보일러를 이용하여 풀고 두께로 나누어준다.

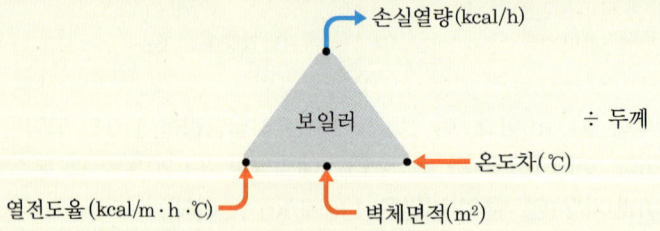

29 보온재 두께 50 mm, 면적 12 m², 내측온도 300℃, 외측온도 20℃, 열전도량 4000 kcal/h일 때 보온재의 열전도율(kcal/m·h·℃)을 구하시오.

해답 $4000 = x \times \dfrac{(300-20)}{0.05} \times 12$ 에서

$x = \dfrac{4000 \times 0.05}{(300-20) \times 12} = 0.06\,\text{kcal/m·h·℃}$

30 온수 보일러에서 보온 시공을 하기 전 열손실이 10000 kcal/h, 보온 시공을 한 후 손실 열량이 2000 kcal/h라면 보온 효율은 몇 %인지 계산하시오.

해답 보온 효율(%) = $\dfrac{10000-2000}{10000} \times 100 = 80\,\%$

> **참고**
보온 효율(%) = 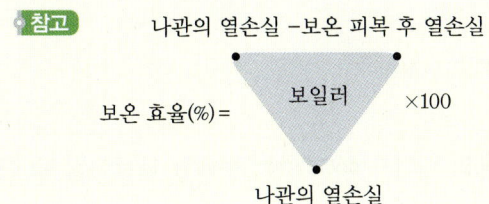 ×100

나관의 열손실 −보온 피복 후 열손실 / 나관의 열손실 (보일러)

31 벽의 두께를 b[m], 열전도율을 λ[kcal/m·h·℃], 내측 전달률을 α_1[kcal/m²·h·℃], 외측 열전달률을 α_2[kcal/m²·h·℃]라고 할 때 열관류율 K[kcal/m²·h·℃]를 구하는 공식을 만드시오.

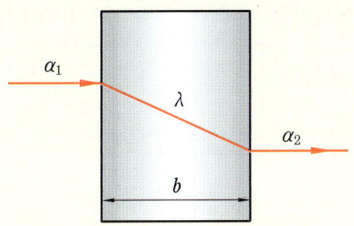

> **해답** $K = \dfrac{1}{\dfrac{1}{\alpha_1} + \dfrac{b}{\lambda} + \dfrac{1}{\alpha_2}}$ [kcal/m²·h·℃]

32 다음 [조건]을 참고하여 아래 [그림]과 같은 벽체의 열관류율은 몇 kcal/m²·h·℃인지 계산하시오.

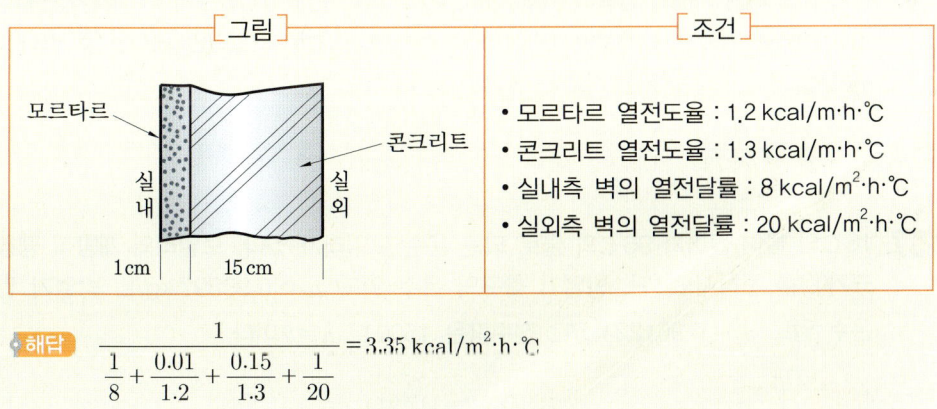

[그림] 모르타르, 콘크리트, 실내, 실외, 1cm, 15cm

[조건]
- 모르타르 열전도율 : 1.2 kcal/m·h·℃
- 콘크리트 열전도율 : 1.3 kcal/m·h·℃
- 실내측 벽의 열전달률 : 8 kcal/m²·h·℃
- 실외측 벽의 열전달률 : 20 kcal/m²·h·℃

> **해답** $\dfrac{1}{\dfrac{1}{8} + \dfrac{0.01}{1.2} + \dfrac{0.15}{1.3} + \dfrac{1}{20}} = 3.35 \text{ kcal/m}^2\cdot\text{h}\cdot\text{℃}$

33 온수난방을 하는 주철제 방열기에서 입구온도가 85℃, 출구온도가 67℃이다. 이때 실내 공기온도는 20℃이며 온수난방의 표준방열량은 450 kcal/m²·h, 표준 온도차는 62℃로 할 때 주철제 방열기의 소요 방열량(kcal/m²·h)을 계산하시오.

> **해답** $62 : 450 = \left(\dfrac{85+67}{2} - 20\right) : x$

$$x = \frac{450 \times \left(\frac{85+67}{2} - 20\right)}{62} = 406.45 \, \text{kcal/m}^2 \cdot \text{h}$$

34 코니시 보일러의 외경이 3000 mm, 동의 길이가 4500 mm, 두께가 12 mm일 때 전열면적(m^2)은 얼마인가?

  ◆해답 코니시 보일러의 전열면적 $= \pi DL$ (여기서, D : 동의 외경(m), L : 동의 길이(m))
  ∴ $3.14 \times 3 \times 4.5 = 42.39 \, \text{m}^2$

35 15℃ 물 160 kg으로 75℃ 물 몇 kg이 있어야 40℃ 온수가 되는가를 계산하시오. (단, 답은 소수 첫째 자리에서 반올림하여 정수 자리까지 구한다.)

  ◆해답 $40 = \dfrac{160 \times 1 \times 15 + x \times 1 \times 75}{160 \times 1 + x \times 1}$ 에서 $40 = \dfrac{2400 + 75x}{160 + x}$
  $40(160 + x) = 2400 + 75x$, $6400 + 40x = 2400 + 75x$
  $6400 - 2400 = 75x - 40x$, ∴ $x = \dfrac{4000}{35} = 114 \, \text{kg}$

  ◆참고 ① 15℃ 물이 얻은 열량 $Q_1 = 160 \times 1 \times (40 - 15)$
  ② 75℃ 물이 빼앗긴 열량 $Q_2 = x \times 1 \times (75 - 40)$
  $Q_1 = Q_2$ 이므로 $160 \times 1 \times (40 - 15) = x \times 1 \times (75 - 40)$ 에서 $4000 = 35x$
  ∴ $x = \dfrac{4000}{35} = 114 \, \text{kg}$

36 용기 내의 어떤 가스의 압력이 6 kgf/cm^2, 체적 50 L, 온도 5℃였는데 이 가스가 단열상태로 상태 변화를 일으킨 후 압력이 6 kgf/cm^2, 온도가 35℃로 되었다면 체적은 몇 리터(L)인지 구하시오.

  ◆해답 $\dfrac{50}{(5+273)} = \dfrac{x}{(35+273)}$ 에서 $x = \dfrac{(35+273)}{(5+273)} \times 50 = 55.40 \, \text{L}$

37 16℃의 물이 들어가 96℃의 물로 되는 온수 보일러가 있다. 보일러의 개방식 팽창탱크 크기(L)를 구하시오. (단, 방열기 출구의 온수 밀도 $\rho_r = 0.99897$ kg/L, 방열기 입구의 온수 밀도 $\rho_f = 0.96122$ kg/L, 전수량은 1500 L, $a = 2$이다.)

  ◆해답 $\left(\dfrac{1}{0.96122} - \dfrac{1}{0.99897}\right) \times 1500 \times 2 = 117.94 \, \text{L}$

38 밀폐식 팽창탱크의 수면에서 최고부의 방열기까지 높이는 12 m, 순환펌프의 양정은 10 m, 증기온도 105℃에서 증기의 압력은 1.23 kgf/cm^2일 때 밀폐식 팽창탱크의 필요 압력에 상당하는 수두압은 몇 mAq인가?

  ◆해답 $12 + 1.23 \times 10 + \dfrac{1}{2} \times 10 + 2 = 31.3 \, \text{mAq}$

> **참고** $H = h + h_1 + \frac{1}{2} \times h_p + 2$
>
> 여기서, H : 밀폐식 팽창탱크의 필요 압력(게이지압)에 상당하는 수두압(mAq)
> h : 밀폐식 팽창탱크 수면에서 배관 최고부까지의 높이(m)
> h_1 : 필요 온도에 대한 포화증기압(게이지압)에 상당하는 수두압(mAq)
> h_p : 순환펌프의 양정(m)

39 프로판(C_3H_8) 1 kmol 연소 시 (1) 이론 산소(O_2)량과 (2) 탄산가스(CO_2) 발생량(Nm^3)을 계산하시오. (단, $C_3H_8 + 5O_2 \rightarrow 3CO_2 + 4H_2O + 24370$ kcal/Nm^3)

> **해답**
> C_3H_8 + $5O_2$ → $3CO_2$ + $4H_2O$
> 1 kmol 5×22.4 Nm^3 3×22.4 Nm^3
> 1 kmol O_2 [Nm^3] CO_2 [Nm^3]
> ∴ $O_2 = 112$ Nm^3 $CO_2 = 67.2$ Nm^3

> **참고**
> ① 모든 기체 1 kmol의 표준상태에서의 부피는 아보가드로 법칙에 의하여 22.4 Nm^3이다.
> ② 프로판(C_3H_8) 1 kmol(44 kg, 22.4 Nm^3) 연소 시 이론 산소(O_2)량은 5 kmol($5 \times 22.4 = 112$ Nm^3)이며, 탄산가스(CO_2) 발생량은 3 kmol($3 \times 22.4 = 67.2$ Nm^3)이고, 물 (H_2O) 발생량은 4 kmol($4 \times 22.4 = 89.6$ Nm^3)이다.

40 효율이 85 %인 연료 예열기에서 50℃의 연료 300 kg/h를 90℃로 예열하여 버너에 공급하고자 한다. 연료의 평균 비열이 0.45 kcal/kg·℃인 경우 연료 예열기에서 필요로 하는 전력은 몇 kWh인가?

> **해답** $\dfrac{G_f \times C \times (t_2 - t_1)}{860 \times \eta} = \dfrac{300 \times 0.45 \times (90 - 50)}{860 \times 0.85} = 7.387$ kWh

> **참고** 1 kWh = 860 kcal/h

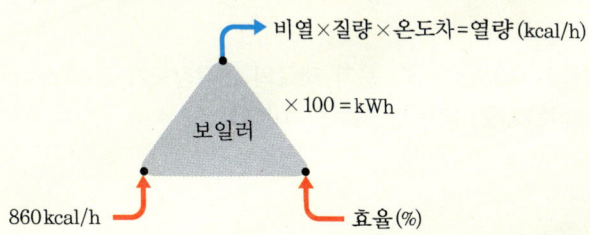

41 프로판 가스 5 Nm^3을 완전 연소시키는 데 필요한 이론 산소량(Nm^3)과 이론 공기량 (Nm^3)은 얼마인가? (단, 프로판 가스의 연소 반응식은 $C_3H_8 + 5O_2 \rightarrow 3CO_2 + 4H_2O$ 이다.)

> **해답**
> C_3H_8 + $5O_2$ → $3CO_2$ + $4H_2O$
> 22.4 Nm^3 $5 \times 22.4 Nm^3$
> 5 Nm^3 x [Nm^3]

$$\therefore \text{이론 산소량}(O_0) = \frac{5 \times 5 \times 22.4}{22.4} = 25 \text{ Nm}^3$$

$$\therefore \text{이론 공기량}(A_0) = 25 \times \frac{1}{0.21} = 119.05 \text{ Nm}^3$$

42 호칭지름 15 A 관으로써 다음 그림과 같이 나사이음을 할 때 중심 간의 길이를 400 mm 로 하려면 관의 절단길이 l 은 얼마로 하면 되는지 계산하시오. (단, 호칭 15 A 엘보의 중심선에서 단면까지의 길이는 27 mm, 나사에 물리는 최소의 길이는 11 mm이다.)

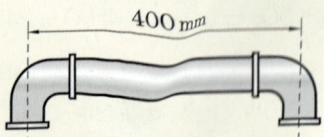

● 해답   ① $400 - (27 + 27) + (11 + 11) = 368$ mm
② $400 - (16 + 16) = 368$ mm

43 호칭 20 A 강관을 반지름(R) 120 mm로 90°로 가공하려 할 때 굽힘부의 곡선길이(mm) 를 계산하시오.

● 해답 $2 \times \pi \times r \times \dfrac{\theta}{360} = 2 \times \pi \times 120 \times \dfrac{90}{360} = 188.50$ mm

● 참고 $\pi = 3.14$로 계산하면 $240 \times \pi \times \dfrac{90}{360} = 188.40$ mm

44 호칭 20 A 강관을 반지름(R) 200 mm로 90°로 가공하려 할 때 굽힘부의 곡선길이(mm) 를 계산하시오.

● 해답 $2 \times \pi \times r \times \dfrac{\theta}{360} = 2 \times \pi \times 200 \times \dfrac{90}{360} = 314.16$ mm

45 압력용기의 사용압력이 40 kgf/cm², 용기 재료의 인장강도가 20 kgf/mm²일 때 스케줄 번호(Sch No)를 계산하시오. (단, 안전율은 4이다.)

● 해답 $10 \times \dfrac{40}{\frac{20}{4}} = 80$

● 참고   스케줄 번호(schedule number)란 관의 두께를 표시한 것으로 사용압력을 P[kgf/cm²], 재료의 허용응력을 S[kgf/mm²]라고 하면

$$\text{Sch No} = 10 \times \frac{P}{S} = 10 \times \frac{P}{\dfrac{\text{인장강도 (kgf/mm}^2)}{\text{안전율}}}$$

Chapter 2 보일러의 종류 및 특성

2-1 보일러의 개요 및 분류
2-2 보일러의 종류 및 특성

Chapter 02 » 보일러의 종류 및 특성

2-1 보일러의 개요 및 분류

(1) 보일러 구성의 3대 요소
① 보일러 본체 : 연소열을 받아 증기를 발생시키는 동체(드럼)
② 연소장치 : 연료를 연소시키기 위한 장치로 연소실, 연도, 연돌 등이 있다.
③ 부속장치 : 보일러를 안전하고 효율적으로 운전하기 위한 장치로 각종 계기류, 안전장치, 송기장치, 급수장치 등이 있다.

 핵심문제

01 보일러 3대 구성 요소를 쓰시오.
　해답　보일러 본체, 연소장치, 부속장치

(2) 보일러 용어와 용량 표시
① 최고사용압력 : 강도상 허용될 수 있는 최고의 사용 압력을 말한다.
② 전열면적 : 연소가스와 물(열매체)이 접촉할 때 열가스가 접촉하는 쪽에서 측정한 면적
③ 상용수위 : 운전 중 유지되는 수위
④ 안전수위 : 운전 중 유지해야 할 최저의 수위(안전 저수위)
⑤ 보일러의 용량 표시 : 100℃의 포화수를 100℃의 건조된 증기로 발생시켰을 때를 말한다(상당증발량＝환산증발량).

　(개) 상당증발량(kg/h) ＝ $\dfrac{\text{시간당 실제 증발량(증기엔탈피} - \text{급수엔탈피)}}{539}$

　(내) 보일러 마력 : 100℃의 포화수가 100℃ 건포화증기로 증발하는 양. 즉 상당증발량으로 15.65 kg/h를 1보일러 마력이라 한다.

　　　보일러 마력 ＝ $\dfrac{\text{상당증발량}}{15.65}$ ＝ $\dfrac{\text{시간당 실제 증발량(증기엔탈피} - \text{급수엔탈피)}}{539 \times 15.65}$

> **참고 보일러 법칙**
>
> 보일러 1 ton이란 1000×539 = 539000 kcal/h로 100℃ 물 1000 kg을 1시간 동안에 전부 100℃ 증기 1000 kg으로 만들 수 있는 능력을 가진 보일러이다.

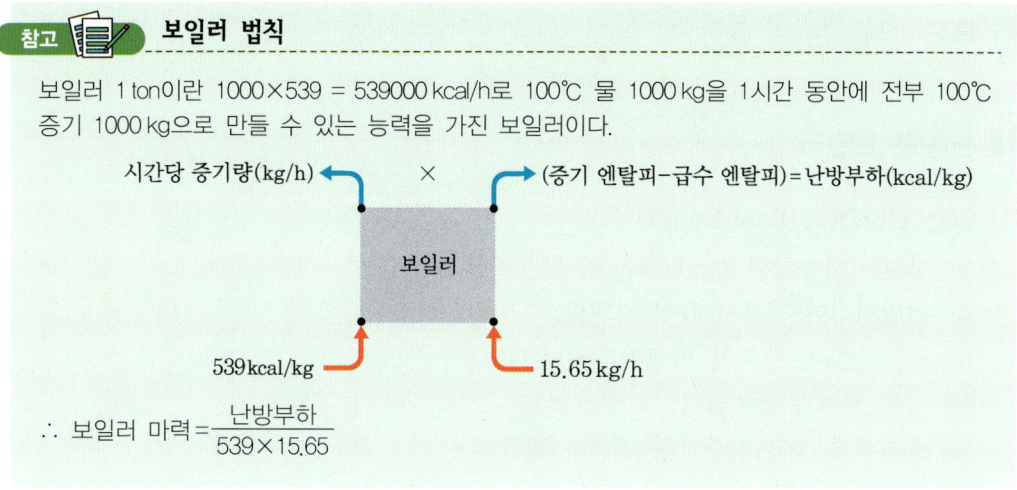

$$\therefore \text{보일러 마력} = \frac{\text{난방부하}}{539 \times 15.65}$$

(3) 보일러의 분류

보일러의 종류	원통형 (저압 보일러)	입형 보일러	입형 다관식 보일러, 입형 연관식 보일러, 코크란 보일러
		횡형 보일러 — 노통	코니시 보일러, 랭커셔 보일러
		횡형 보일러 — 연관	횡연관식 보일러, 기관차 보일러, 케와니 보일러
		횡형 보일러 — 노통 연관	스코치 보일러, 하우덴존슨 보일러, 노통 연관 패키지형 보일러
	수관식 (고압 보일러)	자연순환식 보일러	배브콕 보일러, 타쿠마 보일러, 스네기찌 보일러, 2동 D형 보일러, 야로우 보일러
		강제순환식 보일러	벨록스 보일러, 라몬트 보일러
		관류식 보일러	벤슨 보일러, 슐처 보일러, 엣모스 보일러, 람진 보일러
	주철제 (저압 보일러)	주철제 섹셔널 보일러	주철제 증기 보일러, 주철제 온수 보일러
	특수 보일러 (저압 보일러)	특수 액체 보일러	수은 보일러, 다우섬 보일러, 카네크롤액 보일러, 세큐리티 보일러, 모빌섬 보일러
		특수 연료 보일러	버케이스 보일러, 흑액 보일러, 소다회수 보일러, 바크 보일러
		폐열 보일러	리히 보일러, 하이네 보일러
		간접 가열 보일러	슈미트 보일러, 뢰플러 보일러

2-2 보일러의 종류 및 특성

1 원통형 보일러

(1) 입형 보일러(vertical boiler)

① 특징(최고사용압력 7 kgf/cm² 이하의 저압 보일러)
  ㈎ 전열면적이 적고 효율이 나쁘다.
  ㈏ 청소, 검사, 수리가 비교적 곤란하다.
  ㈐ 이동 설치가 간편하다.
  ㈑ 증기부가 적고 건증기를 얻기가 힘들다.
② 횡관(갤러웨이관) 설치상의 이점
  ㈎ 관수의 순환을 양호하게 한다.
  ㈏ 전열면적이 증가한다.
  ㈐ 노통(화실벽)의 강도를 보강한다.

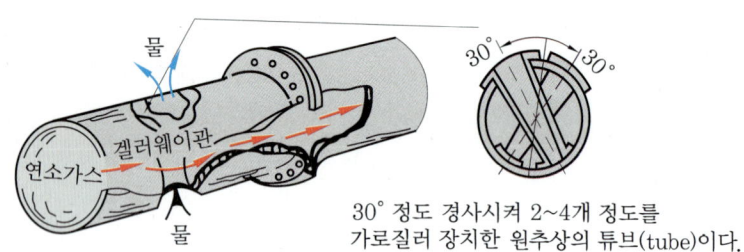

갤러웨이관

(2) 횡형 보일러(horizontal boiler)

① 노통 보일러
  ㈎ 노통의 종류

파형 노통		평형 노통	
장점	단점	장점	단점
• 전열면적 증가 • 노통의 신축 흡수 • 노통의 강도 증가	• 청소가 어렵다. • 스케일이 철매에 부착되기 쉽다. • 제작이 어렵고 가격이 비싸다.	• 청소가 쉽다. • 스케일 철매 등에 부착이 잘 안 된다. • 제작이 쉽고 가격이 저렴하다.	• 전열면적 감소 • 노통의 신축작용이 어렵다. • 노통의 강도 감소

주 철매란 전열면적 부분에 부착되는 검댕을 말한다.

(나) 노통 보일러의 특징 : 발생 증기압이 낮으나 구조가 간단하여 저압공장용 보일러로 많이 사용되고 있다.

(다) 노통 보일러의 종류

노통 보일러	노통의 개수	전열면적	비고
코니시 보일러	1개	πDL	π : 3.14, D : 동의 외경(m), L : 동의 길이(m)
랭커셔 보일러	2개	$4DL$	

> **참고** **노통 보일러**
> - 노통을 한쪽으로 편심시키는 이유 : 물의 순환 양호
> - 랭커셔 보일러에서 브리딩 스페이스(노통 호흡 거리)를 너무 작게 하면 그루빙(도랑 부식)이 발생할 수 있다.

(라) 애덤슨 조인트의 설치 목적
- 노통의 강도 보강
- 리벳 보호
- 노통의 신축 조절

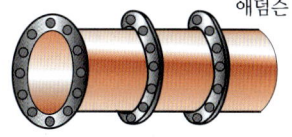

평형 노통

② 연관 보일러(smoke tube boiler)

(가) 장점
- 전열면적이 크고 효율은 노통 보일러보다 좋다.
- 외분식으로 연료질에 관계없다(횡연관식).
- 연소실 크기를 내화 벽돌 쌓기로 조절할 수 있다(횡연관식).
- 같은 용량이면 노통 보일러보다 설치 면적이 작다.
- 증기 발생 시간이 빠르다(횡연관식).

(나) 단점
- 청소, 검사, 수리가 어렵다.
- 고장이 많다.
- 급수 처리를 해야 한다.

(3) 구조

① 동(drum) : 동판과 경판의 합
> ▶ **경판의 강도 순서** : 구형 경판>반구형 경판>접시형 경판>평형 경판

② 스테이(stay) : 약한 부분 보강용
③ 스테이의 종류 및 사용 목적 : 스테이의 종류에는 관 스테이, 봉 스테이, 볼트 스테이 등이 있으며, 스테이의 종류에 따른 사용 목적을 정리하면 다음 표와 같다.

종류	사용 목적
관 스테이	연관과 경판 부분의 고정 또는 보강용
봉(바) 스테이	경판, 화실 등의 강도 보강용
볼트 스테이	기관차 보일러 등의 화실판 보강용
거싯 스테이	평경판 보강용
도리 스테이	화실판 보강용
도그 스테이	맨홀, 청소구멍 등의 보강용

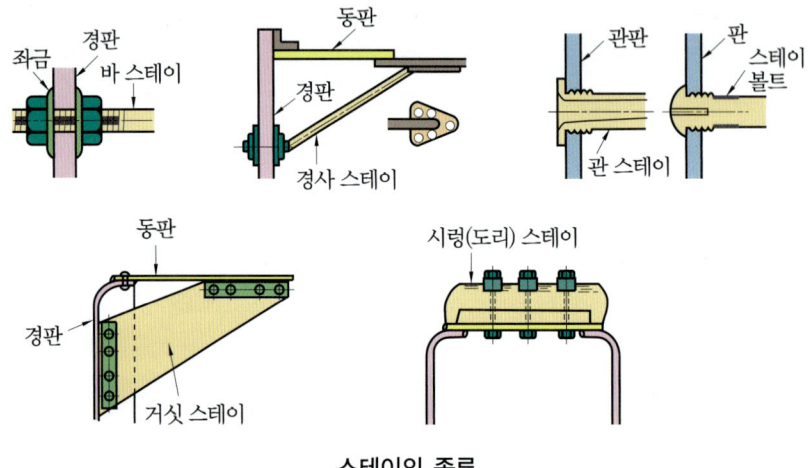

스테이의 종류

핵심문제

02 원통형 보일러(노통 보일러, 횡연관 보일러)의 (1) 장점 3가지와 (2) 단점 3가지를 각각 쓰시오.

해답 (1) 장점
① 보유수량이 많아서 부하 변동에 응하기 쉽다.
② 구조가 간단하여 제작·취급·보수·점검이 용이하다.
③ 수관식에 비해 급수처리가 덜 까다롭다.
(2) 단점
① 보유수량이 많아서 파열사고 시 피해가 크다.
② 동의 지름이 크므로 고압에 부적당하며, 전열면적에 비해 보유수량이 많아서 증발량이 적어 대용량에 부적당하다.
③ 수관식에 비해 보일러 효율이 낮다.

③ 노통 연관식 보일러(flue smoke tube boiler) : 노통 보일러와 연관 보일러의 장점을 취하고, 단점을 보완한 보일러이다. 노벽방산 열량이 적으며 전열면적이 크고, 증기발생 시간이 단축되며 효율도 좋다(80% 이상). 증기 발생속도가 빠르기 때문에 비수 현

상이 발생되기 쉬워 비수방지관을 설치한다.
  ㈎ 스코치 보일러(scotch boiler, 습 연실형)
  ㈏ 하우덴 존슨 보일러(Howden-Johnson boiler, 건 연실형)
  ㈐ 노통 연관 패키지형 보일러

2 수관식 보일러(water tube boiler)

(1) 장점
① 구조상 고압 대용량으로 제작한다.
② 전열면적이 크고 효율이 좋다(90% 정도).
③ 증기 발생 시간이 빠르다.
④ 관수 순환 방향이 일정하여 순환이 잘 된다.
⑤ 패키지형으로 제작할 수 있다.
⑥ 동일 용량이면 연관식보다 설치면적이 작다.
⑦ 수관의 배열이 용이하다.
⑧ 사고 시 피해가 적다.

(2) 단점
① 청소, 검사, 수리가 곤란하다.
② 구조가 복잡하여 관수 처리가 필요하다.
③ 배수 현상이 발생되기 쉽다.
④ 스케일(관석)이 부착되기 쉽다.
⑤ 부하 변동에 따른 압력 변화가 크다.
⑥ 철저한 급수 처리가 필요하다.
⑦ 보유 수량에 대한 증발속도가 빠르고 습증기의 발생 우려가 있다.

▶ 수관식 보일러는 고온·고압의 대용량 보일러이며 전열면적이 크고 효율이 좋다. 또한 보유 수량이 적어 증기 발생 시간이 빠르고 파열 시 피해가 적은 반면 부하 변동에 따른 압력 변화가 크며 급수 처리가 필요한 난점이 있다.

핵심문제

03 수관식 보일러의 (1) 장점과 (2) 단점을 각각 3가지씩 쓰시오.

해답 (1) 장점
① 보유수량이 적어서 파열 시 피해가 적다.
② 동과 수관의 지름이 작으므로 고압용으로 적당하다.
③ 보유수량에 비해 전열면적이 크므로 증발량이 많아서 대용량에 적합하다.

(2) 단점
  ① 부하 변동에 응하기 어렵다(보유수량은 적고 전열면적이 크므로).
  ② 물처리가 매우 까다롭다(스케일 생성의 우려가 크므로).
  ③ 구조가 복잡하여 청소, 검사, 취급이 까다롭다.

(3) 수관식 보일러의 종류 및 특성
① 자연순환식 보일러 : 물의 비중차를 이용하여 순환시키는 방식
  (개) 배브콕 보일러
  (내) 하이네 보일러(연소실이 없다.)
  (대) 타쿠마 보일러
  (래) 스네기찌 보일러(경사수관식, 직관식, 2동형 자연순환식)

> **참고 관수의 순환 촉진 방법**
> ① 포화수와 포화증기의 비중차를 크게 한다. ② 관경을 크게 한다.
> ③ 수관의 경사도를 크게 한다.   ④ 강수관의 가열을 피한다.

② 강제순환식 보일러(forced circulation type boiler)
  (개) 강제순환 이유 : 압력이 임계 압력에 가까우면 관수의 비중량과 증기의 비중량 차이가 감소하여 자연 순환이 어렵게 된다. 따라서 이러한 문제를 해결하기 위하여 특수 펌프를 설치하여 관수를 강제 순환시킨다.
  (내) 고압 보일러 제작의 난점 : 고압증기 등 제작의 난점과 급수 성질의 어려움, 보일러 용적 축소, 시동 시간을 최소한으로 단축하는 문제와 고온·고압하에서 증기와 물의 비중량차 감소로 인한 관수의 순환 문제 등이 있다.
  (대) 종류 : 라몬트 보일러, 벨록스 보일러
③ 관류식 보일러 : 초임계 압력하에서 증기를 얻을 수 있고 하나로 된 관만으로 구성되며 드럼이 없는 보일러이다. 일종의 강제순환식 보일러이며, 관 하나에서 가열, 증발, 과열이 일어난다.
  • 관류식 보일러의 종류 : 슐처, 엣모스, 벤슨, 람진

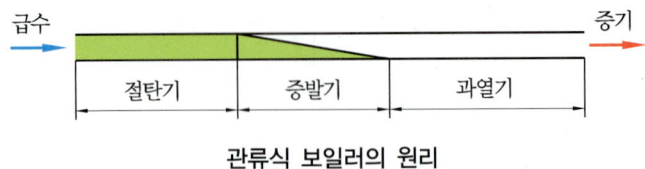
관류식 보일러의 원리

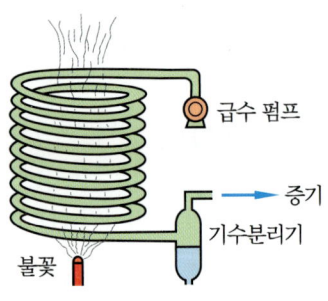
관류식 보일러

 **관류 보일러의 특징**

- 장점
  ① 드럼이 필요 없다. $\left(\text{순환비}=\dfrac{\text{급수량}}{\text{증발량}}=1\right)$
  ② 고압이므로 증기의 열량이 크다.
  ③ 전열면적이 크고 효율이 높다.
  ④ 가동 부하가 짧아 부하측에 대응하기 쉽다.
- 단점
  ① 급수의 유속을 일정하게 유지해야 한다.
  ② 내부 구조가 복잡하여 청소, 검사, 수리가 곤란하다.
  ③ 급수 처리가 까다롭다(양질의 급수 사용).

핵심문제

04 드럼이 없고 수관으로만 구성되어 있는 관류 보일러의 종류 2가지를 쓰시오.

해답 ① 벤슨 보일러 ② 슐처 보일러 ③ 람진 보일러 ④ 엣모스 보일러

05 다음 [보기]에서 보일러 열효율이 좋은 순서대로 번호를 쓰시오.

| ① 노통 보일러 | ② 입형 보일러 | ③ 관류 보일러 |
| ④ 노통 연관 보일러 | ⑤ 수관 보일러 | ⑥ 횡연관 보일러 |

해답 ③ → ⑤ → ④ → ⑥ → ① → ②

06 관류 보일러 (1) 장점과 (2) 단점을 각각 3가지씩 쓰시오.

해답 (1) 장점
① 드럼이 필요 없다. $\left(\text{순환비}=\dfrac{\text{급수량}}{\text{증발량}}=1\right)$
② 고압이므로 증기의 열량이 크다.
③ 전열면적이 크고 효율이 높다.
④ 가동 부하가 짧아 부하측에 대응하기 쉽다.

(2) 단점
① 급수의 유속을 일정하게 유지해야 한다.
② 내부 구조가 복잡하여 청소, 검사, 수리가 곤란하다.
③ 급수 처리가 까다롭다(양질의 급수 사용)

3 주철제 보일러(cast-iron boiler)

(1) 장점
① 주물로 제작하기 때문에 복잡한 구조도 제작이 가능하다.
② 저압이기 때문에 사고 시 피해가 적다.
③ 내식성, 내열성이 좋다.
④ 섹션의 증감으로 용량의 조절이 가능하다.
⑤ 조립식으로 반입 또는 해체가 용이하다.

(2) 단점
① 내압에 대한 인장강도가 작고 충격에 약하다.
② 구조가 복잡하여 청소, 검사, 수리가 곤란하다.
③ 열충격에 약하다(부동팽창).
④ 균열이 생기기 쉽다.
⑤ 대용량, 고압에 부적당하다.

▶ 온수 보일러는 최고사용압력 5 kgf/cm² 이하, 증기 보일러는 최고사용압력 1 kgf/cm² 이하로 사용한다.

핵심문제

07 [보기]의 ( ) 안에 알맞은 용어를 넣으시오.

[보기]
주철제 보일러의 단점은 다음과 같다.
• (①)가 작고 (②)에 약하다.   • (③) 및 대용량에 부적합하다.
• 내부 (④)가 곤란하다.   • 열에 의한 (⑤) 때문에 (⑥)이 생기기 쉽다.

해답 ① 인장강도 ② 충격 ③ 고압 ④ 청소 ⑤ 부동팽창 ⑥ 균열

---

4 특수 보일러

① 폐열 회수 보일러 : 용광로, 제강로, 유리용융로 등에서 발생한 연소가스의 폐열을 열원으로 하여 증기를 만든다.
② 간접 가열 보일러 : 1차 증발장치 안에 처리한 물을 넣고 연료의 연소열로 과열증기를 만들어 2차 증발장치로 보내면 급수가 간접적으로 데워져 증발한다.
③ 특수 열매체 보일러 : 비점이 낮은 수은, 다우섬액, 카네크롤 등을 사용하여 저압에서도 고온의 증기를 얻을 수 있으며, 급수처리장치가 필요 없는 이점이 있다.

Chapter 3

보일러의 부속장치

- 3-1 부속장치의 종류
- 3-2 계측기
- 3-3 안전장치
- 3-4 급수장치
- 3-5 송기장치
- 3-6 분출장치
- 3-7 폐열회수장치(보일러 열효율 증대장치)
- 3-8 통풍장치
- 3-9 집진장치
- 3-10 수트블로어(매연 분출기)
- 3-11 연소 보조장치
- 3-12 보염장치

Chapter 03 » 보일러의 부속장치

3-1 부속장치의 종류

(1) **계측기** : 압력계, 수면계, 온도계, 유량계, 통풍계, 수고계
(2) **안전장치** : 안전밸브, 고저 수위 경보기, 가용전, 방폭문, 화염검출기, 팽창탱크, 방출밸브, 증기압력 제한 스위치
(3) **급수장치** : 급수펌프, 급수역정지밸브, 급수정지밸브, 급수내관
(4) **송기장치** : 비수장치관, 기수분리기, 주증기 정지밸브, 주증기관, 감압밸브, 축열기(어큐뮬레이터), 증기헤드, 신축 이음, 트랩
(5) **분출장치** : 수저분출장치, 수면분출장치
(6) **통풍장치** : 송풍기, 덕트, 댐퍼
(7) **가열장치** : 급수가열기, 급탕가열기, 온수가열기
(8) **제어장치** : 자동 유면조절장치, 압력조절장치, 전자밸브, 급수조절장치, 유량조절장치, 자동 온도조절장치, 컨트롤 모터
(9) **처리장치** : 급수처리장치, 집진장치, 재처리장치

3-2 계측기

(1) 압력계
① 부르동관식 압력계를 가장 많이 사용한다.
② 문자판 지름 100 mm 이상
③ 최고 눈금은 보일러 최고사용압력의 1.5배 이상 3배 이하
④ 압력계 연결관(사이펀관 설치 이유 : 압력계 파손 방지)
  ㈎ 동관 안지름 6.5 mm 이상(210℃ 이하에만 사용)
  ㈏ 강관 안지름 12.7 mm 이상
⑤ 압력계의 종류
  ㈎ 액주식 압력계 : U자관식, 경사관식, 단관식, 링 밸런스식(환상 천평식)
  ㈏ 탄성식 압력계 : 벨로스식, 부르동관식, 다이어프램식

⑥ 압력계 점검 시기
  ㈎ 보일러 휴관 후 재사용 시(점화 전)
  ㈏ 두 개의 압력계 지시값이 다를 때
  ㈐ 압력계 지침이 의심스러울 경우
  ㈑ 프라이밍, 포밍 현상 발생 시
  ㈒ 압력이 오르기 시작할 때(신설 보일러)

핵심문제

01 압력계는 크게 액주식 압력계와 탄성식 압력계로 나뉜다. 액주식 압력계의 종류 4가지와 탄성식 압력계의 종류 3가지를 쓰시오.

해답 ① 액주식 압력계 : U자관식, 경사관식, 단관식, 링 밸런스식(환상 천평식)
② 탄성식 압력계 : 벨로스식, 부르동관식, 다이어프램식

(2) 수면계

① 증기 보일러에는 유리관식 수면계를 2개 이상 부착해야 한다. 단, 최고사용압력이 $10\,kg/cm^2$(1 MPa) 이하이고 동체 안지름이 750 mm 미만인 경우에는 수면계를 1개 이상 부착할 수 있다.

② 수면계의 종류
  ㈎ 2색식   ㈏ 원형 유리관식   ㈐ 평형 반사식
  ㈑ 평형 투시식 ㈒ 멀티 포트식

③ 수면계 점검 시기
  ㈎ 점화 전(보일러 가동 직전)
  ㈏ 두 개의 수면계 수위가 서로 다를 때
  ㈐ 수면계 수위가 의심스러울 경우
  ㈑ 프라이밍, 포밍 현상 발생 시
  ㈒ 압력이 오르기 시작할 때(보일러 가동 후)

④ 수면계의 점검 순서(물밸브와 증기밸브는 열려 있고 드레인밸브는 닫혀 있는 상태인 경우)
  ㈎ 증기밸브, 물 밸브를 닫는다.
  ㈏ 드레인밸브를 연다.
  ㈐ 물밸브를 열어 관수를 취출 후 닫는다.
  ㈑ 증기밸브를 열어 증기를 취출 후 닫는다.
  ㈒ 드레인밸브를 닫는다.
  ㈓ 물밸브와 증기밸브를 서서히 연다.

▶ ① 인젝터 작동 순서와 수면계 점검 순서에서 위험 요소가 적은 물밸브(급수밸브)부터 검사를 한 후 증기밸브를 검사한다.
② 수면계 점검은 반드시 1일 1회 이상 해야 한다.

⑤ 수면계 파손 원인
  ㈎ 수면계 조임 너트의 무리한 조임   ㈏ 외부·내부에서 충격을 받았을 때
  ㈐ 급열·급랭 시   ㈑ 상하부의 축이 이완되었을 때
  ㈒ 유리관 자체의 재질이 나쁠 때

핵심문제

02 증기 보일러에서 사용되는 수면계의 종류 4가지를 쓰시오.

해답 ① 2색식 수면계   ② 원형 유리관식 수면계   ③ 평형 반사식 수면계
     ④ 평형 투시식 수면계   ⑤ 멀티 포트식 수면계

03 수면계의 파손 원인 5가지를 쓰시오.

해답 ① 수면계 조임 너트의 무리한 조임   ② 외부·내부에서 충격을 받았을 때
     ③ 급열·급랭 시   ④ 상하부의 축이 이완되었을 때
     ⑤ 유리관 자체의 재질이 나쁠 때

(3) 유량계

흐르는 유체의 양을 측정(보일러에서는 용적식 유량계를 주로 사용)

(4) 온도계

① 온도계의 종류
  ㈎ 접촉식 온도계 : 유리제 온도계, 전기저항식 온도계, 압력식 온도계, 열전대 온도계, 바이메탈 온도계
  ㈏ 비접촉식 온도계 : 방사 온도계, 광전관식 온도계, 색 온도계, 광고 온도계
② 온도계 설치 장소
  ㈎ 급수 입구의 급수온도계
  ㈏ 버너 입구의 급유온도계
  ㈐ 보일러 본체 배기가스 온도계
  ㈑ 유량계를 통과하는 온도를 측정할 수 있는 온도계
  ㈒ 절탄기 또는 공기예열기가 설치된 경우에는 각 유체의 전후 온도를 측정할 수 있는 온도계
  ㈓ 과열기 또는 재열기가 있는 경우에는 그 출구 온도계

> **핵심문제**

04 비접촉식 온도계의 종류 4가지를 쓰시오.

> **해답**   ① 방사 온도계 ② 광전관식 온도계 ③ 색 온도계 ④ 광고 온도계

3-3 안전장치

보일러 사고로부터 보일러를 보호하는 장치를 말한다.

(1) 안전밸브(safety valve)
① 작용 : 보일러 증기압이 이상 상승할 때 증기압을 외부로 방출하여 보일러를 기계적으로 보호하는 장치
  ㈎ 증기 보일러에는 2개 이상의 안전밸브를 설치한다. 단, 전열면적 50 m² 이하의 증기 보일러에서는 1개 이상 설치한다.
  ㈏ 안전밸브 호칭지름은 25 mm 이상으로 한다. 단, 다음 보일러는 20 mm 이상으로 한다.
    ㉮ 최고사용압력이 1 kgf/cm²(0.1 MPa) 이하
    ㉯ 최고사용압력이 5 kgf/cm²(0.5 MPa) 이하, 동체 안지름 500 mm 이하, 길이는 1000 mm 이하
    ㉰ 최고사용압력 5 kgf/cm²(0.5 MPa) 이하로 전열면적 2 m² 이하
    ㉱ 최대증발량 5 ton/h 이하의 관류 보일러
    ㉲ 소용량 보일러
② 안전밸브의 종류
  ㈎ 지렛대식 : 지렛대의 원리를 이용한 것
  ㈏ 중추식(추식) : 추의 중량을 밸브에 연결시켜 분출압력을 조절한다.
  ㈐ 스프링식 : 스프링의 탄성을 이용하여 나사의 조임으로 분출압력을 조절한다 (가장 많이 사용). 양정(lift)에 따라 분류하면 다음과 같다.
    ㉮ 저양정식 : 양정이 밸브 시트 지름의 $\frac{1}{40} \sim \frac{1}{15}$
    ㉯ 고양정식 : 양정이 밸브 시트 지름의 $\frac{1}{15} \sim \frac{1}{7}$
    ㉰ 전양정식 : 양정이 밸브 시트 지름의 $\frac{1}{7}$ 이상
    ㉱ 전양식 : 밸브 시트 지름이 목부 지름의 1.15배 이상

▶ 분출용량이 큰 순서대로 나열하면 전양식 → 전양정식 → 고양정식 → 저양정식 순이다.

③ 안전밸브의 시험 : 안전밸브 작동시험은 1년에 2회 정도 행하며, 표준 압력을 기준으로 작동 압력을 조정한다. 점검은 분출압력의 75 % 이상 되었을 때 1일 1회 이상 행한다.

④ 안전밸브의 단면적 계산식

(가) 저양정식 : $A = \dfrac{22E}{1.03P+1}$ (나) 전양정식 : $A = \dfrac{5E}{1.03P+1}$

(다) 고양정식 : $A = \dfrac{10E}{1.03P+1}$ (라) 전양식 : $S = \dfrac{2.\overline{5}E}{1.03P+1}$

여기서, A : 단면적(mm), P : 분출압력 또는 최고사용압력(kg/cm^2),
E : 증발량 또는 최대연속증발량(kg/h), S : 목부 단면적(mm^2)

▶ ① $1.03P$는 분출압력의 1.03배를 뜻하며, 1은 대기압을 말한다.
② 안전밸브 시트의 단면적은 분출압력에 반비례하고 증발량에 비례한다.

핵심문제

05 안전밸브의 종류 3가지를 쓰시오.
   해답 ① 지렛대식 ② 중추식 ③ 스프링식

06 스프링식 안전밸브의 종류 4가지를 쓰시오.
   해답 ① 저양정식 ② 고양정식 ③ 전양정식 ④ 전양식

---

(2) 방폭문(폭발문)

연소실 내에서 미연소 가스 폭발, 역화 등으로 인하여 노내압이 상승하면 사고가 발생한다. 이때 상승한 노내압을 대기로 방출시켜 파열 사고를 사전에 방지하는 장치이다. 작동 압력은 방폭문 지지용 스프링의 장력을 조절한다.

참고 | 방폭문의 종류
① 개방식 : 자연통풍식(스윙식)   ② 밀폐식 : 가압연소식(스프링식)

(3) 고·저수위 경보장치

보일러 수위가 안전 수위가 되기 전에 경보를 발하는 장치이며, 연료 차단까지 할 수 있다.

① 종류
   (가) 코프스식(열팽창력식) : 금속의 열팽창력을 이용하여 수위를 제어하는 형식

㈏ 전기식
  ㉮ 부자식(플로트식)
    • 맥도널식 : 부자 위치 변위에 따른 수은 스위치 작동
    • 자석식 : 부자 위치에 따른 자석 위치 변위로 수은 스위치 작동
  ㉯ 전극식 : 관수의 전기 전도성 이용
② 저수위 경보기는 경보 및 연료 차단 이외에도 급수 조절 기능까지 할 수 있도록 제작되는 것이 좋다.

▶ 수위가 높으면 비수 현상이 일어나기 쉽고, 낮으면 과열 사고가 일어난다.

핵심문제

07 보일러 수위를 검출하여 제어하는 장치 3가지를 쓰시오.

해답 ① 코프스식 ② 맥도널식 ③ 전극식

(4) 가용전(가용 플러그 : fusible pulg)

고온에서 녹기 쉬운 합금은 노통 또는 화실 천장부에 나사 형태로 끼워져 위치한다. 그런데 사용 중 보일러 수위가 낮아져 그 부분이 과열될 경우에는 나사가 끼워져 있는 부분에 합금이 녹아서 구멍이 뚫려 그 부분으로부터 증기가 분출하고 노내의 화력을 약하게 하는 동시에 그 음향으로 위험을 알리는 안전장치의 일종이다.

(5) 압력차단기 및 압력제한기

압력이 조정압력에 도달하면 자동적으로 접점을 단락하여 전자밸브를 닫아 연료를 차단하여 보일러를 증기압으로부터 안전하게 전기적으로 보호하는 장치를 말한다. 안전밸브 작동압력보다 약간 낮게 조정한다.

참고 — 압력제한기와 압력조절기의 차이

- **압력제한기** : 주로 소용량 보일러에 많이 사용된다. 즉, 증기압력을 검출하여 설정 상·하위에서 각각 보안 제어기에 착용하여 자동적으로 연소를 on-off시키는 것으로써 압력 변화에 따라 기내의 벨로스가 신축하여 수은 스위치를 작동, 전기 회로를 개폐시키는 장치이다.
- **압력조절기** : 증기압력을 검출하여 기내의 벨로스가 신축함으로써 와이퍼를 움직임에 따라 전기 저항을 변화시켜 연료량과 함께 공기량을 조절하여 컨트롤 모터를 작동시키는 장치이다.

(6) 화염검출기

연소실 내의 소화, 실화, 정상 연소 상태를 감시하며, 실화 소화 시 긴급 연료차단밸브를 달아 연료 누입을 막고, 점화 시에는 불꽃 검출 후에 연료밸브를 열어 연소가스 폭발 사고를 방지한다.

- 화염 검출기의 종류 중요
  - ㈎ 플레임 아이(발광 이용)
    - ㉮ 황화카드뮴 광도전 셀 : 경유 버너에 주로 사용
    - ㉯ 황화납 광도전 셀 : 기름 가스에 사용
    - ㉰ 적외선 광전관 : 적외선 이용
    - ㉱ 자외선 광전관 : 기름 가스에 사용
  - ㈏ 플레임 로드 : 전기 전도성 이용(가스 점화 버너에 주로 사용)
  - ㈐ 스택 스위치(발열 이용) : 바이메탈 이용, 연도에 설치, 소용량, 온수 보일러에 주로 사용(연료 소비량 10 L/h 이하)

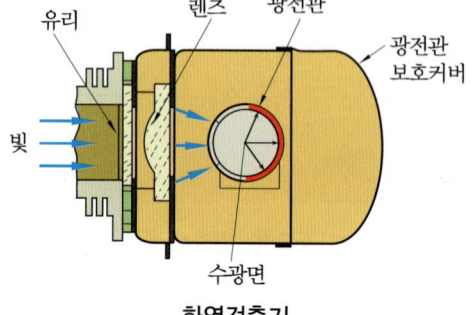

화염검출기

▶ 광전 효과란 빛을 받으면 광전자가 튀어나오는 현상을 말한다.

핵심문제

08 [보기]의 화염검출기 중 가스 전용 점화 버너에 사용되는 것 3가지를 골라 번호를 쓰시오.

[보기]
① CdS셀 ② PbS셀 ③ 적외선 광전관
④ 자외선 광전관 ⑤ 플레임 로드

◆ 해답 ②, ④, ⑤
◆ 참고 연료에 따른 화염검출기의 적합성

화염검출기의 종류	연료의 종류		
	가스	등유, 경유, A 중유	B중유, C중유
플레임 로드	검출	부적합	부적합
CdS셀	검출 불가	검출 불안정	검출
PbS셀	검출	검출	검출
정류식 광전관	검출 불가	검출 불안정	검출
자외선 광전관	검출	검출	검출

09 화염검출기에 대한 다음 설명의 ( ) 안에 알맞은 말을 넣으시오.

> 화염검출기란 연소실의 화염상태를 감시하는 장치로서 그 종류에는 (①), (②), (③) 등이 있으며, 화염의 상태가 고르지 못하거나 화염이 실화되었을 경우 (④) 밸브에 연락하여 연료의 공급을 차단한다.

해답 ① 플레임 아이 ② 플레임 로드 ③ 스택 스위치 ④ 전자
참고 ①~③항은 순서에 관계없음

10 다음은 보일러에서 화염의 유무를 검출하는 화염검출기에 대한 설명이다. 각각의 설명에 해당되는 화염검출기의 종류를 1가지씩 쓰시오.
 (1) 광전관을 통해 화염의 적외선을 검출하는 것
 (2) 화염의 이온화를 이용한 전기 전도성으로 검출하는 것
 (3) 연도에 설치되어 연소가스의 온도차에 의한 바이메탈을 이용한 것

해답 (1) 플레임 아이 (2) 플레임 로드 (3) 스택 스위치

(7) 방출밸브와 팽창탱크

온수 보일러에 부착되는 안전장치이다.

① 방출밸브 : 온수 온도가 120℃ 이하인 보일러에 부착한다. 호칭지름은 20 mm 이상, 조정압력은 최고사용압력 + 10% 이하로 조정한다. 온수 온도가 120℃ 이상인 보일러에는 안전밸브를 설치한다.

방출관의 크기

전열면적(m^2)	방출관의 안지름(mm)
10 미만	20 이상
10 이상 15 미만	30 이상
15 이상 20 미만	40 이상
20 이상	50 이상

② 팽창탱크 : 가열에 의한 온수의 팽창으로 보일러 내부 압력이 증가하여 파열 사고를 발생시킨다. 이러한 온수의 팽창을 흡수하기 위하여 설치한 장치로 보일러 보충수를 공급한다. 종류에는 개방식, 밀폐식이 있다.

▶ 팽창관(보일러와 팽창탱크를 연결하는 관)에는 밸브를 설치할 수 없다.

(8) 전자밸브(솔레노이드 밸브, 긴급 연료차단밸브)

긴급 상황(인터록) 시 연료를 차단하여 보일러를 안전하게 하며, 실화 시에도 연소실 내에 연료 유입을 막아 미연소 가스 발생을 방지한다. 단, 전자밸브는 by – pass 배관을 하지 않는다.

핵심문제

11 보일러 부속장치 중 안전장치의 종류 5가지를 쓰시오.

해답
① 안전밸브
② 전자밸브(긴급 연료차단밸브)
③ 압력차단장치(압력차단기, 압력제한기)
④ 화염검출기(불꽃검출기)
⑤ 방폭문
⑥ 저수위 경보기
⑦ 가용마개(용융마개)

3-4 급수장치

(1) 급수장치의 개요

① 증기 보일러일 경우 2세트 이상 설치한다(인젝터 포함).
② 전열면적 12 m² 이하는 1세트 이상 설치한다.
③ 관류 보일러는 전열면적 100 m² 미만일 때 1세트 이상 설치한다.
④ 소용량 보일러는 1세트 이상 설치한다.
⑤ 급수능력은 최대증발량의 25 % 이상이어야 한다.
⑥ 최고사용압력 20 % 이상 수압으로 급수할 수 있는 급수탱크 또는 최고사용압력보다 1 kgf/cm² 이상 높은 압력을 갖는 급수원은 급수펌프로 사용한다.
⑦ 최고사용온도가 120℃ 이하인 온수 보일러의 수두압이 10 m를 초과할 경우에는 온수의 온도가 120℃를 초과하지 않도록 온도·연소 제어장치를 설치한다.

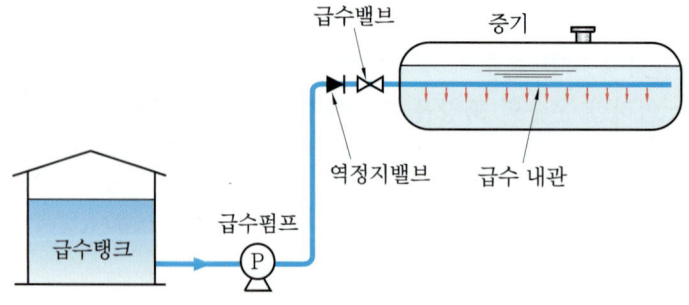

보일러의 급수 계통도

(2) 급수펌프

① 급수펌프의 구비 조건
　㈎ 작동이 확실하고, 취급이 용이할 것　　㈏ 부하 변동에 대응할 수 있을 것
　㈐ 고속 회전에 지장이 없을 것　　　　　㈑ 저부하에서도 효율이 좋을 것
　㈒ 병렬 운전에 지장이 없을 것

② 급수펌프의 종류 <중요>
　㈎ 회전식(원심식)
　　㉮ 벌류트 펌프 : 저속, 저양정　　　㉯ 터빈 펌프 : 고속, 고양정

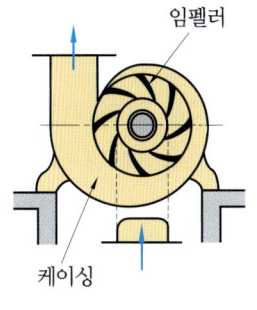
벌류트 펌프

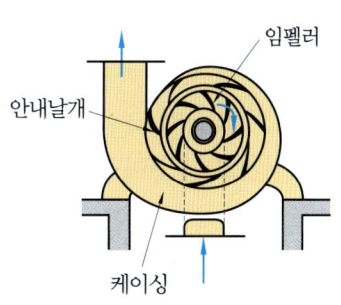
터빈 펌프

　㈏ 왕복식
　　㉮ 워싱턴 펌프 : 보일러의 증기를 이용하여 급수
　　㉯ 위어 펌프 : 보일러의 증기를 이용하여 급수
　　㉰ 플런저 펌프 : 증기 및 동력을 이용하여 급수
　㈐ 기타 : 인젝터, 환원기

> **참고　펌프에서 발생할 수 있는 이상 현상**
> ① 공동 현상(캐비테이션 : cavitation)
> ② 맥동 현상(서징 : surging)
> ③ 수격 현상(워터 해머 : water hammer)

핵심문제

12 다음 설명은 원심식(회전식) 펌프의 종류별 특징이다. 어떤 종류의 펌프인지를 쓰시오.
　(1) 안내 깃(guide vane)이 없으며 저압 저양정용이다.
　(2) 안내 깃(guide vane)이 있으며 중·고압 및 고양정용이다.
　　해답　(1) 벌류트 펌프　(2) 터빈 펌프

13 왕복동식 펌프의 종류 3가지를 쓰시오.

해답 ① 워싱턴 펌프 ② 위어 펌프 ③ 플런저 펌프

14 급수펌프의 구비 조건 5가지를 쓰시오.

해답 ① 고온 고압에 충분히 견디어야 한다.
② 작동이 확실하고 조작이 간단해야 된다.
③ 급격한 부하 변동에 대응할 수 있어야 한다.
④ 저부하 운전에서도 효율이 좋아야 한다.
⑤ 병렬 운전에 지장이 없어야 한다.
⑥ 회전식은 고속 회전에서 안전해야 한다.

③ 인젝터(injector : 무동력 급수보조장치) : 증기의 열에너지를 압력에너지로 전환시키고 다시 운동에너지로 바꾸어 급수하는 장치로 중소형 보일러에 많이 설치한다.

(가) 장점
 ㉮ 설치 장소가 적게 필요하다.
 ㉯ 구조가 간단하고 취급이 용이하다.
 ㉰ 급수가 예열되어 열응력 발생을 방지한다.
 ㉱ 열효율이 좋아진다.
 ㉲ 가격이 저렴하다.
 ㉳ 동력이 필요 없다.

(나) 단점
 ㉮ 인젝터 자체의 흡입 양정이 낮다.
 ㉯ 급수 온도가 높으면 급수가 곤란하다.
 ㉰ 증기압이 낮으면 급수가 곤란하다.
 ㉱ 급수 조절이 곤란하다.

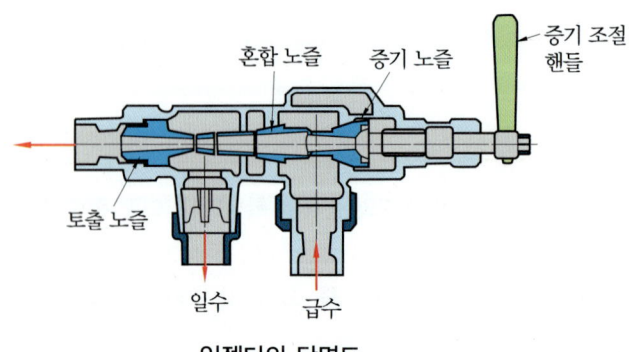

인젝터의 단면도

참고

- **일수밸브** : 인젝터 동작 시 인젝터 내의 응축수나 여분의 급수를 제거하기 위한 밸브
- 인젝터로 급수하는 경우에 옥상 급수조에서 급수한다.
- **인젝터 급수의 불량 원인**
  ① 급수 온도가 높을 때(50℃ 이상)   ② 증기압이 낮을 때(2 kgf/cm² 이하)
  ③ 노즐의 마모 시   ④ 흡입판(급수관)에 공기 누입 시
  ⑤ 인젝터 자체 온도가 높을 때   ⑥ 증기가 너무 건조하거나 습할 경우
- **인젝터 작동 순서**
  ① 인젝터 출구 측 밸브를 연다.   ② 인젝터 급수밸브를 연다.
  ③ 인젝터 증기밸브를 연다.   ④ 인젝터 조절 핸들 밸브를 연다.
  ※ 인젝터 작동 순서에 있어서 위험 요소가 크지 않은 급수밸브를 먼저 개방 후 증기밸브를 열어 준다.

핵심문제

15 인젝터의 급수 불량 원인 5가지를 쓰시오.

> 해답 ① 급수 온도가 높을 때(50℃ 이상)   ② 증기압이 낮을 때(2 kgf/cm² 이하)
>   ③ 노즐의 마모 시   ④ 흡입판(급수관)에 공기 누입 시
>   ⑤ 인젝터 자체 온도가 높을 때   ⑥ 증기가 너무 건조하거나 습할 경우

16 [보기]는 비동력 급수장치인 인젝터에 대한 작동 설명이다. 인젝터의 각 밸브 및 핸들의 작동 순서대로 번호를 쓰시오.

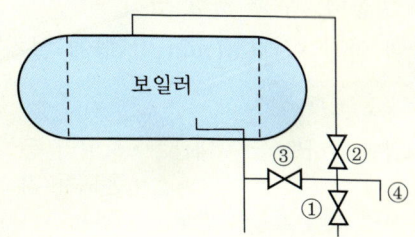

[보기]
① 급수밸브를 연다.   ② 증기밸브를 연다.
③ 출구정지밸브를 연다.   ④ 핸들을 연다.

> 해답 ③ → ① → ② → ④

(3) 급수정지밸브 및 역정지밸브

① 급수정지밸브의 크기
  ㈎ 전열면적 10 m² 초과 : 호칭지름 20 mm 이상

(나) 전열면적 10 m² 이하 : 호칭지름 15 mm 이상
② 정지밸브는 보일러 동체와 최대한 근접하게 설치하고 역정지밸브(체크밸브)는 정지밸브와 근접 거리에 설치한다.
③ 역정지밸브(체크밸브) : 유체를 한쪽 방향으로만 흐르게 하는 밸브

> **참고 체크밸브의 종류**
> ① 스윙식 : 수평·수직 배관에 사용 가능
> ② 리프트식 : 수평 배관에만 사용 가능

핵심문제

17 보일러 급수밸브에서 역류를 방지하기 위해 반드시 설치해야 하는 밸브는?

 역정지밸브(체크밸브)

(4) 급수 내관

보일러에 집중 급수를 방지하여 부동 팽창을 방지하고 열응력 발생을 방지하기 위하여 보일러 동 내부에 설치하는 관을 말한다.

① 설치 목적
　(가) 내관을 통과하면서 급수가 예열된다.
　(나) 급수를 산포시켜 열응력, 부동 팽창 방지
② 설치 위치 : 안전 수위 약간 아래(50 mm 아래)에 설치한다.

설치 위치가 높을 때	설치 위치가 낮을 때
• 정상 수위가 보다 조금만 낮아도 급수 내관이 노출되기 쉽다. • 노출된 상태로 급수하면 수격 작용이 발생한다.	• 보일러 동 저부 냉각을 조장한다. • 온도차 감소로 인한 관수의 순환을 저해한다.

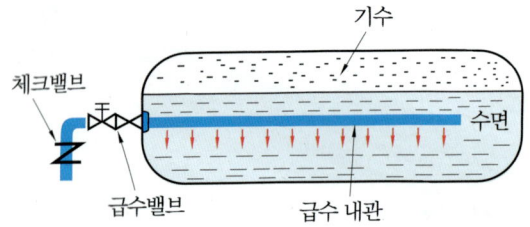

급수 내관

3-5 송기장치

보일러에서 발생하는 증기를 사용 장소에 보내기 위하여 사용되는 장치를 말한다.

(1) 비수방지관(증기내관)

비수 현상을 방지하기 위하여 동(胴) 내부의 증기부 상단에 설치하는 관이다.

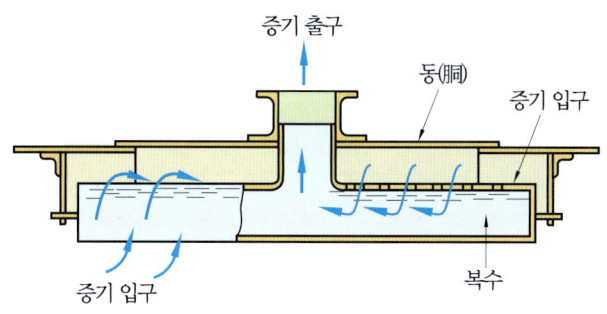

비수방지관

> **참고** 비수방지관
>
> - 원통형 보일러에서는 증기부가 적은 경우에 건증기를 얻기 위하여 스팀돔(증기통)을 설치하는 경우가 있다.
> - **구조** : 관 양단을 막고 상단에 구멍을 두어 증기가 흡입되도록 되어 있다. 비수방지관에 뚫린 구멍의 총 면적이 증기 취출구 증기관 면적의 1.5배 이상이어야 한다.

① 비수 현상(프라이밍) : 물방울이 수면 위로 튀어올라 송기되는 증기 속에 포함되어 나가는 현상을 말한다.

> **참고** 비수 현상
>
> - **비수 현상의 발생 원인**
>   ① 주증기밸브의 급개 ② 증기발생 속도의 빠름
>   ③ 관수의 농축 ④ 관수의 수위가 높을 때
>   ⑤ 유지분, 알칼리분, 부유물 함유 ⑥ 부하의 급변
> - **비수 현상 시 피해**
>   ① 수위 오인(저수위 사고) ② 계기류 연락관의 막힘
>   ③ 송기되는 증기의 불순 ④ 증기의 열량 감소
>   ⑤ 배관 부식 ⑥ 배관, 기관 내에서 수격 작용 발생 등
> - **비수 현상의 방지 방법**
>   ① 비수방지관을 설치한다. ② 주증기밸브를 천천히 연다.
>   ③ 관수 중에 불순물, 농축수를 제거한다. ④ 수위를 고수위로 하지 않는다(정상 수위 유지).

• 비수 현상 시 조치
  ① 연료 차단
  ② 공기 차단
  ③ 주증기밸브를 닫고 수위 안정
  ④ 급수 및 분출 반복
  ⑤ 계기류 점검
  ⑥ 수질 분석

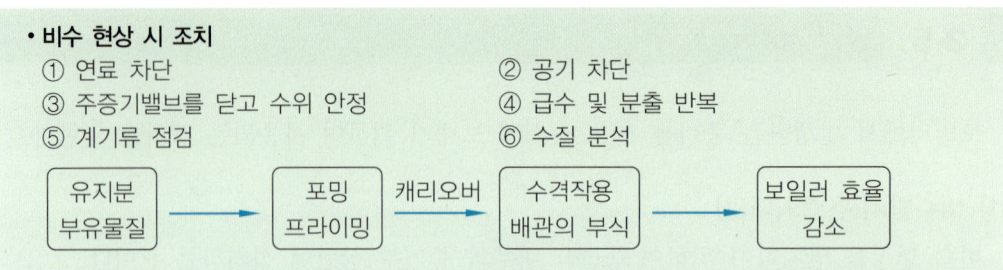

② 포밍 현상(거품 발생) : 관수 중에 용존 고형물, 유지분, 부유물 등이 다량 함유되어 농축되면 증기 발생 시 거품이 안전한 상태로 유지되어 거품이 없어지지 않는다(화학적 원인).

핵심문제

18 비수(프라이밍) 현상의 발생 원인 5가지를 쓰시오.

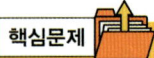 ① 주증기밸브의 급개　　② 증기발생 속도의 빠름
③ 관수의 농축　　　　　④ 관수의 수위가 높을 때
⑤ 유지분, 알칼리분, 부유물 함유　⑥ 부하의 급변

19 보일러에서 증기가 발생되어 주증기 밸브로 송기할 때 밸브를 천천히 개방하는 이유를 쓰시오.

해답　수격 작용(워터 해머) 및 기수공발(캐리오버) 현상을 방지하기 위하여

③ 수격 작용(워터 해머) : 배관 내부에 존재한 응축수가 증기 송기 시에 밀려 배관 내부를 심하게 타격하여 소음을 발생시키는 현상

참고

- 수격 작용이 심하면 배관의 파열 현상이 발생한다.
- 수격 작용의 발생 원인
  ① 포밍, 프라이밍 현상이 발생할 때
  ② 배관 구배 선정의 잘못
  ③ 배관면으로 열량 손실 과대
  ④ 주증기밸브의 급개
  ⑤ 부하 변동이 극심할 때
- 수격 작용 발생 방지 방법
  ① 배관의 보온을 철저히 한다.
  ② 구배 선정을 잘한다.
  ③ 응축수가 고이는 곳에는 트랩을 설치한다.
  ④ 증기를 과열시킨다.
  ⑤ 송기 시에는 완만 조작 및 드레인 제거를 잘한다.

(2) 기수분리기(steam separator)

수관식 보일러에는 증기 발생 속도가 극히 빠르기 때문에 비수방지관만으로는 건조 증기를 얻기가 어려우므로 동 내부에서나 배관에 기수분리기를 설치한다.

> **참고** 보일러에 비수방지관이나 기수분리기를 설치함으로써 얻을 수 있는 이점
> ① 건도가 높은 증기를 공급할 수 있다.
> ② 워터 해머(water hammer : 수격 작용)를 방지할 수 있다.
> ③ 증기의 마찰저항을 감소시킬 수 있다.
> ④ 수분으로 인한 관내 및 부속 밸브류의 부식을 감소시킬 수 있다.
> ⑤ 드레인(응축수)으로 인한 열손실을 방지할 수 있다.

기수분리기의 분류 및 원리

분류	원리
사이클론형	원심력 이용
스크레버형	다수 강판 이용(파도형)
건조 스크린형	금속망판 이용
배플형	방향 전환 이용

핵심문제

20 수관 보일러에서 사용되는 기수분리기의 종류 4가지를 쓰시오.

해답 ① 사이클론형 ② 스크러버형 ③ 건조 스크린형 ④ 배플형

(3) 주증기밸브 및 주증기관

증기를 송기 및 정지하기 위하여 보일러 증기부 상단에 부착되며, 일반적으로 앵글밸브가 이용된다.

▶ 증기관은 보온도 철저하게 해야 되지만 배관 구배 선정을 잘하여 응축수 배출이 용이하도록 해야 한다.

(4) 감압밸브

보일러에서 발생한 증기의 압력을 내리기 위하여 사용되는 장치이며, 주로 스프링식이 이용된다.

① 설치 목적
   ㉮ 고압 증기를 저압 증기로 전환하기 위하여
   ㉯ 부하측의 압력을 일정하게 유지하기 위하여

(다) 부하 변동에 따른 증기의 소비량을 줄이기 위하여
② 고압 증기보다 저압 증기를 사용하는 이유 중요
　　저압 증기는 증발잠열이 크므로 사용할 수 있는 열량이 많고, 열응력에 의한 부속장치 및 증기배관에 미치는 영향이 적다.
③ 감압밸브의 종류
　(가) 작동 방법에 따른 분류 : 벨로스식, 피스톤식, 다이어프램식
　(나) 구조에 따른 분류 : 스프링식, 추식
④ 감압밸브의 주위 배관도(by-pass도)

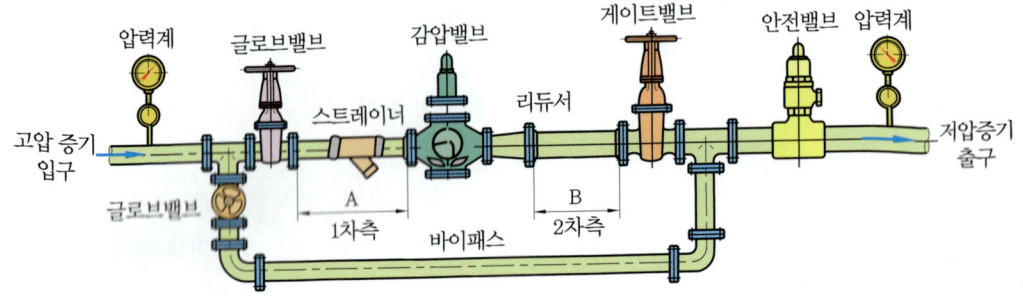

　(가) 감압밸브 입구측(고압측) : 글로브밸브, 여과기, 압력계
　(나) 감압밸브 출구측(저압측) : 게이트밸브, 안전밸브, 압력계
　▶ 리듀서(reducer)를 사용하는 이유 : 감압밸브 2차측에 리듀서를 사용하면 압력이 감소되어 증기의 체적이 증가하게 된다.

핵심문제

21 밸브 작동의 방법으로 분류한 증기감압밸브의 종류 3가지를 쓰시오.
　해답　① 피스톤형　② 벨로스형　③ 다이어프램형

22 보일러 배관에서 순환펌프, 유량계, 감압밸브 등의 설치 위치에 고장 보수 등에 대비하여 설치하는 회로의 명칭을 쓰시오.
　해답　바이패스 회로

(5) 증기축열기(steam accumulator)

보일러에서 과잉 발생한 증기를 저장하고, 부하가 증가하면 증기를 방출하여 증기의 과부족을 해소하는 장치로서 일종의 증기은행이라 할 수 있다. 여기서, 증기를 저장하는 매체는 물이다.

(6) 증기헤더(스팀헤더)

보일러 주증기관과 부하측 증기관 사이에 설치하여 운영되는 압력용기(제2종 압력용기)로서 송기 및 정지가 편리한 장점이 있으며, 헤더에 부착되는 가장 큰 관의 2배 이상 크기로 설치한다.

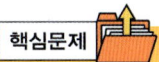

23 보일러 송기장치 중에서 증기공급량을 조절하고 증기 공급 및 정지가 편리하도록 하기 위하여 사용되는 (1) 장치명을 쓰고 (2) 이 장치의 지름은 이 장치에 부착된 지름이 가장 큰 배관의 몇 배가 되어야 하는지를 쓰시오.

해답 (1) 증기헤드(steam header) (2) 2배

(7) 신축 이음(신축 조인트)

배관이 열에 의하여 팽창과 수축을 하게 되는데, 이러한 작용으로 인하여 배관 이음부 장치 등에 무리가 발생한다. 그러므로 이러한 신축 작용을 흡수할 수 있도록 이음하는 것을 신축 이음이라 한다.

① 신축 이음의 종류

 (가) 루프형(만곡형, ⌒) : 실외 고압 배관에 사용

 (나) 벨로스형(주름통형, ⋈⋈⋈) : 포화증기 및 과열증기에 사용

 (다) 스위블형(저압 배관, ┘) : 주관에서 분기되는 관에 사용(두 개 이상의 엘보 사용)

 (라) 슬리브형(미끄럼형, ─□─) : 온수나 저압 배관에 사용

② 설치 위치 : 직관 길이 약 15 m마다 1개소 정도 설치

24 다음 설명에 해당하는 신축 이음 장치의 종류를 [보기]에서 골라 그 번호를 쓰시오.
 (1) 2개 이상의 엘보를 사용하여 방열기 입구측 배관에 사용하며 누설의 우려가 크다.
 (2) 고압 옥외 배관에 많이 사용하며 루프형과 밴드형이 있다.
 (3) 단식과 복식의 2형식이 있으며 주로 저압 증기 배관에 사용한다.
 (4) 열응력을 적게 받으며 일명 팩리스형이라고도 한다.
 (5) 펌프 입구 및 출구측에 많이 사용한다.

[보기]
① 만곡관형 신축이음   ② 플렉시블 신축이음   ③ 스위블형 신축이음
④ 벨로스형 신축이음   ⑤ 슬리브형 신축이음

해답 (1) ③ (2) ① (3) ⑤ (4) ④ (5) ②

(8) 방열기(radiator)

직접 난방에 쓰이는 방열기는 주철제가 가장 많으나 강판제, 강관제, 알루미늄제도 있다.

① 방열기의 설치 형태에 따른 분류
  (가) 주형 방열기(colunm radiator) : 2주형, 3주형, 3세주형, 5세주형
  (나) 벽걸이 방열기(wall radiator) : 주철제로서 수평형과 수직형이 있다.
  (다) 길드 방열기(gilled radiator) : 1 m 정도의 주철제로 된 파이프 방열기
  (라) 대류 방열기(convector radiator) : 캐비닛 속에 가열기(방열판)가 들어 있어 공기의 대류 작용으로 난방한다.

② 방열기 표준방열량(kcal/m² · h)
  (가) 증기 : 방열기 방열면적 1 m²(EDR)당 650 kcal/m² · h(증기난방 : 증기온도 102℃, 실내온도 21℃)
  (나) 온수 : 방열기 방열면적 1 m²(EDR)당 450 kcal/m² · h(온수난방 : 온수온도 80℃, 실내온도 18℃)

③ 방열기의 설치
  (가) 외기와 접하는 창문 아래쪽에 설치한다.
  (나) 주형 방열기는 벽에서 50~60 mm, 벽걸이는 바닥에서 150 mm 정도 공간을 둔다.

▶ **호칭법** : 종별 – 형×쪽수

핵심문제

25 난방용 방열기의 종류를 형상에 따라 크게 나눌 때 3가지만 쓰시오.

해답 ① 주형(기둥형) 방열기   ② 벽걸이형 방열기
      ③ 길드 방열기   ④ 대류 방열기

26 주형 방열기 중 (1) 세주형 방열기의 종류 2가지와 (2) 벽걸이형 방열기의 종류 2가지를 쓰시오.

해답 (1) ① 3세주형   ② 5세주형
      (2) ① 수직형   ② 수평형

27 다음 방열기 도시 기호에 대한 물음에 답하시오.

(1) 방열기 쪽수는 몇 개인가?
(2) 형별 및 치수는 얼마인가?
(3) 유입관경(mm) 및 유출관경(mm)은 얼마인가?

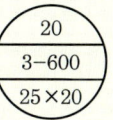

해답 (1) 20개
(2) 형별 : 3세주형, 치수 : 600 mm
(3) 유입관경 : 25 mm, 유출관경 : 20 mm

28 주철제 5세주형 방열기로 높이가 650 mm, 쪽수가 20개인 것을 조립하고 유입측 관지름이 25 mm, 유출측 관지름이 20 mm일 때 방열기의 도시 기호를 표시하시오.

해답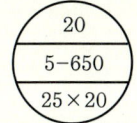

29 다음은 어떤 도면에 표시된 알루미늄 방열기 도시 기호이다. 아래 사항(①~⑤)은 각각 무엇을 표시하는지 쓰시오.

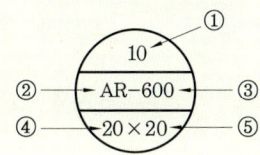

해답 ① 섹션수(쪽수) ② 방열기 종별 ③ 방열기 치수
④ 유입측 관지름 ⑤ 유출측 관지름

30 방열기를 실내에 설치할 때에 외기에 접한 창문 아래에 설치한다. 그 이유를 2가지만 쓰시오.

해답 ① 창문 가까이 냉기 하강 방지를 위하여
② 복사난방 효과를 상승시키기 위하여

(9) 증기트랩(steam trap)

증기 사용 설비 배관 내의 응축수를 자동적으로 배출하여 수격 작용 등을 방지한다.
① 증기트랩의 설치 목적 : 배관 내 응축수 배출, 수격 작용 방지
② 증기트랩의 설치 위치 : 배관 중 응축수가 고이기 쉬운 곳
③ 증기트랩의 구비 조건 중요
  ㈎ 공기의 배기가 가능할 것
  ㈏ 작동이 확실할 것(압력과 유량 변화 시)

㈐ 내식성, 내구성이 있을 것
㈑ 유체에 대한 마찰저항이 작을 것
㈒ 정지 후에도 응축수를 뺄 수 있을 것
㈓ 봉수가 확실할 것

④ 증기트랩의 종류 중요

㈎ 기계적 트랩 : 포화수와 포화증기의 비중차를 이용
  예 버킷 트랩, 플로트 트랩(부자식 트랩)
㈏ 온도조절 트랩 : 포화수와 포화증기의 온도차를 이용
  예 바이메탈 트랩, 벨로스 트랩(열동식 트랩)
㈐ 열역학적 트랩 : 포화수와 포화증기의 열역학적 특성차를 이용
  예 오리피스식 트랩, 디스크식 트랩

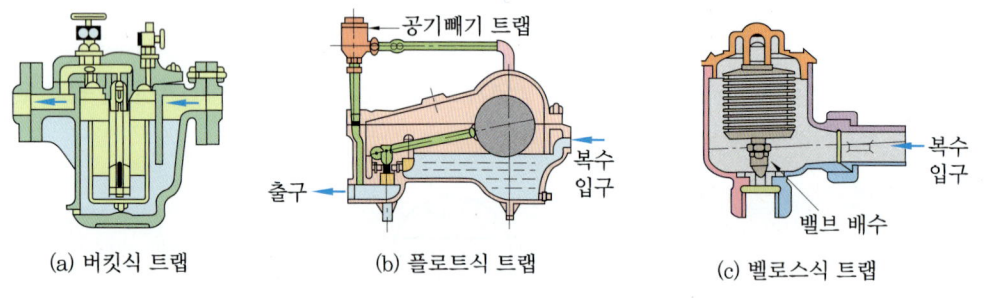

(a) 버킷식 트랩   (b) 플로트식 트랩   (c) 벨로스식 트랩

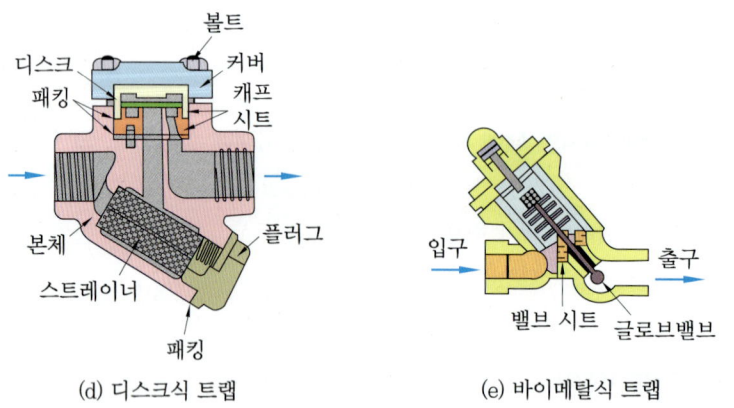

(d) 디스크식 트랩   (e) 바이메탈식 트랩

증기트랩의 종류

핵심문제

31 증기트랩의 구비 조건을 4가지 이상 쓰시오.

> **해답** ① 작동이 확실할 것 ② 내식성, 내구성이 있을 것 ③ 마찰저항이 작을 것
> ④ 공기빼기가 좋을 것 ⑤ 봉수가 확실할 것

32 다음 각 원리에 해당되는 스팀트랩의 종류를 각각 2가지씩 쓰시오.
  (1) 증기와 물의 비중차를 이용한 것
  (2) 증기와 드레인의 온도차를 이용한 것
  (3) 증기와 드레인의 열역학적 특성을 이용한 것

> **해답** (1) 플로트 트랩, 버킷 트랩
> (2) 바이메탈 트랩, 벨로스 트랩
> (3) 오리피스 트랩, 디스크 트랩

3-6 분출장치

관수의 농축을 방지하고 신진대사를 양호하게 하기 위해 관수를 배출하는 장치로 단속 분출장치와 연속 분출장치가 있다.

(1) 분출장치의 종류 <중요>
① 단속 분출장치 : 수저 분출장치(침전물이나 농축수를 필요시에 배출)
② 연속 분출장치 : 수면 분출장치(관수를 연속적으로 일정량씩 배출)

(2) 분출의 목적 <중요>
① 관수의 농도를 낮춘다.   ② 관수의 pH 조절
③ 관수의 신진대사 촉진   ④ 캐리오버 현상 방지
⑤ 슬러지, 스케일 생성 방지

> **참고 분출 시기**
> ① 포밍, 프라이밍 현상이 발생할 때
> ② 주야 연속 가동 시 부하가 가장 작을 때
> ③ 매일 아침 가동 전
> ④ 보일러수가 정지하여 불순물 침전 시
> ⑤ 고수위일 때

3-7 폐열회수장치(보일러 열효율 증대장치)

(1) 증기과열기(super heater)
포화증기를 과열하여 압력은 일정하게 유지하면서 증기의 온도를 높이는 장치
① 열가스 접촉에 의한 분류
　(가) 대류 과열기 : 대류열 이용(대류형)
　(나) 복사 과열기 : 복사열 이용(방사형)
　(다) 복사 대류 과열기 : 복사열과 대류열 이용
② 열가스 흐름에 의한 분류
　(가) 병류형 : 증기와 열가스 흐름의 방향이 같다.
　(나) 향류형 : 증기와 열가스 흐름의 방향이 반대이다.
　(다) 혼류형 : 병류형과 향류형의 조합이다.

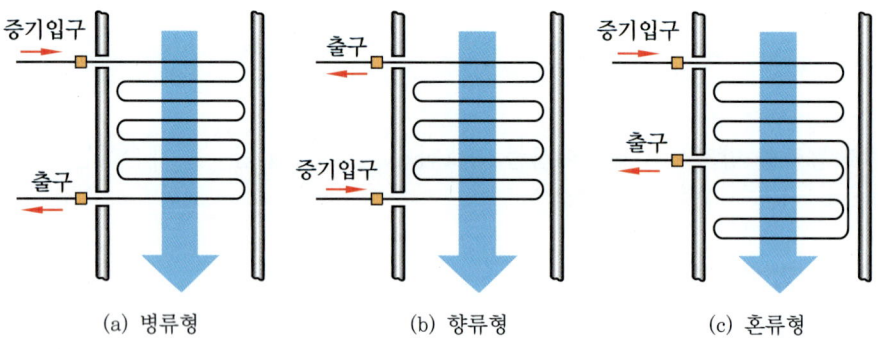

과열기의 가스·증기의 흐름 방향

③ 과열증기의 장점
　(가) 엔탈피 증가로 적은 증기로 많은 열을 얻는다.
　(나) 마찰 저항 감소
　(다) 관내 부식 방지(수격 작용 방지)
　(라) 증기 보일러의 효율 증대
④ 과열증기 온도 조절 방법
　(가) 연소실의 화염 위치를 조절하는 방법
　(나) 연소가스의 재순환 방법
　(다) 과열증기를 통하는 열가스량의 조절
　(라) 과열저감기를 사용하는 방법
　(마) 과열증기에 습증기나 급수를 분무하는 방법

(2) 재열기(reheater)

과열기에서 발생한 과열증기가 고압 터빈에서 팽창이 끝나고 응축하기 직전에 회수하여 재가열, 과열증기로 만들어 저압 터빈에서 팽창하도록 하는 장치로 주로 발전소, 선박기관 등에 설비한다. 종류와 용도 등은 과열기와 비슷하다.

(3) 절탄기(economizer)

배기가스의 현열을 이용하여 급수를 예열하는 장치로 보일러의 열효율을 높게 하고 연료를 절약하는 장치이다.

① 장점
  ㈎ 급수를 예열하여 공급함으로써 연료소비량을 감소시킬 수 있다.
  ㈏ 보일러 증발량이 증대하여 열효율을 높일 수 있다.
  ㈐ 보일러 수와 급수와의 온도차를 줄임으로써 보일러 동체의 열응력을 경감시킬 수 있다.

② 단점
  ㈎ 저온부식을 일으키기 쉽다.
  ㈏ 연소가스 흐름에 의한 마찰저항을 일으켜 통풍력을 약화시킬 수 있다.
  ㈐ 청소, 검사, 보수가 불편하다.

(4) 공기예열기(air preheater)

① 연소용 공기를 예열하는 장치이다. 즉, 보일러에서 굴뚝으로 나가는 가스의 온도(약 200~400℃)의 여열을 이용하여 화실에 보내는 연소용 공기를 가열하는 장치이다.

② 공기예열기의 종류
  ㈎ 증기식 공기예열기 : 증기에 의하여 공기를 가열하는 것으로 부식의 염려가 없다.
  ㈏ 급수식 공기예열기
  ㈐ 가스식 공기예열기
    ㉮ 전열식
      • 강관형 : 강도가 약하고 공작이 불편하나 설치 공간을 적게 차지한다.
      • 강판형 : 구조가 튼튼하고 소제가 간단하나 설치 공간을 많이 차지한다.
    ㉯ 재생식 : 축열식이라고도 하며 가스와 공기를 교대로 금속판에 접촉시켜 축열시킨 후 공기에 열을 주는 형식으로 융스트롬식이 있다.

③ 공기예열기의 장점
  ㈎ 연소실의 온도 상승
  ㈏ 연료의 완전 연소
  ㈐ 전열효율 및 연소효율의 향상
  ㈑ 보일러 열효율 향상(5% 이상)

㈐ 수분이 많은 저질탄의 연료도 사용 가능

> **참고**
>
> ① 폐열회수장치 설치 순서(연소가스의 흐름 방향)
>
>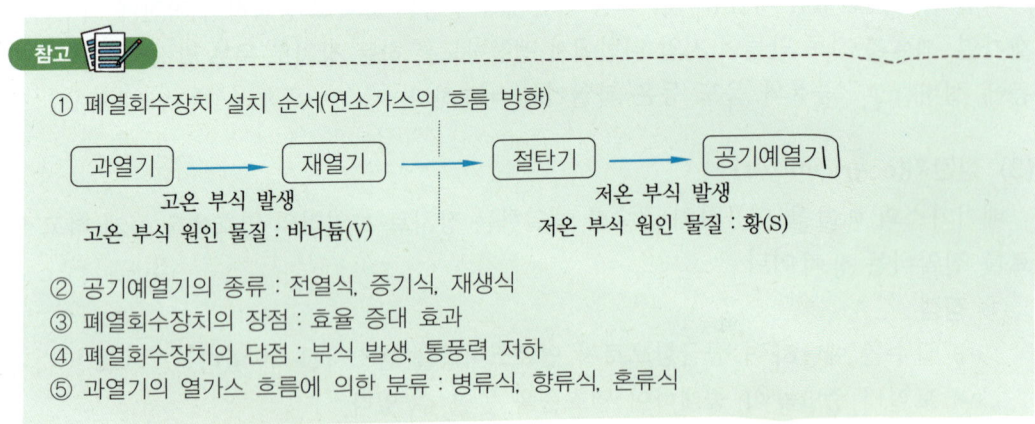
>
> ② 공기예열기의 종류 : 전열식, 증기식, 재생식
> ③ 폐열회수장치의 장점 : 효율 증대 효과
> ④ 폐열회수장치의 단점 : 부식 발생, 통풍력 저하
> ⑤ 과열기의 열가스 흐름에 의한 분류 : 병류식, 향류식, 혼류식

핵심문제

33 다음 보일러 설비에 해당되는 기기 및 부속명을 [보기]에서 골라 각각 2개씩 적으시오.

[보기]
- 점화장치   • 인젝터   • 과열기   • 분연장치
- 급수내관   • 절탄기   • 방폭문   • 안전변

(1) 급수장치   (2) 연소장치
(3) 폐열회수장치   (4) 안전장치

> **해답** (1) 인젝터, 급수내관   (2) 점화장치, 분연장치
>   (3) 과열기, 절탄기   (4) 방폭문, 안전변

34 과열기의 온도 조절 방법 4가지를 쓰시오.

> **해답** ① 댐퍼를 이용하여 연소가스량 조절
>   ② 과열 저감기 사용
>   ③ 화염의 위치 변화
>   ④ 저온의 연소가스를 연소실로 재순환

35 연소 후 배기가스가 연돌로 배출되는 순서를 [보기]를 참고하여 나열하시오.

[보기]
- 재열기   • 공기예열기   • 과열기
- 절탄기   • 증발관   • 연돌

> **해답** ① 증발관 → ② 과열기 → ③ 재열기 → ④ 절탄기 → ⑤ 공기예열기 → ⑥ 연돌

3-8 통풍장치

(1) 통풍의 종류
① 자연통풍 : 연돌에 의한 통풍
② 강제통풍
  ㈎ 압입통풍 : 연소 공기를 버너 쪽에 밀어넣어 통풍시키는 방법
  ㈏ 흡입통풍 : 연돌 쪽에서 연소 가스를 흡입 배출하면서 통풍시키는 방법(유인통풍)
  ㈐ 평형통풍 : 압입통풍과 흡입통풍을 병행한 것

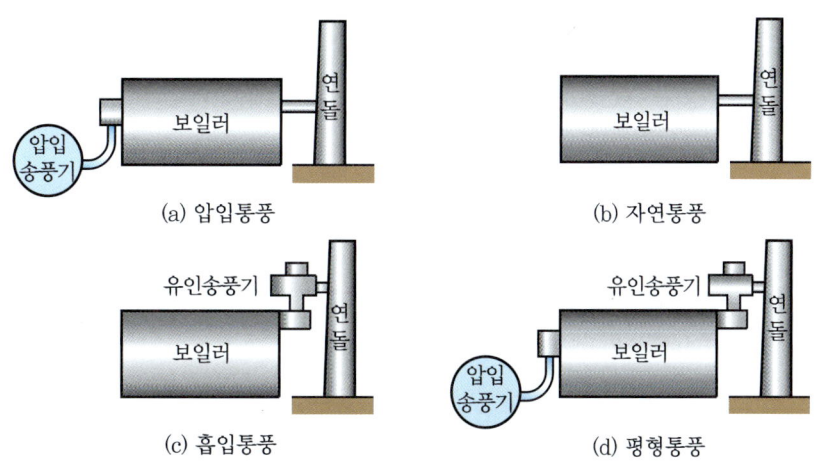

통풍의 종류

(2) 통풍력의 조절 방법 중요
① 전동기의 회전수에 의한 방법
② 댐퍼 조절에 의한 방법
③ 섹션 베인의 개도에 의한 방법

(3) 자연 통풍력의 상승 조건 중요
① 배기가스의 온도가 높을수록
② 외기의 온도가 낮을수록
③ 연돌의 높이가 높을수록
④ 연돌의 단면적이 클수록

(4) 통풍력 계산 중요
① 이론 통풍력 : 연소 가스의 압력손실이 없는 상태로 계산된 통풍력
  압력 = 비중량 × 높이
     = (외기의 비중량 − 배기가스의 비중량) × 높이

$$= \left(\text{외기의 비중량} \times \frac{273}{(273+\text{외기 온도})} - \text{배기가스의 비중량} \times \frac{273}{(273+\text{배기가스의 온도})}\right) \times \text{높이}$$

외기의 비중량(kg/m³) 　　배기가스의 비중량(kg/m³)
연돌의 높이(m)　　　　　외기 온도(℃)
배기가스의 평균온도(℃)　통풍력(압력) : kg/m² = mmH₂O

> **참고 — 압력 계산**
>
> $$\text{압력} = \text{비중량} \times \text{높이} = (\text{비중량} \times \text{온도 보정}) \times \text{높이} = \left(\text{비중량} \times \frac{273}{273+t\,℃}\right) \times \text{높이}$$

② 실제 통풍력 : 이론 통풍력의 80% 정도

(5) 연돌의 설치 목적 및 상부 단면적

① 설치 목적 : 유효한 통풍력을 얻고 대기오염을 방지하기 위하여
② 연돌의 상부 단면적

유량 = 단면적 × 유속, 따라서 단면적 = $\dfrac{\text{유량}}{\text{유속}}$

∴ 상부 단면적 = $\dfrac{\text{유량}}{\text{유속}} \times \dfrac{(273+\text{배기가스 온도})}{273}$

유량 : m³/s, 유속 : m/s, 면적 : m², 온도 : ℃

핵심문제

36 가정용 온수 보일러에서 자연 통풍력 증가 방법 3가지를 쓰시오.

> **해답** ① 연돌 높이를 높인다.　② 배기가스 온도를 높인다.
> ③ 연돌의 단면적을 크게 한다.　④ 연도 길이를 짧게 한다.
> ⑤ 연도의 굽힘부를 적게 한다.

37 다음은 보일러의 통풍력에 대한 사항이다. (　) 안에 "크다", "작다"를 쓰시오.

(1) 통풍력은 겨울철보다 여름철이 (　)
(2) 통풍력은 배기가스의 온도가 높을수록 (　)
(3) 통풍력은 연돌 단면적이 작을수록 (　)
(4) 통풍력은 연돌이 높을수록 (　)
(5) 통풍력은 외기온도가 높을수록 (　)

> **해답** (1) 작다. (2) 크다. (3) 작다. (4) 크다. (5) 작다.

(6) 송풍기

① 송풍기의 종류

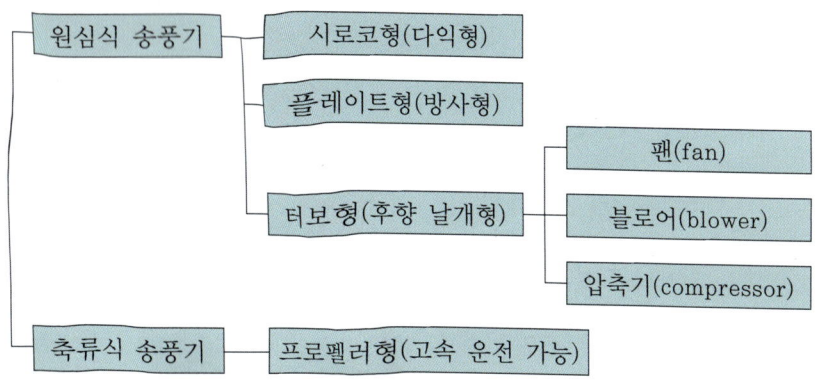

② 송풍기의 소요마력 및 소요동력 계산

(가) 마력(HP) = $\dfrac{\text{정압}(\text{kgf/m}^2) \times \text{송풍량}(\text{m}^3/\text{min})}{75 \times 60 \text{ s/min} \times \text{효율}}$

  (1 HP = 75 kgf·m/s)

(나) 동력(kW) = $\dfrac{\text{정압}(\text{kgf/m}^2) \times \text{송풍량}(\text{m}^3/\text{min})}{102 \times 60 \text{ s/min} \times \text{효율}}$

  (1 kW = 102 kgf·m/s)

▶ kgf/m² = mmH₂O = mmAq

핵심문제

38 다음은 원심식 송풍기의 종류별 특징을 설명하였다. 해당되는 송풍기의 종류를 각각 쓰시오.

(1) ① 60~90개 정도의 전향 날개로 되어 있다.
    ② 풍량은 많으나 효율과 풍압이 낮다.
    ③ 소형이며 경량이고 흡입용 송풍기로 적당하다.

(2) ① 6~12개 정도의 방사형 날개로 되어 있다.
    ② 풍량이 많고 효율이 비교적 좋다.
    ③ 대용량에 적합하며 흡입용 송풍기로 사용한다.

(3) ① 16~24개 정도의 후향 날개로 되어 있다.
    ② 풍압이 높고 효율이 좋다.
    ③ 가압 연소용 송풍기로 많이 사용한다.

해답 (1) 시로코형(다익형) 송풍기
   (2) 플레이트형 송풍기
   (3) 터보형 송풍기

39 원심식 송풍기의 종류 3가지를 쓰시오.

해답 ① 터보형 송풍기 ② 플레이트형 송풍기 ③ 시로코형(다익형) 송풍기

40 원심력 송풍기에서 풍량 조절 방법 3가지를 쓰시오.

해답 ① 댐퍼 조절에 의한 방법
② 전동기의 회전수 변화에 의한 방법
③ 섹션 베인의 개도에 의한 방법

41 보일러 송풍기에 대한 다음 설명 중 ( ) 안에 적합한 용어를 쓰시오.

동일한 밀도의 기체를 취급하는 동일한 송풍기에서 회전수의 변화가 ±20 %의 범위 내에서 (①)은(는) 송풍기 회전수에 비례하고, (②)은(는) 송풍기 회전수의 제곱에 비례하며, (③)은(는) 송풍기 회전수의 세제곱에 비례한다.

해답 ① 풍량 ② 풍압 ③ 동력

3-9 집진장치

연소에 의해 배출되는 가스가 대기오염에 심각한 영향을 주는데, 이를 방지하기 위하여 집진장치를 설치한다.

(1) 집진장치의 종류 중요

① 건식 : 관성식, 사이클론식(원심식), 음파진동식, 중력식, 여과식
② 습식
  (가) 유수식
  (나) 가압수식 : 제트 스크레버식, 벤투리 스크레버식, 사이클론 스크레버식, 세정탑
  (다) 회전식
③ 전기식 : 코트렐식(유지비 및 장치비가 많이 드나 효율이 가장 좋다.)

3-10 수트블로어(매연 분출기)

보일러의 전열면 외측에 부착되는 그을음이나 재를 불어 제거하는 장치

(1) 종류

① 고온 전열면 블로어 : 롱 레트랙터블형

② 연소 노벽 블로어 : 쇼트 레트랙터블형
③ 전열면 블로어 : 건타입형

(2) 수트블로어 사용 시 주의 사항 중요

① 분출 전에 분출기 내부에 드레인을 제거한다.
② 부하가 50 % 이하일 때는 수트블로어 사용을 금지한다.
③ 소화 후 수트블로어 사용을 금지한다(폭발 위험).
④ 분출 시에는 유인통풍을 증가시킨다.

3-11 연소 보조장치

① 저장탱크(저유조, 메인탱크) : 보통 7~15일분의 연료를 저장할 수 있다(송유 시 온도 40~50℃ 정도).
② 서비스 탱크 : 최대 연료소비량의 2~3시간 정도가 적당(예열온도는 60~70℃ 정도)

▶ 서비스 탱크는 버너 선단보다 1.5~2 m 정도 높게 설치한다.

③ 여과기(오일 스트레이너)
  ㈎ 연료 중에 포함되어 있는 불순물을 분리하기 위하여 사용된다.
  ㈏ 흡입측 여과기 : 펌프 입구측(20~60 메시)
  ㈐ 토출측 여과기 : 펌프 출구측(60~120 메시)
  ㈑ 유량계 입구측에는 Y형 여과기가 주로 사용되며 배관 중에는 단식, 복식형이 많다.
④ 오일펌프(oil pump)
  ㈎ 저장탱크로부터 서비스 탱크로 송유하기 위한 이송펌프와 버너에서 무화에 필요한 유압으로 상승시키기 위한 분연펌프(미터링 펌프)가 있다.
  ㈏ 오일펌프의 종류
    ㉮ 원심 펌프   ㉯ 기어 펌프   ㉰ 스크루 펌프
⑤ 유량계, 유압계, 온도계
  ㈎ 유량계는 오벌기어형과 로터리 피스톤식이 주로 이용된다(입구측에 여과기 설치).
  ㈏ 유압계는 연료 무화에 적당한 유압을 유지하는가를 알기 위해 설치한다.
  ㈐ 온도계는 버너 입구측에 급유 온도를 측정하거나 서비스 탱크, 오일 프리히터의 유온을 측정한다(주로 유리온도계 사용).
⑥ 오일 프리히터(oil preheater)
  ㈎ 연료의 점도를 내리기 위하여 가열하는 장치를 말하며, 저장탱크와 서비스 탱크에 설치하는 석션 히터(suction heater)와 분무 온도를 유지하는 오일 프리히터가 있다.

(나) 종류
  ㉮ 증기식 : 증기나 온수를 사용
  ㉯ 전기식 : 전기의 열작용에 의하여 연료를 가열

핵심문제

42 보일러에 설치하는 유량계 앞에 무엇을 반드시 설치해야 하는가?

해답 여과기

43 연료의 예열기에서 가열원의 종류 3가지를 쓰시오.

해답 ① 증기식 ② 온수식 ③ 전기식

44 연료계통에서 여과기를 설치하여야 할 곳 3곳을 쓰시오.

해답 ① 버너 입구 앞 ② 유량계 앞 ③ 오일펌프 입구 앞

(다) 전기식 오일 프리히터 용량 계산식

$$kW = \frac{\text{시간당 연료소비량} \times \text{연료의 비열} \times (\text{히터 출구 온도} - \text{히터 입구 온도})}{860 \times \text{효율}}$$

$$kW = 102 \text{ kg} \cdot \text{m/s} \times 3600 \text{ s/h} \times \frac{1}{427} \text{ kcal/kg} \cdot \text{m} = 860 \text{ kcal/h}$$

핵심문제

45 증기 보일러 1 ton/h당 연료사용량이 75 kg/h이고, 히터 입구 온도가 60℃, 출구 온도가 85℃이다. 오일 프리히터 용량은? (단, 연료의 비열 0.45 kcal/kg·℃, 효율 80 %)

해답 $kW = \dfrac{\text{시간당 연료소비량} \times \text{비열} \times \text{온도차}}{860 \times \text{효율}} = \dfrac{75 \times 0.45 \times (85-60)}{860 \times 0.8} = 1.23 \text{ kW}$

여기서, 1 kW = 860 kcal/h이고, ∴ $1 \text{ kW} = \dfrac{\text{kg/h} \times \text{kcal/kg} \cdot ℃ \times ℃}{\text{kcal/h}} = \dfrac{\text{kcal/h}}{\text{kcal/h}}$

참고 비열과 질량 및 온도차를 곱하면 분모의 단위와 일치된다.

$1 \text{ kW} = 102 \text{ kg} \cdot \text{m/s} \times \dfrac{1}{427} \text{ kcal/kg} \cdot \text{m} \times 3600 \text{ s/h} = 860 \text{ kcal/h}$

일(kg·m) ⇄ 열(kcal) ($\frac{1}{427}$, 427)

3-12 보염장치

① 보염장치 : 노내에 분사된 연료에 연소용 공기를 유효하게 공급해 확산시켜 연소를 유효하게 하고, 또 확실한 착화와 화염의 안정을 도모하기 위하여 설치한다.

② 특징
　㈎ 안정된 착화를 도모한다.
　㈏ 화염의 형상을 조절한다.
　㈐ 연료의 분무를 촉진시킴과 동시에 공기와의 혼합을 양호하게 한다.
　㈑ 연소가스의 체류시간을 지연시켜 전열효율을 촉진시킨다.
　㈒ 연소실의 온도 분포를 고르게 하고 안정된 화염을 얻어 노내의 국부 과열을 방지한다.

③ 종류
　㈎ 윈드 박스(wind box) : 공기와 연료의 혼합을 촉진시키며 공기의 흐름을 좋게 하고 공기의 배분을 균등하게 해 주는 장치
　㈏ 콤버스터(combuster) : 연료의 착화를 돕고 분출 흐름의 모양을 다듬으며 연소의 안정을 도모해 주는 장치
　㈐ 스태빌라이지(stabilizer : 보염기) : 노내에 분사된 연료에 연수용 공기를 유효하게 공급하여 연소를 도우며 화염의 안정을 도모하기 위하여 공기류를 적당히 조정하는 장치
　㈑ 버너 타일(burner tile) : 버너 슬롯을 구성하는 내화재로써 그 형태에 따라 분무 각도도 변화하고, 노내에 분사되는 연료와 공기의 분포속도 및 흐름의 방향을 최종적으로 조정하는 장치

핵심문제

46 보염장치의 특징을 4가지 쓰시오.

해답
① 안정된 착화를 도모한다.
② 화염의 형상을 조절한다.
③ 연료의 분무를 촉진한다.
④ 연소실의 온도를 높여 연소효율을 증가시켜 준다.

47 보일러 연소장치에서 연소 효율 상승을 위해 사용하는 보염장치의 종류 4가지를 쓰시오.

해답 ① 윈드 박스 ② 콤버스터 ③ 스태빌라이저(보염기) ④ 버너 타일

Chapter

4

연료 및 연소장치

4-1 연료의 종류와 특성
4-2 연소방법 및 연소장치
4-3 연소 계산

Chapter 04 연료 및 연소장치

4-1 연료의 종류와 특성

1 연료의 개요

(1) 연료의 뜻과 종류

연료란 공기 중에서 쉽게 연소하고, 그 연소에 의하여 생긴 열을 경제적으로 이용할 수 있는 물질을 말한다. 연료는 상온(20℃)에서 고체 연료, 액체 연료, 기체 연료의 3종류로 나누어진다.

(2) 연료의 구비 조건
① 공기 중에 쉽게 연소할 수 있을 것
② 인체에 유해하지 않을 것
③ 발열량이 클 것
④ 저장·운반·취급이 용이할 것
⑤ 구입하기가 쉽고 가격이 저렴할 것

(3) 연소의 3대 조건
 ① 가연성 물질 ② 산소 공급원 ③ 점화원

(4) 연료의 주성분
 ① 주성분 : 탄소(C), 수소(H), 산소(O)
 ② 가연성분 : 탄소(C), 수소(H), 황(S)
 ③ 불순물 : 질소(N), 황(S), 수분(W), 회분(A) 등

핵심문제

01 연소의 3요소를 쓰시오.
　　●해답　가연성 물질, 산소 공급원, 점화원

02 연료의 구비 조건 4가지를 쓰시오.

해답 ① 공기 중에 쉽게 연소할 수 있을 것 ② 인체에 유해하지 않을 것
③ 발열량이 클 것 ④ 저장·운반·취급이 용이할 것
⑤ 구입하기가 쉽고 가격이 저렴할 것

2 연료의 종류

(1) 고체 연료

① 특징
 (가) 구입 용이, 가격 저렴   (나) 노천야적 가능
 (다) 연소장치 간단   (라) 소화 곤란
 (마) 연소 효율이 낮다.   (바) 회분 및 불순물이 많다.

② 석탄의 탄화도에 따른 구분 및 특성

무연탄	역청탄(유연탄)	갈탄
• 연료비 7 이상 • 발열량이 크다. • 고정탄소가 많다. • 휘발분이 적다(장염). • 연소속도가 느리다.	• 연료비 1~7 • 휘발분이 많다(그을음 발생). • 점화가 쉽다. • 점결성이 있다. • 코크스 제조에 사용된다.	• 연료비 1 이하 • 휘발분이 너무 많다. • 수분과 재가 많다. • 발열량이 작다.

참고

• 연료비 = $\dfrac{\text{고정탄소}}{\text{휘발분}}$ → 연료비는 고정탄소에 비례하고 휘발분에 반비례한다.
 연료비가 크다는 것은 고정탄소가 많고 발열량이 높은 것을 의미한다. 그리고 휘발분이 적으며 그을음 발생의 원인이 된다.
• **점결성** : 석탄을 고온 건류하면 휘발분이 발산한 후 잔유물 등이 덩어리화 되는 현상(점결성은 역청탄에만 있다.)
• **미분탄** : 갈탄 또는 무연탄을 200메시의 체에 통과시켜 미세한 분말 상태로 만든 것으로 중유와 혼합해서 분사한다.

③ 탄화도가 클수록
 (가) 고정탄소 증가로 발열량 증가   (나) 연료비 증가
 (다) 착화온도 상승   (라) 연소속도 감소
④ 코크스
 (가) 역청탄(점결탄)을 고온 건류(공기의 공급이 없이 가열하여 열분해를 시키는 조작)하여 얻은 잔사로서 제철공업용, 가정용 등 용도가 많다.

㉮ 고온 건류 : 1000℃ 내외

㈏ 저온 건류 : 500~600℃ 내외

(나) 코크스 기공률 $= \dfrac{참비중 - 겉보기\ 비중}{참비중} \times 100\%$

$\qquad\qquad\quad = \left(1 - \dfrac{겉보기\ 비중}{참비중}\right) \times 100\%$

> **참고**
> - 코크스는 기공률이 높으며 반응성 증가 및 강도 감소에 영향을 준다. (기공률은 비중과 관계가 있다.)
> - 참비중 = 진(眞) 비중
> - 겉보기 비중 = 시(視) 비중

⑤ 석탄의 저장 시 준수 사항

㉮ 석탄의 높이는 4 m 이하로 한다.

㈏ 저온이고 그늘지며 통풍이 잘 되는 곳을 택한다.

㈐ 크기를 구분하여 쌓는다.

㈑ 표면에서 깊이 1 m 되는 곳의 온도를 수시로 측정한다.

㈒ 석탄의 종류별로 칸막이를 한다.

㈓ 바닥은 경사지게 하여 배수가 용이하게 한다.

㈔ 바닥은 콘크리트로 하며 지붕을 설치한다.

(2) 액체 연료

① 특징

㉮ 품질이 균일하며 발열량이 높다. ㈏ 연소 효율 및 발열량이 높다.

㈐ 점소화가 용이하다. ㈑ 운반 및 저장이 편리하다.

㈒ 화재 및 역화의 우려가 있다. ㈓ 황분이 많은 것은 대기오염의 우려가 있다.

② 종류 및 특성

휘발유	등유(케로신)	경유	중유
• 비점 : 150℃ 이하 • 인화점 : -43℃ 정도 • 용도 : 내연기관용 • 옥탄가에 따라 고급과 저급으로 분류된다.	• 비점 : 150~300℃ • 인화점 : 30~70℃ • 발열량 : 11000 kcal/kg • 용도 : 소형 내연기관	• 비점 : 250~350℃ • 인화점 : 50~70℃ • 발열량 : 11000 kcal/kg • 착화온도 : 257℃	• 비점 : 300℃ 이상 • 인화점 : 60~140℃ • 발열량 : 10000 kcal/kg • 착화온도 : 530℃

③ 중유의 사용상 장점 및 단점
  ㈎ 장점
    ㉮ 품질 균일, 발열량이 크다.   ㉯ 저장 중 품질 변화가 작다.
    ㉰ 연소 효율이 높고, 완전 연소가 쉽다.   ㉱ 저장 취급이 용이하다.
    ㉲ 연소 조절이 용이하다.   ㉳ 회분이 적다.
    ㉴ 고온을 얻기 쉽다.   ㉵ 관수송을 하기 쉽다.
  ㈏ 단점
    ㉮ 연소 온도가 높아 국부 과열 위험이 크다.
    ㉯ 화재, 역화 등의 위험이 크다.
    ㉰ 황분을 일반적으로 많이 함유하고 있다.
    ㉱ 버너에 따라 소음이 발생된다.
④ 중유의 분류 : 중유는 점도에 따라 A중유, B중유, C중유로 나뉘고, A중유는 점도가 낮아 예열이 불필요하나 B중유와 C중유는 예열 후 점도를 내려 사용해야 한다.

중유의 점도가 높은 경우	중유의 점도가 낮은 경우
• 송유 곤란 • 무화 불량, 불완전 연소 • 버너 선단에 카본 부착 • 연소 상태 불량 • 화염 스파크 발생	• 연료소비량 과다 • 불완전 연소 • 역화의 원인

> **참고**
> - 중유의 유동점 = 응고점 + 2.5℃
> - 중유의 예열온도 = 인화점 − 5℃
> - 비중이 작을수록 온도가 높을수록 점도는 낮다.
> - 절대점도 : 정지 상태의 점도(g/cm·s) = $\dfrac{질량}{길이 \times 시간}$
> - 동점도 : 유동 상태의 점도(cm²/s) = $\dfrac{(길이)^2}{시간}$

⑤ 중유의 첨가제 및 작용
  ㈎ 연소촉진제 : 분무를 순조롭게 한다.
  ㈏ 슬러지 분산제 : 슬러지 생성을 방지한다.
  ㈐ 회분개질제 : 회분의 융점을 높여 고온 부식 방지
  ㈑ 탈수제 : 중유 속의 수분 분리
  ㈒ 유동제 강하제 : 중유의 유동점을 낮추어 유동성 증가

> **참고 — 인화점 및 착화점**
> - **인화점** : 가연성 물질이 공기 존재하에서 외부의 점화원을 가열했을 때 불이 붙을 수 있는 최저 온도
> - **착화점** : 가연성 물질이 공기 존재하에서 외부의 점화원 없이 스스로 불이 붙을 수 있는 온도

(3) 기체 연료

① 특징
- ㈎ 연소 효율이 좋다.
- ㈏ 대기오염을 초래하지 않는다.
- ㈐ 과잉 공기 사용량이 적다.
- ㈑ 폭발의 위험성이 있다.
- ㈒ 수송이나 저장이 불편하다.
- ㈓ 설비비 및 연료비가 비싸다.

② 기체 연료의 종류
- ㈎ 석유계 가스 : 액화천연가스(LNG : Liquefied Natural Gas), 천연가스, 액화석유가스(LPG : Liquefied Petroleum Gas)
- ㈏ 석탄계 가스
    - ㈎ 석탄가스 : 석탄을 고온으로 건류시켜 코크스를 제조할 때 발생되는 가스(주성분 : H_2, CH_4, CO)
    - ㈏ 발생로가스 : 코크스, 목재, 석탄 등을 적열 상태로 가열하여 공기 또는 산소를 보내 불완전 연소시켜 얻은 기체 연료(주성분 : N_2, CO, H_2)
    - ㈐ 수성가스 : 고온으로 가열된 무연탄이나 코크스 등에 수증기를 작용시켜 얻은 기체 연료(주성분 : H_2, CO, N_2)
    - ㈑ 고로가스 : 용광로에서 철광석을 용융하여 제철할 때 코크스의 연소로 얻어지는 부산물의 가스(주성분 : N_2, CO, CO_2)

③ 가스 홀더의 종류 : 유수식 홀더, 무수식 홀더, 고압 홀더

핵심문제

03 ( ) 안에 알맞은 용어를 쓰시오.

> 중유를 (①)에 따라 A중유, B중유, C중유로 구분하고 예열이 필요 없는 중유는 (②)이며 80~90℃ 정도로 예열시켜 사용하는 중유는 (③), (④)이고 보일러에서 가장 많이 사용하는 중유는 (⑤)이다.

 ① 점도 ② A중유 ③ B중유 ④ C중유 ⑤ C중유

04 액화석유가스(LPG)의 주성분 2가지를 쓰시오.

 ① 프로판(C_3H_8) ② 부탄(C_4H_{10})

05 다음은 중유 첨가제를 나열한 것이다. 이들 첨가제의 기능을 간단히 쓰시오.
(1) 연소촉진제　　　　(2) 안정제　　　　(3) 탈수제
(4) 회분개질제　　　　(5) 유동점 강하제

해답　(1) 중유의 분무를 순조롭게 한다.
(2) 슬러지 생성을 방지한다.
(3) 중유 중에 포함된 수분을 제거한다.
(4) 회분의 융점을 높이고 고온 부식을 억제한다.
(5) 중유의 유동점을 내려서 유동성을 좋게 한다.

06 다음 (　) 안에 적당한 숫자를 기입하시오.

> 중유의 예열온도는 인화점보다 (①)℃ 낮게 해 주며 유동점은 응고점보다 (②)℃ 높다.

해답　① 5　② 2.5

07 다음 [보기]의 연료를 고위발열량(kcal/kg)이 가장 큰 것부터 순서대로 나열하시오.

```
─────[ 보기 ]─────
• 석탄          • 휘발유          • 경유
• 중유          • 수소
```

해답　수소 → 휘발유 → 경유 → 중유 → 석탄
참고　① 수소 : 34000 kcal/kg　② 휘발유 : 11500 kcal/kg
　　　　③ 등유 : 11000 kcal/kg　④ 경유 : 10500 kcal/kg
　　　　⑤ 중유 : 10000 kcal/kg　⑥ 석탄 : 4600 kcal/kg

08 기체 연료의 (1) 장점 3가지와 (2) 단점 3가지를 각각 쓰시오.

해답　(1) 장점
① 자동 제어 연소에 적합하다.
② 적은 과잉공기로 완전 연소가 가능하다.
③ 회분이나 매연 등이 없어 청결하다.
(2) 단점
① 누출되기 쉽고 화재 및 폭발 위험성이 크다.
② 수송·저장이 불편하다.
③ 시설비, 유지비가 많이 든다.

09 기체 연료의 제조량과 공급량을 조정하고 품질과 압력을 균일하게 유지하기 위하여 가스 홀더(gas holder)에 저장하는데 그 종류 3가지를 쓰시오.

해답　① 유수식 홀더　② 무수식 홀더　③ 고압 홀더

4-2 연소방법 및 연소장치

1 연소

(1) 연소의 정의
연소란 가연성 물질이 공기 중의 산소와 급격히 반응하여 열과 빛을 내는 현상이다(연소 반응은 산화 반응이며, 연소 속도는 산화 반응속도이다).

(2) 연소의 조건 및 분위기
① 연소가 쉽게 되기 위한 요건
　(개) 산화 반응은 발열 반응일 것
　(내) 열전도율이 낮으며, 단위 중량당 발열량이 클 것
　(대) 산소와 접촉면이 클 것
　(래) 가연물의 건조도가 좋을 것
② 연소의 분위기
　(개) 산화 분위기 : 과잉 공기량의 과다로 인하여 산소가 많은 상태 → 연소실의 온도가 내려가는 원인
　(내) 환원 분위기 : 공기 부족으로 인하여 일산화탄소가 많은 상태 → 불완전 연소로 인한 일산화탄소의 증가

(3) 연소의 종류 중요
① 표면연소 : 휘발분이 없는 연료의 연소 예 목탄, 코크스, 숯 등
② 분해연소 : 휘발분이 있는 고체 연료 또는 증발이 일어나기 어려운 액체 연료의 연소
　예 석탄, 목탄, 중유 등
③ 증발연소 : 액체 연료로부터 발생한 증기의 연소
　예 경유, 등유, 휘발유, 나프탈렌 등
④ 확산연소 : 공기 중에 가연성 가스가 확산에 의해 연소하는 현상
　예 부생가스, 도시가스, 액화석유가스 등
⑤ 예혼합연소 : 기체 연료의 연소 방법으로 역화의 우려가 있다.

(4) 연소 온도
가연물과 산소가 점화원에 의해 연소를 하면 빛과 열을 발생하는데, 이때 발생되는 연소 가스의 온도를 말한다.

> **참고** 연소 온도에 영향을 주는 요소
> - 산소의 농도
> - 연료의 저위발열량
> - 공기비(공기비가 1에 가까울 때 최고)
> - 공기의 온도
> - 연소 시 압력

2 성상에 따른 연소장치 및 특징

(1) 고체 연료 연소장치
① 화격자 연소장치 : 수분식과 기계식이 있다.
② 미분탄 연소장치 : 미분탄 연소 시에 사용한다.
③ 유동층 연소장치 : 화격자와 미분탄의 절충식이다.

(2) 액체 연료의 연소장치
① 연소 방식
　㈎ 기화 연소 방식 : 연료를 고온의 물체에 접촉 또는 충돌시켜 가연성 가스를 발생하여 연소하는 방식
　㈏ 무화 연소 방식 : 연료를 안개와 같이 분사 연소하는 방식
② 연소용 공기
　㈎ 1차 공기 : 연료의 무화와 산화 반응에 필요한 공기로서 버너에서 직접 공급된다.
　㈏ 2차 공기 : 연료를 완전 연소시키기 위해서 송풍기를 이용하여 연소실로 공급되는 공기
③ 무화의 목적 <중요>
　㈎ 단위 면적당 표면적을 넓게 한다.
　㈏ 연소 효율을 높게 해준다.
　㈐ 공기와 혼합이 잘 되게 한다.
　㈑ 연소실을 고부하로 유지한다.
④ 버너의 선정 기준
　㈎ 연소실의 구조에 적합할 것
　㈏ 버너의 용량이 가열 용량에 맞을 것
　㈐ 부하 변동에 따른 유량 조절 범위를 고려할 것
　㈑ 자동 제어의 경우 버너 형식을 고려할 것

⑤ 오일 버너의 종류 및 특징

오일 버너 종류	유압 (MPa)	분무 (무화) 각도	유 조절 범위	무화 방식	특징
압력 (유압) 분무식 버너	0.5~2	40°~90°	1 : 3	유압으로 무화	• 분사량이 많아서(3000 L/h) 대용량에 적합하다. • 유 조절 범위(1:3)가 좁아서 부하 변동이 큰 보일러에는 부적합하다(버너 가동수를 가감하는 방법이 가장 좋다). • 오일 버너 중 유압이 가장 높고 분무각도가 가장 넓다. • 유압이 0.5 MPa 이하인 경우에는 무화 상태가 불량하다. • 유량 Q는 유압 P의 평방근에 비례한다 ($Q = \sqrt{P}$).
고압 기류식 (고압 증기, 공기 분무식) 버너	0.2~0.8	30°	1 : 10	압이 있는(0.2~0.8 MPa) 이류체 (증기 또는 공기)를 이용하여 무화	• 분무(무화) 각도가 가장 좁다. • 중질유(C중유) 연소에 적합하다. • 유 조절 범위가 가장 넓어 부하 변동이 큰 보일러에 적합하다. • 분사량이 많아서 대용량에 적합하다. • 연소 시 소음 발생을 일으킨다.
회전식 (로터리) 버너	0.03~0.05	40°~80°	1 : 5	고속으로 회전하는 분무컵(무화컵)의 원심력을 이용하여 무화	• 분무컵(무화컵)의 회전수 : 3500 ~ 10000 rpm 정도 • 중·소형 보일러에서 가장 많이 사용되고 있다. • 자동 연소 제어에 적합하다. • 연소 상태가 안정적이다.
건(gun) 타입 버너	0.7 정도	–	–	유압과 공기압을 이용하여 무화	• 버너에 송풍기가 부착되어 있으며, 유압식과 기류식을 합친 형식이다. • 전자동식이며, 소형이다. • 연소 상태가 안정적이다.

(3) 기체 연료의 연소장치

① 확산연소 방식 : 기체 연료와 공기를 따로 분출시켜 확산 혼합하면서 연소시키는 방식으로 버너형과 포트형이 있다.

② 예혼합연소 방식 : 연소 전에 공기와 연소가스를 일정한 혼합비로 미리 혼합시켜 노즐을 통해 분사 연소시키는 방식으로 완전 예혼합형과 부분 예혼합형이 있다(역화의 위험성이 있다).

> 핵심문제

10 고체 연료의 연소 방식 3가지를 쓰시오.

해답 ① 화격자 연소 방식 ② 미분탄 연소 방식 ③ 유동층 연소 방식

11 액체 연료의 연소 방식 2가지를 쓰시오.

해답 ① 기화 연소 방식 ② 무화 연소 방식

12 기체 연료의 연소 방식 2가지를 쓰시오.

해답 ① 확산연소 방식 ② 예혼합연소 방식

13 고압기류 분무식 버너에 대하여 다음 물음에 답하시오.

(1) 연료를 분무하는 데 사용되는 기류 매체는 무엇인지 2가지를 쓰시오.
(2) 유량의 조절 범위는 어떠한가? (단, 좁다, 넓다, 중간이다.)
(3) 분무용 유체와 연료와의 혼합 장소에 따른 종류 2가지를 쓰시오.

해답 (1) 공기, 증기 (2) 넓다(1 : 10) (3) 외부 혼합식, 내부 혼합식

14 중유의 연소 시 무화시키는 목적을 3가지만 쓰시오.

해답 ① 단위중량당 표면을 넓게 한다.
② 연료와 공기의 혼합 양호
③ 완전 연소 용이

4-3 연소 계산

연료 속의 가연성 물질이 산소와 불씨에 의해 화학 반응을 일으키는 현상을 연소라고 한다. 연소 계산은 연소에 의해 발생된 생성물질의 양적 관계를 명확히 함으로써 효율적인 연소에 이바지하기 위함이다.

$$\underbrace{C_3H_8 + 5O_2}_{\text{반응물질}} \rightarrow \underbrace{3CO_2 + 4H_2O}_{\text{생성물질}}$$
프로판   산소   =   이산화탄소   물

- 완전 연소 : 연소에 의하여 생긴 배기가스 중에 가연물질이 포함되어 있지 않을 때
- 불완전 연소 : 연소에 의하여 생긴 배기가스 중에 가연물질이 포함되어 있을 때

> 참고: 각 원소의 원자량과 분자량

원소명	원소 기호	원자량	분자식	분자량
탄소	C	12	C	12
수소	H	1	H_2	2
산소	O	16	O_2	32
질소	N	14	N_2	28
황	S	32	S	32
공기				29
메탄			CH_4	16
에탄			C_2H_6	30
프로판			C_3H_8	44
부탄			C_4H_{10}	58
탄산가스			CO_2	44
물분자			H_2O	18
아황산가스			SO_2	64
일산화탄소			CO	28

(1) 이론 산소량

연료 중의 가연성 물질 1 kg을 완전 연소시키기 위해 필요로 하는 산소량

① $C + O_2 \longrightarrow CO_2$

12 kg   32 kg
 ↓   ↓
1 kg O_0 [kg]

$$\therefore O_0 = \frac{32}{12} = 2.667 \text{ kg/kg}$$

12 kg   22.4 Nm^3
 ↓   ↓
1 kg O_0 [Nm^3]

$$\therefore O_0 = \frac{22.4}{12} = 1.867 \text{ Nm}^3/\text{kg}$$

- C의 기준
  12 kg = 22.4 Nm^3 = 1 kmol
  12 g = 22.4 L = 1 mol
- O_2의 기준
  32 kg = 22.4 Nm^3 = 1 kmol
  32 g = 22.4 L = 1 mol

> 참고

$C + O_2 \longrightarrow CO_2$
12 g   32 g   22.4 L
 ↓   ↓   ↓
1 g O_0[g] O_0[L]

$O_0 = 2.667$ g/g $O_0 = 1.867$ L/g

② $H_2 + \dfrac{1}{2} O_2 \longrightarrow H_2O$

$2 \text{ kg} \quad \dfrac{1}{2} \times 32 \text{ kg} \qquad \therefore O_0 = \dfrac{16}{2}$

$1 \text{ kg} \quad O_0 \text{[kg]} \qquad\qquad\quad = 8 \text{ kg/kg}$

• H_2의 기준
$2 \text{ kg} = 22.4 \text{ Nm}^3 = 1 \text{ kmol}$
$2 \text{ g} = 22.4 \text{ L} = 1 \text{ mol}$

$2 \text{ kg} \quad \dfrac{1}{2} \times 22.4 \text{ Nm}^3 \quad \therefore O_0 = \dfrac{11.2}{2}$

$1 \text{ kg} \quad O_0 \text{[Nm}^3\text{]} \qquad\qquad = 5.6 \text{ Nm}^3\text{/kg}$

③ $S + O_2 \longrightarrow SO_2$

$32 \text{ kg} \quad 32 \text{ kg} \qquad \therefore O_0 = \dfrac{32}{32}$

$1 \text{ kg} \quad O_0 \text{ kg} \qquad\qquad = 1 \text{ kg/kg}$

• S의 기준
$32 \text{ kg} = 22.4 \text{ Nm}^3 = 1 \text{ kmol}$
$32 \text{ g} = 22.4 \text{ L} = 1 \text{ mol}$

$32 \text{ kg} \quad 22.4 \text{ Nm}^3 \qquad \therefore O_0 = \dfrac{22.4}{32}$

$1 \text{ kg} \quad O_0 \text{[Nm}^3\text{]} \qquad\qquad = 0.7 \text{ Nm}^3\text{/kg}$

핵심문제

15 탄소 12 kg을 완전 연소시킬 때 필요 산소량은?

해답 $C + O_2 \longrightarrow CO_2$

$12 \text{ kg} \quad 32 \text{ kg} \qquad \therefore O_0 = \dfrac{32 \times 12}{12} = 32 \text{ kg}$
$12 \text{ kg} \quad O_0 \text{[kg]}$

16 수소 1 kg의 연소 시 생성되는 수증기 양은?

해답 $H_2 + \dfrac{1}{2} O_2 \longrightarrow H_2O$

$2 \text{ kg} \quad 22.4 \text{ Nm}^3$
$1 \text{ kg} \quad O_0 \text{[Nm}^3\text{]} \quad \therefore O_0 = \dfrac{22.4}{2} = 11.2 \text{ Nm}^3$

참고 공기 중의 질소·산소비

구분	산소	질소	비고
중량비	0.232	0.768	공기 1 kg 중의 비
체적비	0.21	0.79	공기 1 Nm³ 중의 비

17 탄소 1 kg을 완전 연소시키는 데 필요한 산소량을 체적으로 나타내면 몇 Nm³인가?

해답

$$C + O_2 \longrightarrow CO_2$$

$$\begin{array}{cc} 12 \text{ kg} & 22.4 \text{ Nm}^3 \\ 1 \text{ kg} & O_0 \text{ [Nm}^3\text{]} \end{array} \quad \therefore O_0 = \frac{22.4}{12} = 1.867 \text{ Nm}^3$$

참고

- 연료의 이론 산소량(O_0) 및 이론 공기량(A_0)

$$O_0 = 1.867C + 5.6\left(H - \frac{O}{8}\right) + 0.7S \text{ [Nm}^3\text{/kg]}$$

$$A_0 = \frac{O_0}{0.21} = \frac{1.867C + 5.6\left(H - \dfrac{O}{8}\right) + 0.7S}{0.21} \text{ [Nm}^3\text{/kg]}$$

- 유효 수소($H - \dfrac{O}{8}$) : 연료 속에 포함된 수소의 일부는 산소를 포함하여 결합하고 있다. 따라서 연료 연소 시 산소를 필요로 하지 않기 때문에 수소에서 $\dfrac{O}{8}$ 만큼의 산소를 빼준다.

핵심문제

18 다음과 같은 성분을 가진 경유의 이론 공기량(Nm³)은 얼마인가?

C : 85 %, H : 13 %, O : 2 %

해답

$$A_0 = \frac{1.867 \times 0.85 + 5.6\left(0.13 - \dfrac{0.02}{8}\right)}{0.21} = 10.96 \text{ Nm}^3\text{/kg}$$

(2) 실제 공기량(A)

① 실제 공기량(A) = 이론 공기량(A_0) + 과잉공기량

② 공기비(과잉공기계수) : 실제 공기량이 이론 공기량의 몇 배에 해당하는가를 나타내는 계수

$$공기비(m) = \frac{A}{A_0} \ (m > 1)$$

③ 과잉공기 : 연소 시 완전 연소를 위하여 공급하는 여분의 공기를 말한다.

과잉공기량 = 실제 공기량(A) - 이론 공기량(A_0) ($A > A_0$)

④ $공기비(m) = \dfrac{A_0 + 과잉공기량}{A_0} = 1 + \dfrac{과잉공기량}{A_0} = 1 + \dfrac{A - A_0}{A_0}$

참고 — 실제 공기량과 이론 공기량의 관계

실제 공기량(A) ≠ 이론 공기량(A_0) → $A = mA_0$
　　　같지 않다.　　　　　　　　　같아지기 위해 공기비(m)를 곱해준다.

핵심문제

19 ( ) 안에 알맞은 말을 써넣으시오.

(1) 공기비 = $\dfrac{(\text{①})\text{공기량}}{(\text{②})\text{공기량}}$　　　(2) 과잉공기비 = (③ − 1)

해답 ① 실제　② 이론　③ 공기비

20 단순 기체(C_mH_n)의 연소 반응식을 쓰시오.

해답 $C_mH_n + \left(m + \dfrac{n}{4}\right)O_2 \rightarrow mCO_2 + \left(\dfrac{n}{2}\right)H_2O$

21 프로판(C_3H_8) 5 kg을 완전 연소시켰을 때 CO_2 생성량(Nm^3)을 구하시오.

해답 $3 \times 22.4 \times \dfrac{5}{44} = 7.64 \text{ Nm}^3$

참고

C_3H_8	+	$5O_2$	→	$3CO_2$	+	$4H_2O$
↓		↓		↓		↓
44 kg		$5 \times 22.4 \text{ Nm}^3$		$3 \times 22.4 \text{ Nm}^3$		$4 \times 22.4 \text{ Nm}^3$

22 메탄 1 Nm^3의 연소에 소요되는 이론 공기량(Nm^3)은?

해답　CH_4　+　$2O_2$　→　CO_2 + $2H_2O$
　　　$22.4 m^3$　　$2 \times 22.4 \text{ Nm}^3$

이론 산소량(O_0) = $\dfrac{2 \times 22.4}{22.4} = 2 \text{ Nm}^3/\text{Nm}^3$

∴ 이론 공기량(A_0) = $2 \times \dfrac{1}{0.21} = 9.5 \text{ Nm}^3/\text{Nm}^3$

참고 공기 중 산소량(체적당 21 %, 중량당 23.2 %)

⑤ 공기비와 배기가스와의 관계식

　(가) 완전 연소 시 : $m = \dfrac{21}{21 - O_2}$

　(나) 불완전 연소 시 : $m = \dfrac{N_2}{N_2 - 3.76(O_2 - 0.5CO)}$

여기서, $N_2 = 100 - (CO_2 + O_2 + CO)\%$

$3.76 = \dfrac{\text{공기 중 질소의 부피(79\%)}}{\text{공기 중 산소의 부피(21\%)}}$

> **참고 | 공기비의 특징**
>
> - 공기비(m)가 작을 때
>   ① 불완전 연소가 되기 쉽다.
>   ② 미연소가스에 의한 가스 폭발과 매연 발생
>   ③ 미연소가스에 의한 열손실 증가
> - 공기비(m)가 클 때
>   ① 연소실 온도 저하
>   ② 배기가스량이 많아져 열손실 증가
>   ③ 배기가스 중 NO 및 NO_2 발생으로 부식 촉진과 대기오염 초래

(3) 연소가스량의 계산식

① 이론 연소가스량(G_o) : 이론 공기량으로 연료를 완전 연소 시 발생하는 연소가스량

　(가) 이론 습연소가스량(G_{ow}) : 연료에 이론 공기량을 공급한 후 완전 연소시켰을 때의 생성가스량

　　체적 → $G_{ow} = (1 - 0.21)A_0 + 1.867C + 11.2H + 0.7S + 0.8N + 1.24W\,[Nm^3/kg]$

　　　　　　$G_{ow} = G_{od} + (11.2H + 1.24W)\,[Nm^3/kg]$

　　　　여기서, N : 질소, W : 연료 중 수분, G_{od} : 이론 건연소가스량

　(나) 이론 건연소가스량(G_{od}) : 이론 습연소가스량 중에서 수증기의 양을 제거한 것을 말한다.

　　체적 → $G_{od} = (1 - 0.21)A_0 + 1.867C + 0.7S + 0.8N\,[Nm^3/kg]$

　　　　　　$G_{od} = G_{ow} - (11.2H + 1.24W)\,[Nm^3/kg]$

② 실제 연소가스량(G_A) : 실제 공기량으로 연소시킨 후 연소가스(배기가스)의 총량

　(가) 실제 습연소가스량(G_{AW}) : 연료에 실제 공기량을 공급한 후 완전 연소시켰을 때의 생성가스량

　　체적 → $G_{AW} = (m - 0.21)A_0 + 1.867C + 11.2H + 0.7S + 0.8N + 1.24W\,[Nm^3/kg]$

　　　　　　$G_{AW} = G_{Ad} + (11.2H + 1.24W)\,[Nm^3/kg]$

　　　　　　　　　$= G_{Ad} + 1.24(9H + W)$

　(나) 실제 건연소가스량(G_{Ad}) : 실제 습연소가스량 중에서 수증기의 양을 제거한 것을 말한다.

　　체적 → $G_{Ad} = (m - 0.21)A_0 + 1.867C + 0.7S + 0.8N\,[Nm^3/kg]$

　　　　　　$G_{Ad} = G_{AW} - 1.24(9H + W)\,[Nm^3/kg]$

(4) 연소 생성 수증기량(W) 구하는 계산식

$$H_2 \;+\; \frac{1}{2}O_2 \longrightarrow H_2O$$

1 kmol   1 kmol
2 kg   22.4 Nm³

- 수소 1 kg 연소 시 H_2O 값 $= \dfrac{22.4 \text{ Nm}^3}{2 \text{ kg}} = 11.2 \text{ Nm}^3/\text{kg}$

- 연료 속의 수분(W)도 H_2O로 같이 나오므로

$$W = H_2O = \frac{22.4 \text{ Nm}^3}{18 \text{ kg}} = 1.244 \text{ Nm}^3/\text{kg}$$

체적 → $11.2H + 1.244W = 1.244(9H + W)\,[\text{Nm}^3/\text{kg}]$

> **참고 　연소 계산**
>
> ① $(1-0.21)A_0$: 이론 공기량 중의 질소량(Nm³/kg)
> ② $(m-1)A_0$: 과잉공기량(Nm³/kg)
> ③ $(m-0.21)A_0$: 이론 공기량 중의 질소량과 과잉공기량의 합(Nm³/kg)
> ④ $(1-0.79)A_0$: 이론 공기량 중의 산소량(Nm³/kg)
> ⑤ $(m-1)\times 100$: 과잉공기율(%)
> 　위 식에서 0.21 : 공기 중 산소의 부피(%), 0.79 : 공기 중 질소의 부피(%)

핵심문제

23 연료를 연소시키는 경우 노내로 실제로 공급된 공기량을 A, 이론 공기량을 A_0라고 할 때 A가 A_0의 m배가 되었다고 한다면 다음의 관계식은 무엇을 표시하는가를 각각 쓰시오.

　(1) $\dfrac{A}{A_0} = m$ 　　(2) $(m-1)\times 100$ 　　(3) $A - A_0$

해답 (1) 공기비　(2) 과잉공기율　(3) 과잉공기량

24 1 kg의 메탄을 20 kg의 공기와 연소시킬 때 과잉공기율은?

해답 　$CH_4 \;+\; 2O_2 \;\rightarrow\; CO_2 + 2H_2O$

중량당 산소에 의한 이론 공기량(A_0) $= \dfrac{2\times 32}{16} \times \dfrac{1}{0.232} = 17.24 \text{ kg/kg}$

공기비(m) $= \dfrac{20}{17.24} = 1.16$

∴ 과잉공기율 $= (m-1)\times 100 = (1.16-1)\times 100 = 16\%$

Chapter 5

보일러 자동제어

5-1 자동제어의 개요
5-2 보일러 자동제어

Chapter 05 보일러 자동제어

5-1 자동제어의 개요

(1) 자동제어 방식에 의한 분류

① 피드백 제어 : 결과가 원인으로 되어 각 제어 단계를 진행
② 시퀀스 제어 : 미리 정해진 순서에 따라 각 제어 단계를 진행

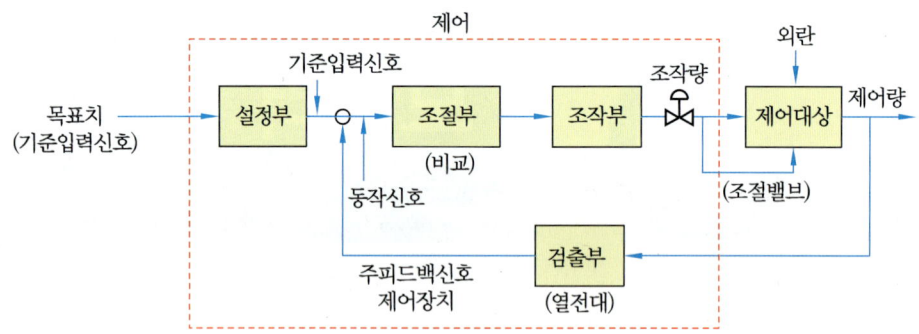

피드백 제어의 기본 회로(블록선도)

핵심문제

01 다음 ( ) 안에 적합한 용어를 써넣으시오.

- 정해진 순서에 따라 제어단계를 순차적으로 진행하는 (가) 제어
- 결과에 따라 출력을 가감하여 결과에 맞도록 수정하는 (나) 제어

해답 가 : 시퀀스 나 : 피드백

02 자동제어회로에서 피드백 제어의 제어부 4개를 쓰시오.

해답 ① 설정부 ② 조절부 ③ 조작부 ④ 검출부

(2) 목표값의 성질에 의한 분류

① 정치 제어 : 목표값이 일정한 제어, 즉 목표값이 시간적으로 변화하지 않는 제어
② 추치 제어 : 목표값이 변화하는 제어, 목표값을 측정하면서 제어량을 목표값에 일치 되도록 맞추는 방식
  (가) 추종 제어 : 목표값이 시간적으로 변화되는 추치 제어(자기 조정 제어)
  (나) 비율 제어 : 목표값이 다른 양과 일정한 비율 관계에서 변화되는 추치 제어
  (다) 프로그램 제어 : 목표값이 이미 정해진 계획에 따라 시간적으로 변화하는 제어
③ 캐스케이드 제어 : 1차 제어장치가 작동하면 2차 제어장치가 이 명령을 바탕으로 제어량을 조절하는 장치이다(측정 제어).

(3) 제어량 성질에 따른 분류

① 프로세스 제어 : 생산 공장 등에서 생산 공정의 조건을 일정하게 유지하거나 또는 시간적으로 일정한 변화의 규격에 따르도록 제어하는 것이 중요한 일이다. 즉 온도, 압력, 유량, 농도, 습도 등과 같은 공업 프로세스의 상태량에 대한 제어를 프로세스 제어라고 한다.
② 다변수 제어 : 연료의 공급량, 공기 공급량, 보일러 내의 압력, 급수량 등을 각각 자동으로 제어하면 발생 증기량을 부하 변동에 따라 일정하게 유지시켜야 한다. 그러나 각 제어량 사이에는 매우 복잡한 자동제어를 일으키는 경우가 있다. 이러한 제어를 다변수 제어라 한다.
③ 서보 기구 : 작은 입력에 대응해서 큰 출력을 발생시키는 장치를 말한다. 이는 프로세스 제어와 비슷하지만 그 차이점은 프로세스 제어가 시간 지연 요소를 포함하고 있는 것이다.

(4) 제어 동작(조정부 동작)에 의한 분류

① 연속 동작
  (가) 비례 동작(P 동작) : 입력인 편차에 대하여 조작량의 출력 변화가 일정한 비례 관계가 있는 동작이다(잔류편차 발생).

▶ P 동작은 잔류편차가 남는다. 이것을 오프셋이라 하며, 따라서 수동 리셋이 필요하다.

  (나) 적분 동작(I 동작) : 제어량에 편차가 생겼을 경우에 편차의 적분차를 가감하여 조작단의 이동 속도가 비례하는 동작으로 오프셋이 남지 않는다.(잔류편차가 없다.)
    ※ 제어의 안정성이 감소한다(동작신호에 비례한 속도로 조작량을 변화시키는 제어 동작이다).
  (다) 미분 동작(D 동작) : 외란에 의한 제어량 편차가 생기기 시작한 초기에 편차의 미분치를 가감하여 큰 정정 동작을 일으켜서 다른 동작일 때보다 초기에 조작단을

크게 움직인다. 제어편차가 변화 속도에 비례한 조작량을 내는 제어 동작으로 외란이 일정할 때 소멸된다.
      ㈑ 복합 동작
        ㉮ PI 동작(비례적분 동작)
        ㉯ PD 동작(비례미분 동작)
        ㉰ PID 동작(비례적분미분 동작)
          • I 동작으로 오프셋을 제거한다.
          • D 동작으로 응답을 촉진시키고 동작의 안정화를 도모한다.
    ② 불연속 동작
      ㉮ 2위치 동작(on-off 동작) : 제어량이 설정값에 빗나갔을 때 조작부를 개(開) 또는 폐(閉) 2가지 동작 중 하나로 동작시키는 것
      ㉯ 다위치 동작 : 제어량이 변화했을 때 제어장치의 조작위치가 3위치 이상이 있어 제어량 편차의 크기에 따라 그중 하나의 위치를 취하는 것
      ㉰ 불연속 속도 동작(부동 제어) : 제어량 편차의 과소에 의하여 조작단을 일정한 속도로 정작동, 역작동 방향으로 움직이게 하는 동작

> **참고** 정작동과 역작동
> ① 정작동 : 제어량이 목표값보다 증가함에 따라서 조절계의 출력이 증가하는 방향으로 동작되는 경우
> ② 역작동 : 제어량이 목표값보다 증가함에 따라서 조절계의 출력이 감소하는 방향으로 동작되는 경우
> ※ 일반적으로 수면제어에는 역작동 밸브가 많이 이용된다.

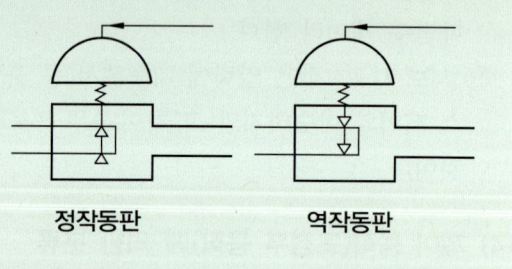

정작동판   역작동판

(5) 신호 전송 방법에 따른 분류
① 전기식 신호 전송
  ㉮ 4~20 mA, 10~50 mA의 DC 전류를 사용한다.
  ㉯ 전류량의 종류가 많고 통일되어 있지 않다.
  ㉰ 전송거리가 수 km까지 가능하다.
  ㉱ 방폭이 요구되는 지점은 방폭 시설이 필요하다.
  ㉲ 전송지연이 적다.
  ㉳ 큰 조작력이 필요한 경우에 사용한다.

② 유압식 신호 전송
   ㈎ 사용 유압 0.2~1 kgf/cm²
   ㈏ 전송거리 300 m 정도
   ㈐ 부식 염려가 없지만 인화의 우려가 있다.
   ㈑ 전송지연이 적고 조작력이 크다.
   ㈒ 조작 속도와 응답 속도가 빠르다.
   ㈓ 온도에 따른 점도 변화에 유의해야 한다.
③ 공기식 신호 전송
   ㈎ 공기압 0.2~1 kgf/cm² 정도
   ㈏ 공기압이 통일되어 있어 취급이 용이하다.
   ㈐ 전송 시 지연이 생긴다.
   ㈑ 전송거리가 100~150 m 정도로 짧다.
   ㈒ 공기원에서 제진·제습이 요구된다.

핵심문제

03 자동제어의 신호전달 방식을 공기압식, 유압식, 전기식으로 분류할 때 전기식 신호전달 방식의 장점을 3가지 쓰시오.

해답
① 배관 설비가 용이하다.
② 신호 전달에 시간 지연이 없다.
③ 복잡한 신호에 용이하다.
④ 원거리 전송이 용이하다.
⑤ 특수한 동작원이 필요 없다.

참고 전기식 신호전달 방식의 단점
① 조작속도가 빠른 비례 조작부를 만들기가 곤란하다.
② 고온 다습한 곳은 곤란하다.
③ 보수 및 취급에 기술을 요한다.
④ 방폭이 요구되는 지점은 방폭시설이 필요하다.

5-2 보일러 자동제어

(1) 보일러 자동제어

① 보일러의 자동제어(automatic boiler control)에는 증기의 압력 또는 온수의 온도가 일정한 값이 되도록 연소량을 제어하는 자동연소제어(ACC : automatic combustion control)와 급수량을 보충하기 위하여 사용되는 급수제어(FWC : feed water control), 과열증기의 온도를 일정한 온도로 조절하기 위한 증기온도제어(STC : steam temperature control), 부속설비를 위하여 설치되는 로컬제어(local control), 점화 소화를 위한 시퀀스제어(sequence control) 등이 필요하다.

② 보일러 자동제어의 구분 중요

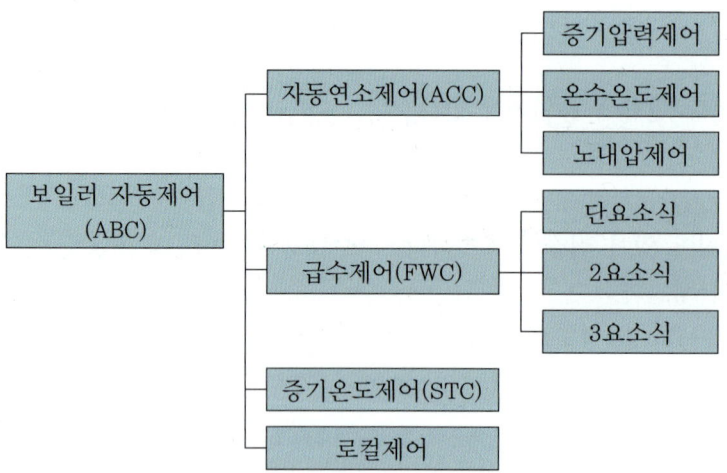

참고 | 과열증기 온도 제어 방법

① 과열 저감기를 사용한다.
② 연소가스의 화염 위치를 바꾼다.
③ 열가스량을 댐퍼로 조절한다.
④ 배기가스를 연소실로 재순환시킨다.

③ 제어량과 조작량의 관계

종류	제어량	조작량
증기온도제어(STC)	증기온도	전열량
급수제어(FWC)	보일러수위	급수량
연소제어(ACC)	증기압력	연료량·공기량
	노내압력	연소가스량

핵심문제

04 보일러의 자동제어장치(A,B,C)에서 다음 약어들의 명칭을 한글로 쓰시오.
(1) A.C.C　　　　　(2) F.W.C　　　　　(3) S.T.C

해답　(1) A.C.C : 연소제어(자동연소제어)
　　　(2) F.W.C : 급수제어
　　　(3) S.T.C : 증기온도제어

05 보일러 자동제어 중 (1) ACC (2) FWC (3) STC의 조작량이 아닌 제어량을 1가지씩 쓰시오.

해답 (1) ACC : 증기압력(또는 노내압력)
　　　(2) FWC : 보일러 수위
　　　(3) STC : 증기온도

06 보일러가 연속 운전되는 동안 증기의 부하가 변하면 수위 변동이 발생한다. 이때 일정 수위를 유지하기 위해 설치하는 수위제어 검출 방식의 종류를 3가지만 쓰시오.

해답 ① 1요소식　② 2요소식　③ 3요소식
참고 급수제어
　　　① 단요소식 : 수위 검출
　　　② 2요소식 : 수위와 증기량 검출
　　　③ 3요소식 : 수위, 증기량, 급수량 검출

(2) 인터록 제어(안전장치) 중요

전 동작이 끝나지 않은 상태에서 후 동작으로 넘어가지 못하게 하는 장치이다. 즉, 운전 상태에 있어서 조건이 불충분한 상태가 되면 동작을 다음 단계로 진행하지 않고 전자밸브로 신호를 보내 연료를 차단하는 안전장치이다.

① 저수위 인터록 : 수위가 소정 수위 이하인 때에는 전자밸브를 닫아서 연소를 저지한다.
② 압력 초과 인터록 : 증기압력이 소정 압력을 초과할 때에는 전자밸브를 닫아서 연소를 저지한다.
③ 불착화 인터록 : 버너에서 연료를 분사한 후, 소정의 시간이 경과하여도 착화를 볼 수 없을 때와 연소 중 어떠한 원인으로 화염이 소멸한 때에는 전자밸브를 닫아서 버너에서의 연료 분사가 중단된다.
④ 저연소 인터록 : 유량 조절 밸브가 저연소 상태로 되지 않으면 전자밸브를 열지 않아서 점화를 저지한다.
⑤ 프리퍼지 인터록 : 대형 보일러인 경우에 송풍기가 작동되지 않으면 전자밸브가 열리지 않고 점화를 저지한다.

핵심문제

07 자동제어 방식 중 인터록의 제어동작 5가지를 쓰시오.

해답 ① 프리퍼지 인터록　② 불착화 인터록　③ 저연소 인터록
　　　④ 저수위 인터록　　⑤ 압력 초과 인터록

08 유류 보일러의 자동장치 점화는 전원스위치를 넣고 전환스위치를 모두 자동으로 설정한 후 기동 스위치를 넣으면 송풍기 기동 → (가) → (나) → (다) → 주버너 착화의 순으로 시퀀스가 진행되고 자동적으로 착화한다. [보기]에서 골라 그 번호를 순서에 맞게 쓰시오.

[보기]
① 프리퍼지   ② 점화용 버너 착화   ③ 연료펌프 기동

해답 가 : ①   나 : ②   다 : ③

참고 저수위 경보기(수위검출기)의 종류

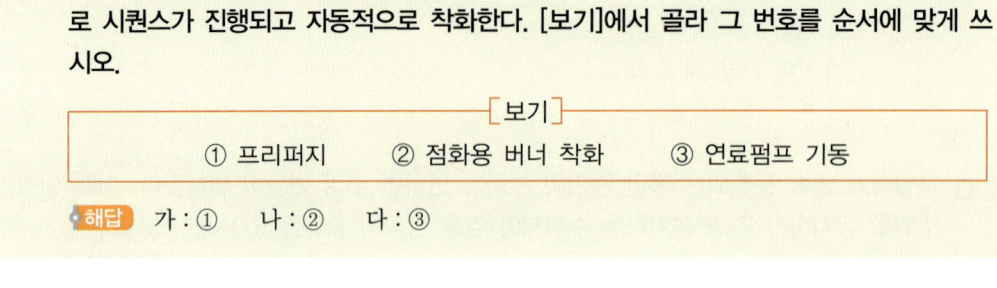

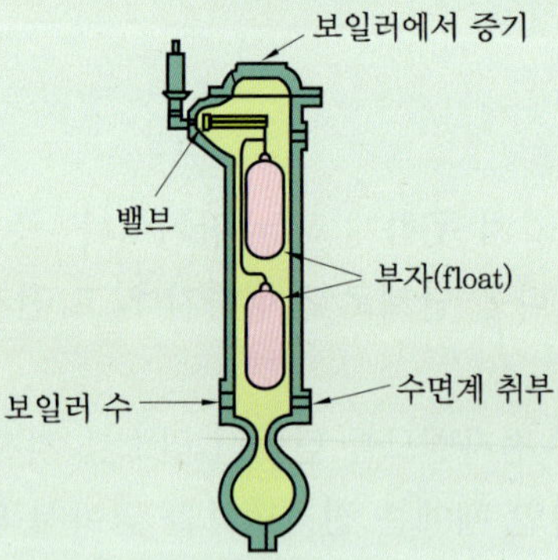

(a) 기계식 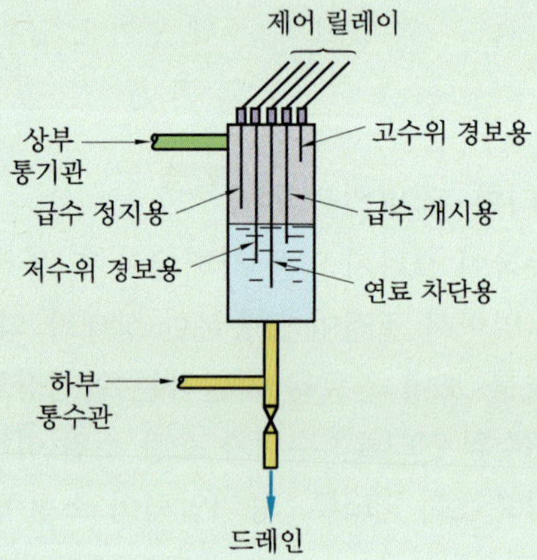   (b) 전극식

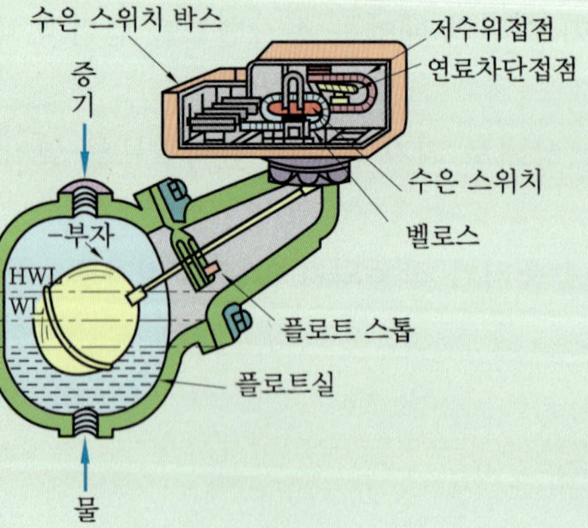

(c) 맥도널식 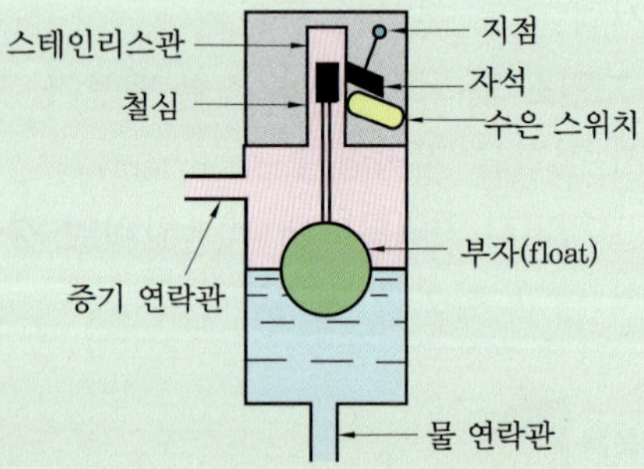   (d) 자석식

(3) 보일러 제어장치의 종류 및 용도

① 프로텍터 릴레이(protector relay) : 버너에 부착된 오일버너의 주안전 제어장치로 난방, 급탕 등의 전용 제어회로에 이용되며, 아쿠아스탯(aquastat, 현장 용어 : 리밋)을 별도로 설치해야 한다.

② 콤비네이션 릴레이(combination relay) : 보일러 본체에 부착된 버너의 주안전 제어장치로 프로텍터 릴레이와 아쿠아스탯의 기능을 합한 것이며, 고온 차단, 저온 점화, 순환펌프 회로가 한 개의 제어기로 만들어진 것으로 내부에 Hi, Lo 설정기가 장치되어 있다.

　㈎ Hi(최고 온도) : 버너 정지 온도
　㈏ Lo(순환 시작 온도) : 순환펌프 작동 온도

③ 스택 릴레이(stack relay) : 보일러의 연소가스 배출구로부터 300 mm 상단의 연도에 부착하여 연소가스열에 의하여 연도 내부로 삽입되는 바이메탈의 수축 팽창으로 접점을 연결, 차단하여 버너가 작동하거나 정지된다.

④ 아쿠아스탯(aquastat) : 일명 하이리밋 컨트롤이라고도 하며, 자동 온도조절기로서 고온, 저온 차단용, 순환펌프 작동용으로 스택 릴레이나 프로텍터 릴레이와 함께 사용된다.

⑤ 실내 온도조절기(room thermostat) : 실내온도를 일정하게 유지하는 데 사용하는 조절 스위치로서 주안전제어기들과 결속되어 버너를 작동 및 정지시켜 실내온도를 조절하게 된다.

> **참고 　실내 온도조절기 설치 시 주의사항**
> ① 수직으로 설치할 것
> ② 바닥으로부터 1.5 m 이내에 설치할 것
> ③ 직사광선을 피할 수 있는 위치에 설치할 것
> ④ 방열기 상단이나 현관 등은 피할 것
> ⑤ 실내온도를 표준으로 유지할 수 있는 곳에 설치할 것

핵심문제

09 다음은 콤비네이션 릴레이에 대한 설명이다. (　) 안에 알맞은 용어를 쓰시오.

> "콤비네이션 릴레이는 버너의 주안전 제어장치로 고온 차단, 저온 (가), (나)펌프 회로가 한 개의 제어기로 만들어진 것이며, 내부에 Hi, Lo 설정기가 장치되어 있다. Lo 온도 이상이면 (다)가(이) 계속 작동되고, Hi 온도에 이르면 (라)가(이) 작동을 정지한다."

해답　가 : 점화　　나 : 순환　　다 : 순환펌프　　라 : 버너

Chapter 6

난방설비

- 6-1 난방의 분류
- 6-2 증기 난방설비
- 6-3 온수 난방설비
- 6-4 복사 난방법(panel heating system)
- 6-5 온수 온돌 시공
- 6-6 연료 배관

Chapter 06 난방설비

6-1 난방의 분류

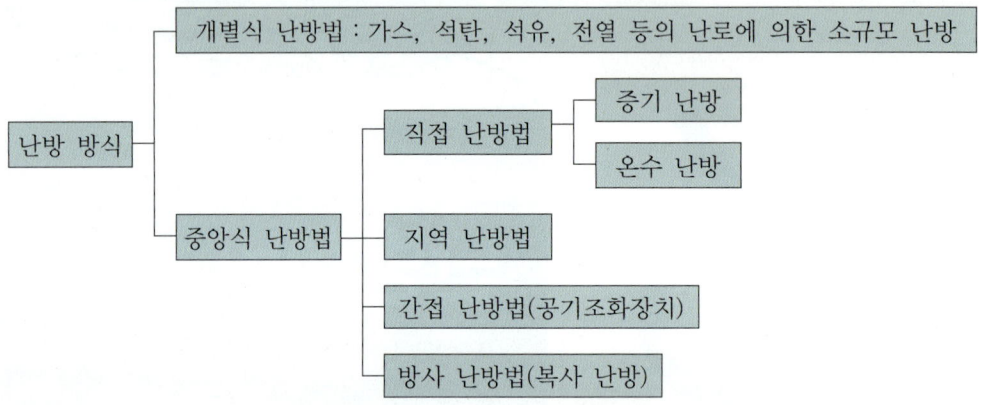

6-2 증기 난방설비

(1) 장점
① 증발잠열(기화열)을 이용하므로 열의 운반능력이 크다.
② 방열면적이 작고, 복귀관의 관지름이 작아도 되므로 시설비를 절감할 수 있다.
③ 예열시간이 짧고, 예열에 따른 손실이 적다.
④ 건물 높이에 제한을 받지 않는다.

(2) 단점
① 난방부하에 따른 방열량을 조절하기가 곤란하다.
② 수격 작용(워터 해머) 등의 소음이 나기 쉽다.
③ 보일러 취급에 숙련을 요한다.
④ 동결할 우려가 있다.
⑤ 실내 쾌감도가 낮다.

⑥ 방열기 표면온도가 높아 화상의 우려가 크다.

> **핵심문제**

01 증기 난방법의 단점 5가지를 쓰시오.

> **해답**
> ① 난방부하에 따른 방열량을 조절하기가 곤란하다.
> ② 수격 작용(워터 해머) 등의 소음이 나기 쉽다.
> ③ 보일러 취급에 숙련을 요한다.
> ④ 동결할 우려가 있다.
> ⑤ 실내 쾌감도가 낮다.
> ⑥ 방열기 표면온도가 높아 화상의 우려가 크다.

(3) 증기 난방법의 분류 *중요*

분류 기준	종류
증기압력	• 고압식(증기압력 $1\,\text{kgf/cm}^2$ 이상) • 저압식(증기압력 $0.15 \sim 0.35\,\text{kgf/cm}^2$)
배관 방법	• 단관식(증기와 응축수가 동일 배관) • 복관식(증기와 응축수가 서로 다른 배관)
증기 공급법	• 상향 공급식 • 하향 공급식
응축수 환수법	• 중력환수식(응축수를 중력 작용으로 환수) • 기계환수식(펌프로 보일러에 강제 환수) • 진공환수식(진공펌프로 환수관내 응축수와 공기를 흡인순환)
환수관의 배관법	• 건식환수관식(환수주관을 보일러 수면보다 높게 배관) • 습식환수식관(환수주관을 보일러 수면보다 낮게 배관)

> **핵심문제**

02 증기 난방 방식 중 응축수 환수법의 종류 3가지를 쓰시오.

> **해답** ① 중력환수식 ② 기계환수식 ③ 진공환수식

03 난방 방식은 크게 개별식 난방과 중앙식 난방으로 나눌 수 있다. 중앙식 난방법의 종류 3가지를 쓰시오.

> **해답** ① 직접 난방법 ② 간접 난방법 ③ 복사 난방법

04 어떤 일정 지역에 증기 또는 온수를 공급하여 난방하는 방식을 지역난방이라 하는데, 이 지역난방의 특징 3가지를 쓰시오.

> **해답** ① 각 건물에 보일러를 설치하는 경우에 비해 열효율이 좋고 연료비와 인건비가 절감된다.
> ② 설비의 고도화에 따른 도시 매연이 감소된다.
> ③ 각 건물에 보일러를 설치하는 경우에 비해 건물의 유효면적이 증대된다.
> ④ 요철(땅의 높이 차이) 지역에는 부적합하다.

(4) 배관 방법에 따른 분류

① 단관식 : 증기와 응축수가 동일관 속을 흐르는 방식
  (개) 난방이 불완전하다.
  (내) 배관이 짧아 설비비가 절약된다.
  (대) 환수관이 없기 때문에 충분한 난방을 위해 공기빼기 밸브를 장착한다.
  (라) 방열기 밸브는 방열기의 하부 태핑에, 공기빼기 밸브는 상부 태핑에 장착한다.
  (마) 방열기 밸브에 의해서 증기량을 조절할 수 없다.

② 복관식 : 증기와 응축수가 서로 다른 관으로 연결되어 흐르는 방식
  (개) 방열기 밸브는 상하 어느 태핑에 장치해도 좋다(보통 방열기 밸브는 상부 태핑, 열동식 트랩은 하부 태핑).
  (내) 공기 배기 방법에 따라 에어리턴식과 에어벤트식으로 나눌 수 있다.

(5) 응축수 환수법에 의한 분류 **중요**

① 중력환수식 증기 난방
  (개) 단관 중력환수식 증기 난방
  (내) 복관 중력환수식 증기 난방

② 기계환수식 증기 난방법 : 응축수가 중력 작용만으로는 보일러에 환수되지 않을 때 이용된다.
  (개) 응축수 환수 경로 : 방열기 → 응축수 펌프 내 응축수 탱크(중력 작용으로 집결) → 펌프로 보일러에 급수
  (내) 응축수 탱크(water receive tank) : 최하위의 방열기보다 낮은 곳에 설치한다.
  (대) 각 방열기에 공기빼기 밸브를 장착하는 일은 불필요하고 방열기 밸브의 반대편 하부 태핑에 열동식 트랩을 장치한다.
  (라) 응축수 펌프 : 저양정의 센트리퓨걸 펌프가 사용된다.

③ 진공환수식 증기 난방법 : 환수관 말단과 보일러 바로 앞 사이에 진공펌프를 접속하여 응축수를 환수시킨다.
  (개) 다른 방법에 비해 증기의 환수속도가 빠르다.
  (내) 환수관의 지름을 가늘게 해도 된다.
  (대) 방열기 설치 장소에 제한을 받지 않는다.

㈋ 방열량이 광범위하게 조절되고 중력식, 기계식의 결점을 보완한 것이다.

05 다음 ( ) 안에 적당한 용어 및 숫자를 쓰시오.

> 어떤 일정 지역 내의 한 장소에 보일러실을 설치하여 증기 또는 온수를 공급하는 난방 방식을 (①)이라 하고 증기 난방에서 응축수 환수 방식에 따라 중력환수식, 기계환수식, (②)으로 분류하며 온수 난방에서 고온수난방은 온수 온도 (③)℃ 이상의 온수를 사용한다.

해답 ① 지역난방 ② 진공환수식 ③ 100

(6) 증기 난방 배관 시공

① 배관 구배

㈎ 단관 중력환수식 : 상향 공급식, 하향 공급식 모두 끝내림 구배를 주며, 표준 구배는 다음과 같다.

㉠ 하향 공급식(순류관)일 때 : $\frac{1}{100} \sim \frac{1}{200}$

㉡ 상향 공급식(역류관)일 때 : $\frac{1}{50} \sim \frac{1}{100}$

㈏ 복관 중력환수식

㉠ 건식 환수관 : $\frac{1}{200}$ 의 끝내림 구배로 보일러실까지 배관하며 환수관은 보일러 수면보다 높게 설치해 준다. 증기관 내 응축수를 환수관에 배출할 때는 응축수의 체류가 쉬운 곳에 반드시 트랩을 설치해야 한다.

㉡ 습식 환수관 : 증기관 내 응축수 배출 시 건식 환수관식에서와 같은 트랩장치를 하지 않아도 되며 환수관이 보일러 수면보다 낮아지면 된다. 증기주관도 환수관의 수면보다 약 400 mm 이상 높게 설치한다.

㈐ 진공환수식 : 증기주관은 $\frac{1}{200} \sim \frac{1}{300}$ 의 끝내림 구배를 주며 건식 환수관을 사용한다. 저압 증기환수관이 진공펌프의 흡입구보다 낮은 위치에 있을 때 응축수를 끌어올리기 위해 설치하는 시설인 리프트 피팅(lift fitting)은 환수주관보다 지름이 작은 치수를 사용하고, 1단의 흡상 높이는 1.5 m 이내로 하며 그 사용 개수를 가능하면 적게 하고 급수펌프의 근처에서 1개소만 설치해 준다.

② 배관 시공 방법

㈎ 편심 조인트 : 관경이 다른 증기관 접합 시공 시 사용하며 응축수 고임을 방지한다.

㈏ 루프형 배관 : 환수관이 문 또는 보와 교차할 때 이용되는 배관 형식으로 위로는

공기(증기), 아래로는 응축수를 유통시킨다. 이 때 응축수 출구는 입구 측보다 25 mm 이상 낮게 배관한다.

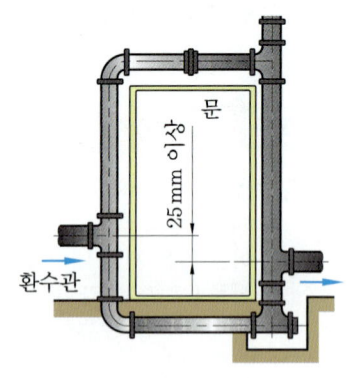

루프형 배관

㈐ 증기관의 지지법
  ㉮ 고정 지지물 : 신축 이음이 있을 때에는 배관의 양 끝을, 없을 때는 중앙부를 고정한다. 주관에 분기관이 접속되었을 때는 그 분기점을 고정한다.
  ㉯ 행어 : 행어 볼트(hanger bolt)의 크기는 지지 관경에 따라 결정한다.

㈑ 분기관 취출 : 주관에 대해 45° 이상으로 지관을 상향 취출하고 열팽창을 고려해 스위블 이음을 해 준다. 분기관의 수평관은 끝올림 구배, 하향 공급관을 위로 취출한 경우에는 끝내림 구배를 준다.

㈒ 매설 배관 : 콘크리트 매설 배관은 가급적 피하고 부득이할 때는 표면에 내산 도료를 바르든가 연관제 슬리브 등을 사용해 매설한다.

㈓ 암거 내 배관 : 기기는 맨홀 근처에 집결시키고 습기에 의한 관 부식에 주의한다.

㈔ 벽, 마루 등의 관통 배관 : 강관제 슬리브를 미리 끼워 그 속에 관통시킨 배관 방식으로 후일 관 교체 및 수리 등을 편리하게 해 준다.

③ 보일러 주변 배관 : 저압 증기 난방장치에서 환수주관을 보일러 밑에 접속하여 나쁜 결과를 막기 위해 증기관과 환수관 사이에 표준 수면 50 mm 아래에 균형관을 연결한다. 이러한 배관 방법을 하트포드 접속법이라고 한다.

④ 방열기 주변 배관 : 방열기 지관은 스위블 이음을 이용해 따내고 지관의 구배는 증기관은 끝올림, 환수관은 끝내림으로 한다. 주형 방열기는 벽에서 50~60 mm 떼어서 설치하고 벽걸이형은 바닥에서 150 mm 높게 설치하며, 베이스 보드 히터는 바닥면에서 최대 90 mm 정도의 높이로 설치한다.

⑤ 증기주관 관말 트랩 배관
  ㉮ 드레인 포켓과 냉각관(cooling leg)의 설치 : 증기주관에서 응축수를 건식 환수관에 배출하려면 주관과 동경으로 100 mm 이상 내리고 하부로 150 mm 이상 연장해 드레인 포켓(drain pocket)을 만들어 준다. 냉각관은 트랩 앞에서 1.5 m 이상 떨어진 곳까지 나관 배관한다.
  ㉯ 바이패스관 설치 : 트랩이나 스트레이너 등의 고장, 수리, 교환 등에 대비하기 위해 설치해 준다.
  ㉰ 증기주관 도중의 입상 개소에 있어서의 트랩 배관 : 드레인 포켓을 설치해 준다. 건식 환수관일 때는 반드시 트랩을 경유시킨다.

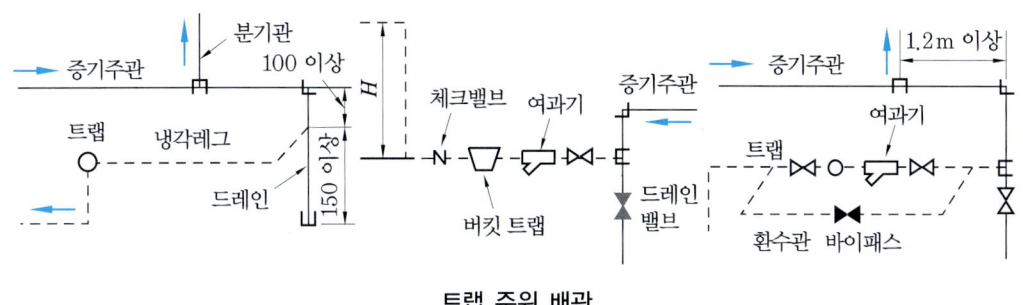

트랩 주위 배관

㈘ 증기주관에서의 입하관 분기 배관 : T이음은 상향 또는 45° 상향으로 세워 스위블 이음을 경유하여 입하 배관한다.

㈙ 감압밸브 주변 배관 : 고압 증기를 저압 증기로 바꿀 때 감압밸브를 설치한다. 파일럿라인은 보통 감압밸브에서 3 m 이상 떨어진 곳의 유체를 출구측에 접속한다.

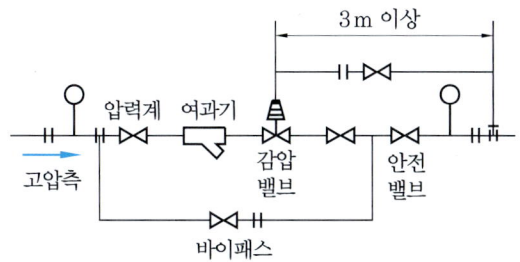

감압밸브의 설치 배관도

6-3 온수 난방설비

(1) 장점

① 난방부하 변동에 따른 온도 조절이 용이하다.
② 동결의 우려가 없다.
③ 방열기 표면온도가 낮아 화상의 우려가 적다.
④ 실내 쾌감도가 높다.
⑤ 쉽게 냉각되지 않는다.

(2) 단점

① 예열시간이 길며 예열에 따른 손실이 크다.
② 동일 방열량에 대해 방열면적이 많이 필요하다.
③ 시설비가 많이 든다.

④ 건물 높이에 제한을 받는다.

(3) 온수 난방의 분류

분류 기준	온수 난방법의 종류
온수 온도	보통온수식, 고온수식
배관 방식	단관식, 복관식
온수 공급 방식	상향공급식, 하향공급식
온수 순환 방식	자연순환식(중력순환식), 강제순환식

① 온수 순환 방식에 의한 분류
  (가) 중력순환식 온수 난방법 : 온수 온도차에 따른 온수 밀도차에 의한 순환력으로 순환된다.
  (나) 강제순환식 온수 난방법 : 온수를 순환펌프에 의하여 순환시키는 방법
② 배관 방식에 의한 분류
  (가) 단관식 : 송수와 환수를 1개 배관으로 한다.
  (나) 복관식 : 송수관과 환수관을 별개로 한다.
③ 온수 공급 방식에 따른 분류
  (가) 상향공급식 : 방열기 아래쪽에 송수주관을 설치하며, 송수주관을 상향 기울기로 배관하여 난방하는 방식이다.
  (나) 하향공급식 : 송수주관을 연직으로 설치하여 송수주관 수평부를 방열기보다 높은 쪽에 오게 하여 온수를 하향으로 공급하여 난방하는 방식이다.

(4) 온수 난방 배관 시공법

① 배관 구배 : 공기빼기 밸브나 팽창탱크를 향해 끝올림 구배를 준다(구배 $\frac{1}{250}$ 이상).
  (가) 단관 중력순환식 : 온수 주관은 끝내림 구배를 주며, 관내 공기는 팽창탱크로 유인한다.
  (나) 복관 중력순환식 : 상향 공급식에서는 온수 공급관은 끝올림, 복귀관은 끝내림 구배를 주나 하향공급식에서는 온수 공급관, 복귀관 모두 끝내림 구배를 준다.
  (다) 강제순환식 : 끝올림 구배이든 끝내림 구배이든 무관하다.
② 일반 배관법
  (가) 지관의 접속 : 지관이 주관의 위로 분기될 때는 45° 이상 끝올림 구배로 배관한다.
  (나) 배관의 분류와 합류 : 직접 티를 사용하지 말고 엘보를 사용하여 신축을 흡수한다.
  (다) 편심 리듀서 : 수평 배관에서 관지름을 바꿀 때 사용한다. 끝올림 구배 배관 시에는 윗면을, 끝내림 구배 배관 시에는 아랫면을 일치시켜 배관한다.

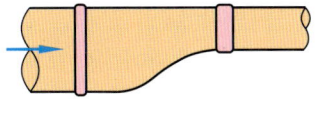 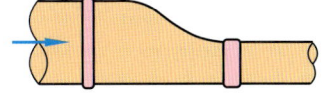

(a) 상향구배(관 윗면이 수평)   (b) 하향구배(관 아랫면이 수평)

편심 리듀서

㈑ 배수 밸브의 설치 : 배관을 장기간 미사용 시 관내 물을 완전히 배출시키기 위해 설치한다.

㈒ 공기가열기 주위 배관 : 온수용 공기가열기는 공기의 흐름 방향과 코일 내 온수의 흐름 방향이 거꾸로 되게 접합 시공하며, 1대마다 공기빼기 밸브를 부착한다.

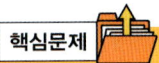

06 온수 난방에서 (1) 배관 방식에 따른 종류 2가지와 (2) 온수 공급 방식에 따른 종류 2가지를 쓰시오.

해답 (1) ① 단관식 ② 복관식
(2) ① 상향공급식 ② 하향공급식

07 온수 난방에서 온수 순환 방식에 따른 종류 2가지를 쓰시오.

해답 ① 자연순환식(중력순환식) ② 강제순환식

6-4 복사 난방법(panel heating system)

(1) 복사 난방

벽 속에 가열 코일을 묻어 그대로 가열면으로 사용하고 그 코일 내에 온수를 보내 그 복사열로 방을 난방하는 방법이다.

(2) 복사 난방의 장단점 _{중요}

① 장점
  ㈎ 실내온도가 균등하게 되며 쾌적도가 높다.
  ㈏ 방열기의 설치가 불필요하므로 바닥면 이용도가 높다.
  ㈐ 동일 방열량에 대해 열손실이 대체로 적다.
  ㈑ 공기의 대류가 적어 실내 공기의 오염도 적어진다.
② 단점
  ㈎ 외기 온도 급변에 대해 온도 조절이 곤란하다.

(나) 매입 배관이므로 시공, 수리가 불편하며 설비비가 많이 든다.
(다) 고장 발견이 곤란하며, 모르타르 표면 등에 균열 발생이 용이하다.
(라) 열손실이 대류 난방에 비해 크므로 열손실을 줄이기 위한 단열재가 필요하다.

(3) 복사 난방 배관 시공법

패널은 그 방사 위치에 따라 바닥 패널, 천장 패널, 벽 패널 등으로 나눈다. 패널의 재료는 강관, 폴리에틸렌관, 동관 등을 사용한다.

---

08 패널의 위치에 따른 복사난방(패널히팅)의 종류 3가지를 쓰시오.

해답 ① 천장 패널 ② 벽 패널 ③ 바닥 패널

6-5 온수 온돌 시공

(1) 온수 온돌의 구조

온수 온돌의 구조를 시공층 단면도로 표현하면 다음 그림과 같다.

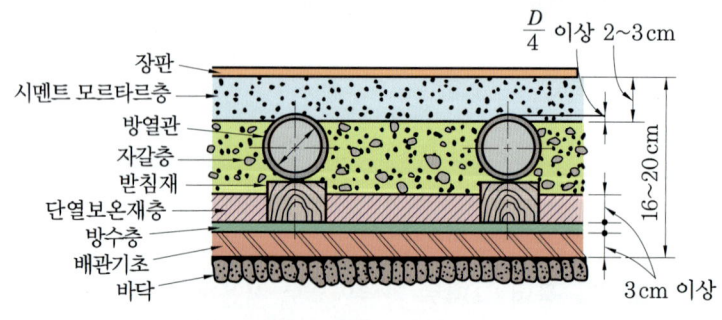

온수 온돌의 시공층 단면도

① 바탕층 : 지면에 면하는 바탕은 배합비 1 : 3 : 6(시멘트 : 모래 : 자갈)인 콘크리트로 설치하고 두께 30 mm 이상이어야 한다.
② 단열층 : 단열재를 사용하고 그 두께는 건축법 시행규칙 제19조의 규정에 따른다.
③ 축열층 : 축열층의 두께는 40 mm 이상 70 mm 이하이어야 한다.
④ 방열관
  (가) 방열관은 호칭지름이 15 mm 이상인 것으로 하고 관의 간격은 150 mm 이상 400 mm 이하로 해야 한다.
  (나) 분기되는 1개 구간의 배관길이는 50 m를 초과해서는 안 된다.

⑤ 미장 시멘트 모르타르의 품질은 KS F 2262에 적합한 것이어야 하며 그 두께는 방열관의 윗 표면에서 15 mm 이상 25 mm 이하를 유지해야 한다.
⑥ 배관의 구배는 $\frac{1}{200}$ 정도로 해야 하며, 온수 온돌은 자연순환이 가능하도록 배관해야 한다.
⑦ 분기되는 방열관의 1개 구간마다 공기방출기를 설치해야 한다.

(2) 온수 온돌의 시공
① 기초
  ㈎ 지면과 접하지 않는 슬래브인 경우에는 기초 콘크리트 및 방수층을 생략한다.
  ㈏ 방수층은 주변 벽면의 10 cm 높이까지 방수 처리되도록 해야 한다.
② 단열층 : 단열재는 바닥 전체에 틈새가 없도록 시공해야 한다.
③ 축열층 : 축열재의 충진 시에 난방배관이 뒤틀리거나 밀리지 않도록 하고 보온재가 충격 등에 의해 손상을 입지 않도록 해야 한다.
④ 방열관
  ㈎ 받침대 위에 배관을 하는 경우에는 관의 재질에 따라 1 m 이내의 적정 간격으로 받침대를 설치해야 하며 흔들림을 방지하기 위하여 클립프나 철선을 사용하여 연결해야 한다.
  ㈏ 매립되는 부위에서는 되도록 이음을 피해야 한다.
⑤ 미장마감층 : 마감층은 수평이 되도록 하고 바닥의 균열 방지를 위하여 48시간 이상 습윤 상태로 자연 양생해야 한다.

> **핵심문제**
>
> **09** 다음은 온수온돌의 시공층 단면도이다. 도면의 ①~⑦번까지의 명칭을 쓰시오.
>
>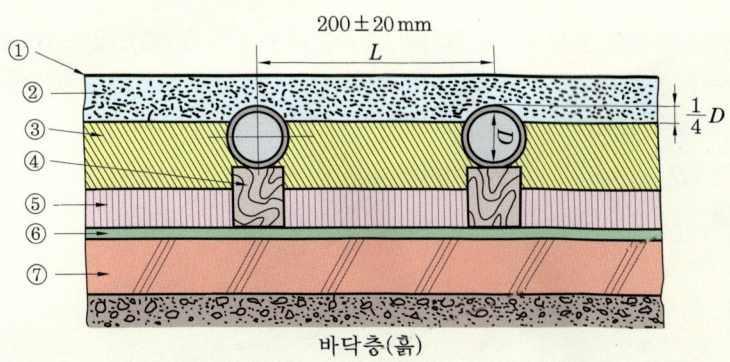
>
> **해답** ① 장판 ② 시멘트 모르타르층 ③ 자갈층 ④ 받침재 ⑤ 단열보온재층
>   ⑥ 방수층 ⑦ 기초 콘크리트층

(3) 자연순환 수두

자연순환 수두는 온수 온도차에 따른 송수와 환수의 밀도차에 의하여 자연적으로 생기는 순환 수두를 말하며, 온수 난방, 온수 온돌의 경우 온도차가 15~20℃ 정도 되기 때문에 자연순환 수두는 매우 작다.

순환 수두의 단위가 mmH₂O이므로 이는 압력차를 말한다. 따라서,

① 압력[mmH₂O] = 높이[m] × 비중량[kg/m³]
② 압력차[mmH₂O] = 높이[m] × 비중량의 차[kg/m³]
③ 순환 수두[mmH₂O] = 방열기 입·출구 비중량의 차 × 보일러 중심으로부터 최고부의 방열기 중심까지의 높이

$$P = (\rho_2 - \rho_1) \times 1000 \times h \, [\text{mm}H_2O]$$

여기서, ρ_1 : 방열기 입구 온수 비중량(kg/L), ρ_2 : 방열기 출구 온수 비중량(kg/L)
1000 : kg/L를 kg/m³으로 환산하기 위한 배수, h : 높이(m)

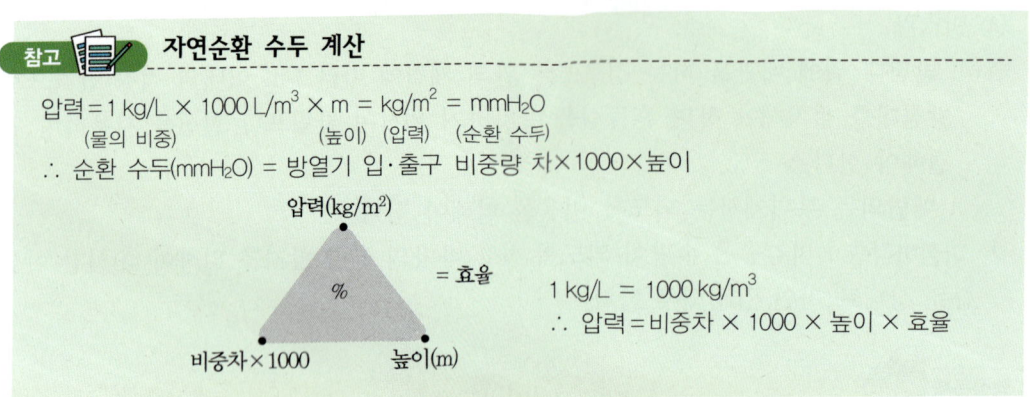

참고 — 자연순환 수두 계산

압력 = 1 kg/L × 1000 L/m³ × m = kg/m² = mmH₂O
 (물의 비중)   (높이) (압력) (순환 수두)

∴ 순환 수두(mmH₂O) = 방열기 입·출구 비중량 차 × 1000 × 높이

1 kg/L = 1000 kg/m³
∴ 압력 = 비중차 × 1000 × 높이 × 효율

핵심문제

10 중력순환식 난방 방식에서 방열기의 출구측 온수 온도를 80℃(밀도 0.96876 kg/L), 환수관 온도를 60℃(밀도 0.98001 kg/L)라 하면, 이 난방 배관의 순환 수두는 얼마인가? (단, 보일러 중심에서 방열기 중심까지의 높이는 10 m이다.)

해답 $H_w = 1000(\rho_1 - \rho_2)h = 1000 \times (0.98001 - 0.96876) \times 10 = 112.5 \text{ mmAq}$

참고

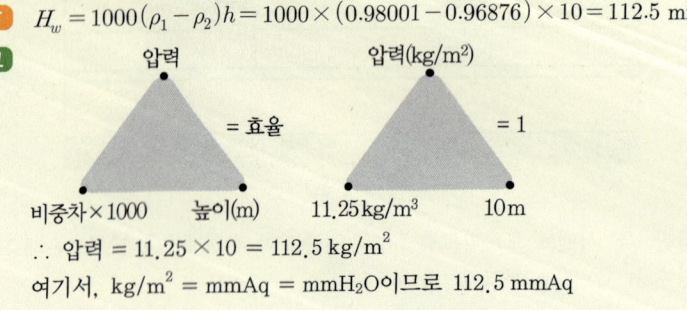

∴ 압력 = 11.25 × 10 = 112.5 kg/m²
여기서, kg/m² = mmAq = mmH₂O이므로 112.5 mmAq

(4) 온수순환량

난방개소에 공급해야 할 부하가 결정되면 온수의 온도 차이에 따라 부하에 알맞는 온수순환량을 결정해야만 관지름을 결정할 수 있다. 온수순환량은 난방부하, 방열기나 방열코일의 입·출구 온도차에 의하여 결정된다. 난방부하량만큼 온수가 있어야 하므로 현열식에 의하여

$$난방부하(열량) = 온수의\ 비열 \times 온수순환량(질량) \times 온도차$$

$$\therefore 온수순환량(kg/h) = \frac{난방부하}{온수의\ 비열 \times 온도차}$$

여기서, 난방부하 : kcal/h, 온수의 비열 : kcal/kg·℃, 온도차 : ℃

> **참고** 온수순환량 계산

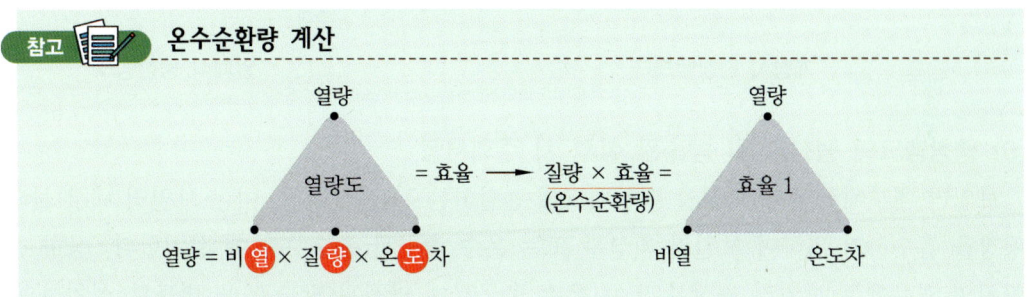

(5) 팽창탱크의 종류 및 구조 **중요**

팽창탱크는 장치 내의 온수 온도가 상승함에 따라 온수 체적이 증가하여 장치 내의 수압 상승으로 인한 보일러의 파열 사고를 방지하기 위하여 설치되는 것으로 개방식과 밀폐식이 있으며, 보충수 공급 및 압력 유지, 열수의 넘침과 공기 누입 방지 등 부차적인 임무도 수행한다. 팽창탱크는 온수 보일러에서 주 안전장치가 된다.

① 설치 목적
  (가) 운전 중 장치 내의 온도 상승에 의한 체적 팽창, 이상 팽창 압력을 흡수한다.
  (나) 장치 내를 운전 중 소정의 압력으로 유지하고 온수 온도를 유지한다.
  (다) 팽창한 물의 배출을 방지하여 장치의 열손실을 방지한다.
  (라) 장치의 운전 정지 중에도 일정 압력을 유지하며 물의 누설 등에 의한 장애와 공기의 침입을 방지한다(물 보충 역할).

② 팽창탱크의 종류
  (가) 개방식 : 저온수 난방이나 일반 주택에서 온수 난방을 하는 경우에 주로 사용되며, 대기에 개방된 개방관을 팽창탱크 상부에 부착하여 온수 팽창에 의한 팽창압력을 외기로 직접 배출하는 형식이다.
  (나) 밀폐식 : 주로 고온수 난방에 사용되며 위치에 관계없이 설치 가능하지만 팽창 압력을 압축 공기나 압축 질소 등으로 흡수해야 하므로 부대 시설이 필요하다. 탱크

에는 수면계, 릴리프 밸브(안전밸브), 압력계를 설치해야 하며, 압축공기관으로 공기 또는 질소를 공급해야 한다.

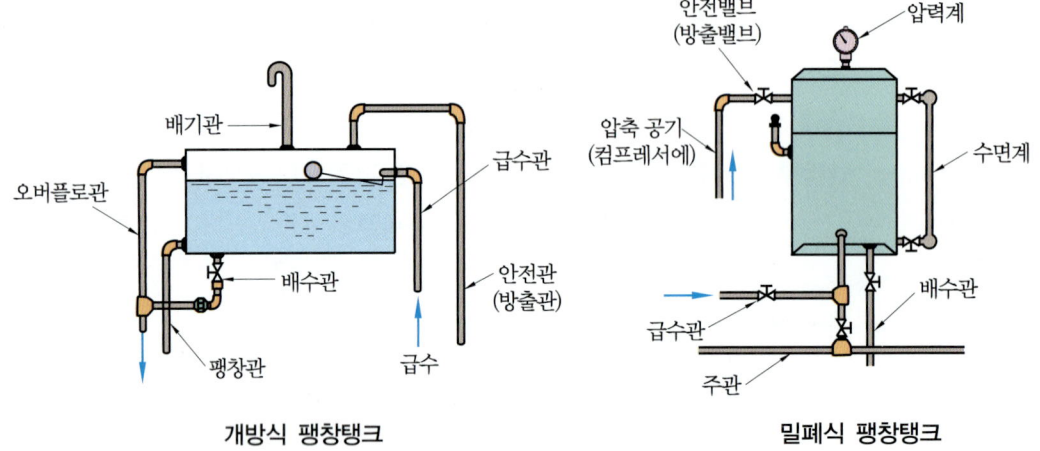

개방식 팽창탱크   밀폐식 팽창탱크

(6) 팽창탱크의 팽창관 및 방출관 설치 시 주의사항

보일러 내부에서 물의 팽창을 팽창탱크에 전달하는 관을 말하며, 이는 보일러 내부 물의 팽창을 흡수하기 위하여 보일러 최상부 또는 온수 출구관(송수주관)에 설치한다. 상향 순환식의 경우에는 보일러 최상부 또는 온수 출구관에 안전관(방출관)을 별도로 설치하며, 팽창관은 온수 입구관(환수주관)에 설치한다.

① 구멍탄용 보일러인 경우 : 팽창관의 크기는 호칭지름 15A 이상으로 한다.
② 온수 보일러인 경우 관의 크기(보일러 전열면적 기준) 중요
  (가) 방출관의 구경
    ㉠ 전열면적 $10\,m^2$ 미만 : 25 A 이상
    ㉡ 전열면적 $10\,m^2$ 이상 : 30 A 이상
  (나) 팽창관의 구경
    ㉠ 전열면적 $5\,m^2$ 미만 : 25 A 이상
    ㉠ 전열면적 $5\,m^2$ 이상 : 30 A 이상
③ 팽창관, 안전관에는 밸브 및 체크밸브 등의 것을 설치해서는 안 된다.
④ 팽창관은 굽힘이 적고 동결을 방지할 수 있는 조치가 되어야 한다.
⑤ 강제순환식인 경우 팽창관 및 안전관은 순환펌프 작동에 의하여 작동의 폐쇄 또는 차단되지 않는 위치에 설치한다.

(7) 팽창탱크의 용량 계산

개방식 팽창탱크는 장치 내 온수 팽창량의 1.5~2.5배(통상 2배 정도)의 크기로 한다.
① 구멍탄용 온수 보일러 : 난방면적이 $10\,m^2$ 이하인 경우에는 2 L 이상으로 하고 난방면

적이 10 m² 초과할 때마다 2 L를 가산한 용적 이상으로 한다.
② 온수 보일러(전열면적 14 m² 이하) : 보일러 및 배관 내의 보유수량이 200 L 이하인 경우에는 20 L 이상으로 하고, 보유수량이 100 L씩 초과할 때마다 10 L를 가산한 용량 이상으로 한다.

핵심문제

11 다음은 개방식 팽창탱크이다. ①~⑤의 배관 명칭을 쓰시오.

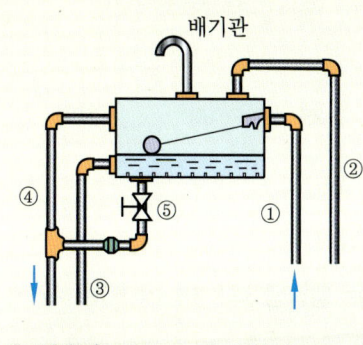

해답 ① 급수관   ② 방출관   ③ 팽창관
        ④ 오버플로관 ⑤ 배수관

12 그림은 개방식 팽창탱크의 구조도이다. 밸브를 배관 중간에 설치하는 관을 2개 골라 쓰시오.

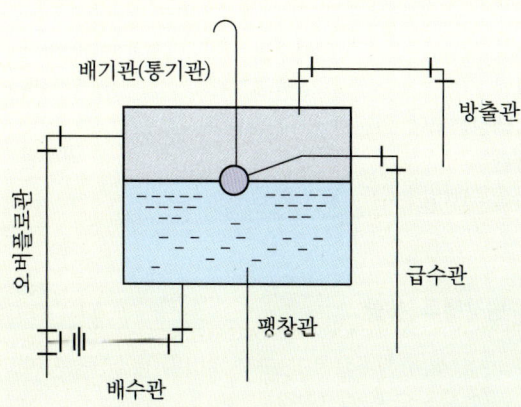

해답 급수관, 배수관

13 온수 보일러에서 사용되는 팽창탱크를 구조상 2가지로 분류하여 쓰시오.

해답 ① 개방식 팽창탱크 ② 밀폐식 팽창탱크

14 다음은 온수 보일러 팽창탱크와 팽창관의 설치 시 주의 사항이다. 각 ( ) 안에 가장 알맞은 수치나 용어를 아래 [보기]에서 찾아 쓰시오.

> - 개방식 팽창탱크는 최고부위 방열기의 높이보다 (가)m 이상 높게 설치한다.
> - 팽창탱크의 재료는 (나)℃의 온수에도 충분히 견딜 수 있어야 한다.
> - 팽창관의 끝부분은 팽창탱크 바닥면보다 (다)mm 정도 높게 배관되어야 한다.
> - 개방식 팽창탱크에는 물의 팽창 등에 대비하여 인체, 보일러 및 관련 부품에 위해가 발생되지 않도록 (라)을(를) 설치해야 한다.
> - 밀폐식의 경우 배관 계통 내의 압력이 제한압력 이상으로 되면 자동적으로 과잉수를 배출시킬 수 있도록 (마)을(를) 설치해야 한다.

[보기]
- 0.1   • 1   • 25   • 100   • 300   • 방출밸브   • 일수관

해답 가 : 1   나 : 100   다 : 25
라 : 일수관   마 : 방출밸브

15 온수 보일러에 설치되는 팽창탱크의 기능(역할)을 2가지 쓰시오.

해답 ① 운전 중 장치 내의 온도 상승에 의한 체적 팽창 및 그 압력을 흡수한다.
② 팽창된 온수의 넘침을 방지하여 열손실을 방지한다.
③ 운전 중 장치 내 압력을 소정의 압력으로 유지하고, 온수 온도를 유지한다.
④ 장치 내 보충수를 공급하고 공기 침입을 방지한다.

16 온수 난방에서 밀폐식 팽창탱크에 연결된 관 및 계기의 종류 5가지를 쓰시오.

해답 ① 급수관   ② 배수관   ③ 압력계
④ 수면계   ⑤ 압축공기관   ⑥ 안전밸브

참고 개방식 팽창탱크에 연결된 관의 종류
① 팽창관   ② 급수관   ③ 배수관
④ 오버플로관(일수관)   ⑤ 방출관

참고 **개방식 팽창탱크 용량**

가열 전의 전수량과 가열 후의 전수량과의 체적 차이를 온수팽창량이라 하며, 탱크 용량은 온수 팽창량에 안전율을 곱한 용량으로 계산한다.

- 온수팽창량(L) = $\left(\dfrac{1}{\rho_2} - \dfrac{1}{\rho_1}\right) \times$ 전수량

- 개방식 팽창탱크 용량 = $\left(\dfrac{1}{\rho_2} - \dfrac{1}{\rho_1}\right) \times$ 전수량 $\times$ 안전율

여기서, ρ_2 : 가열 후 물의 비중(kg/L), ρ_1 : 가열 전 물의 비중(kg/L)

핵심문제

17 16℃의 물이 들어가 96℃의 물로 되는 온수 보일러가 있다. 보일러의 개방식 팽창탱크 크기(L)를 계산하시오. (단, 방열기 출구의 온수 밀도 ρ_γ=0.99897 kg/L, 방열기 입구의 온수 밀도 ρ_f=0.96122 kg/L, 전수량은 1500 L, α=2이다.)

해답 $\left(\dfrac{1}{0.96122} - \dfrac{1}{0.99897}\right) \times 1500 \times 2 ≒ 117.94$ L

참고 팽창탱크 크기 = 온수팽창량 $\times \alpha = \left(\dfrac{1}{\rho_f} - \dfrac{1}{\rho_\gamma}\right) \times V \times \alpha$

참고 밀폐식 팽창탱크 용량

$$\dfrac{\Delta V}{\dfrac{P_a}{P_a + 0.1h} - \dfrac{P_a}{P_t}} [\text{L}]$$

$$\therefore \dfrac{\Delta V}{\dfrac{1}{1+0.1h} - \dfrac{1}{P_t}} [\text{L}]$$

여기서, ΔV : 온수팽창량(L)
P_a : 대기압(kg/cm²) = 1 kg/cm²
h : 팽창탱크로부터 최고부까지 높이(m)
P_t : 보일러의 최고 허용절대압력(kg/cm²abs)

(8) 공기방출기

장치 내에 침입하는 공기를 외부로 방출하기 위하여 설치한다. 구조에 따라 분류하면 다음과 같다.

① 자동 에어벤트 : 물과 공기와의 비중차 이용
② 에어핀 : 수동으로 공기 제거
③ 공기방출관 : 공기는 스스로 공기방출관을 통하여 외기로 나가게 된다(고층인 경우 부적당).

6-6 연료 배관

주 연료탱크와 서비스 탱크의 위치가 떨어져 있을 때에는 되도록 주 연료탱크에 가깝게 펌프를 배치시키고 펌프 토출구 쪽으로 기름예열기를 설치하여 기름의 점도를 낮추며 배관 저항을 적게 하도록 한다.

(1) 연료 배관의 설치 기준

① 보일러와 연료탱크 사이의 배관에는 기름과 물을 분리할 수 있는 유수분리기가 있어야 하며, 유수분리기에는 물빼기 밸브가 있어야 한다.

② 연료탱크와 버너 사이의 배관에는 여과기가 있어야 한다.

> **핵심문제**
>
> **18** 유류 연소 온수 보일러에서 연료탱크와 버너 사이에 반드시 설치되어야 하는 것을 2가지 쓰시오.
>
> **해답** 연료탱크와 버너 사이에는 여과기, 유량계, 정지밸브, 기름가열기, 유수분리기가 필요하다.

(2) 연료를 공급하는 배관 방식에 따른 분류 및 특징

단관식	복관식
• 왕복관 한 라인으로 기름을 버너에 공급하는 낙차 급유 방식이다. • 연료탱크는 버너보다 위에 설치해야 한다. • 배관에 공기를 빼주는 별도의 장치가 있어야 한다. • 소형 보일러(증발식)	• 연료 공급 배관이 왕복관과 복귀관 두 개의 라인으로 되어 있는 펌프에 의한 순환 방식이다. • 연료탱크의 위치는 별 문제가 되지 않는다. • 공기는 복귀관 쪽으로 빠진다. • 중형 보일러(압력분무식)

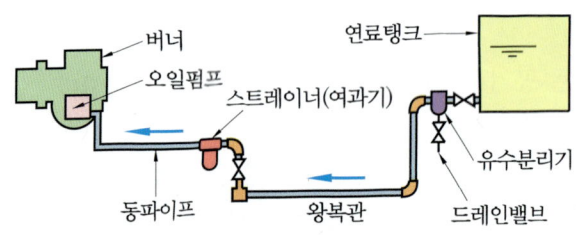

(a) 단관식(증발식)

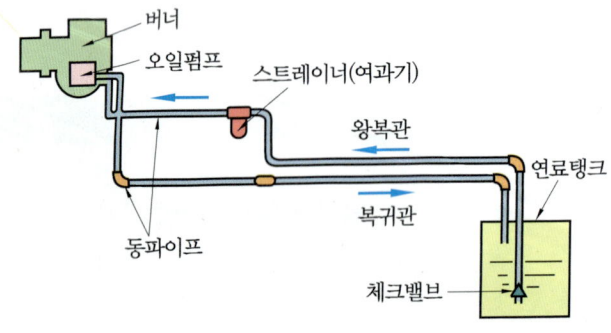

(b) 복관식(압력분무식)

연료 배관

Chapter 7

보일러 열효율 및 열정산

7-1 보일러 열효율
7-2 보일러 열정산(열수지, heat balance)

Chapter 07 >>> 보일러 열효율 및 열정산

7-1 보일러 열효율

(1) 증기 보일러의 용량 표시법

① 상당(환산)증발량(kg/h)
② 보일러 마력(마력)
③ 전열면적(m²)
④ 정격출력(kcal/h)
⑤ 정격용량(kg/h, ton/h)
⑥ 상당방열면적(EDR)
⑦ 최대연속증발량(kg/h)

(2) 상당(환산)증발량

① 상당증발량 = $\dfrac{\text{시간당 증발량} \times (\text{증기 엔탈피} - \text{급수 엔탈피})}{539}$

　상당증발량 : kg/h　　　　　시간당 증발량 : kg/h
　증기 및 급수 엔탈피 : kcal/kg　　물의 증발잠열 : 539 kcal/kg

따라서, 상당증발량 = $\dfrac{\text{시·증}(\text{증·엔} - \text{급·엔})}{539}$ = $\dfrac{\text{난방부하}}{539}$

　　　　　시간당 증발량(kg/h)　　　　(증기 엔탈피-급수 엔탈피)(kcal/kg)

상당증발량 =

　　　　　　　　539 kcal/kg

100℃ 물 → 물의 증발잠열 흡수 539 kcal/kg → 100℃ 증기

핵심문제

01 급수온도 15℃에서 압력 15 kg/cm², 온도 300℃의 증기를 1시간당 12000 kg 발생시키는 경우의 상당증발량은 얼마인가? (단, 발생증기의 엔탈피는 725 kcal/kg, 급수의 엔탈피는 15 kcal/kg이다.)

해답 상당증발량 = $\dfrac{12000(725-15)}{539}$ = 15807 kg/h

참고 효율 100% → 1 대입

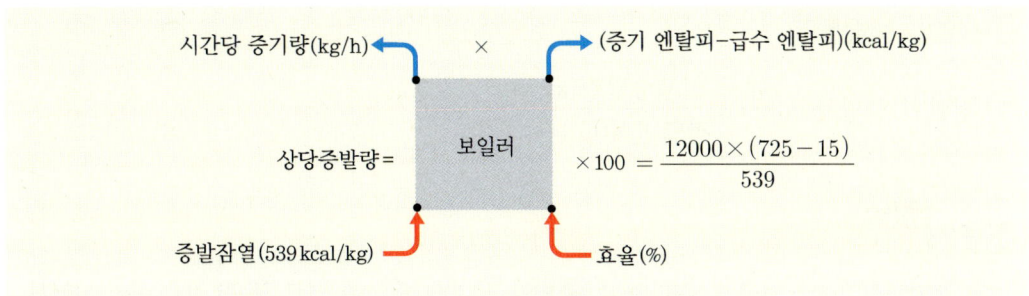

② 증발계수(증발량) = $\dfrac{(증기\ 엔탈피 - 급수\ 엔탈피)}{539}$

핵심문제

02 어느 보일러의 증기압력이 6 kg/cm², 매시 증발량 1400 kg, 급수 온도 30℃, 매시 연료소비량이 1200 kg이라면 증발계수는 얼마 정도인가? (단, 증기압력 6 kg/cm²에서 포화증기 엔탈피는 658 kcal/kg이다.)

해답 증발계수 = $\dfrac{658-30}{539}$ = 1.17

참고 급수 엔탈피 = 급수 온도

(3) 보일러 마력

① 보일러 1마력은 STP 상태(0℃, 1 atm)에서 100℃ 물 15.65 kg을 1시간 동안 같은 온도인 증기로 바꿀 수 있는 능력을 갖는 보일러

② 보일러 마력 = $\dfrac{\text{매시 실제증발량(증기 엔탈피 - 급수 엔탈피)}}{539 \times 15.65}$ = $\dfrac{\text{상당증발량}}{15.65}$

   = $\dfrac{\text{난방부하}}{539 \times 15.65}$ = $\dfrac{\text{시간당 증발량(증기 엔탈피 - 급수 엔탈피)}}{539 \times 15.65}$

(4) 환산 증발 배수

환산 증발 배수 = $\dfrac{\text{환산증발량}}{\text{매시 연료소모량}}$ [kg/kg, kg/m³]

(5) 전열면 증발률

$$\text{전열면 증발률} = \frac{\text{매시 실제증발량(kg/h)}}{\text{전열면적(m}^2\text{)}} \ [\text{kg/m}^2 \cdot \text{h}]$$

> **핵심문제**
>
> **03** 전열면적 240 m², 급수 온도 35℃, 증발량 400000 kg, 총 연료사용량 4600 kg, 시험시간 5시간인 보일러의 전열면적당 매시간 증발률은 얼마인가?
>
> **해답** 전열면 증발률 = $\dfrac{\left(\dfrac{400000}{5}\right)}{240} = 333 \ \text{kg/m}^2 \cdot \text{h}$
>
> **참고**

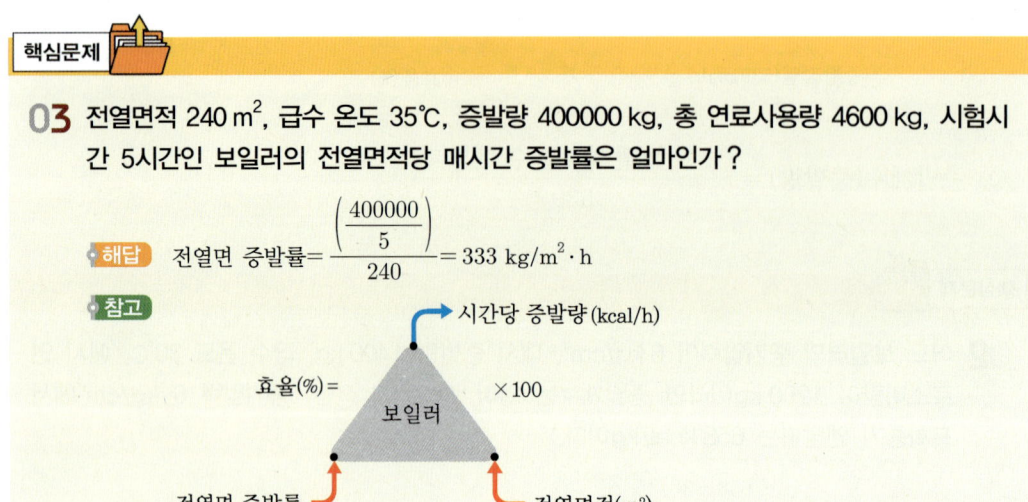

(6) 보일러 연소실 열발생률

$$\text{연소실 열발생률} = \frac{\text{매시 연료사용량} \times (\text{저위발열량} + \text{공기 현열} + \text{연료 현열})}{\text{연소실 용적(m}^3\text{)}}$$

연소실 열발생률 : kcal/m³·h, 매시 연료사용량 : kg/h, 저위발열량 : kcal/kg

(7) 보일러 열출력(kcal/h) 중요

① 증기 보일러 열출력 = 상당증발량×539 = 시간당 증발량(증기 엔탈피 − 급수 엔탈피)

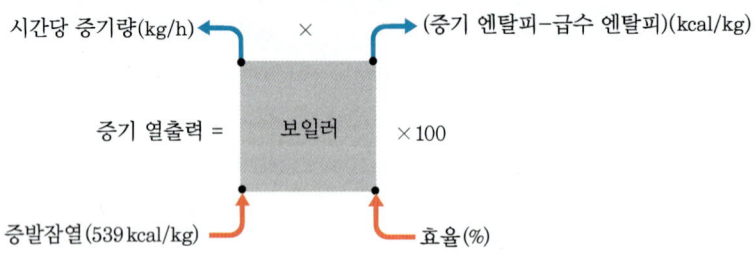

② 온수 보일러 열출력 = 온수 비열×온수 발생량(보일러 입구 온도 − 보일러 출구 온도)
온수 비열 : kcal/kg·℃, 온수 발생량 : kg/h, 보일러 입구 온도 및 출구 온도 : ℃

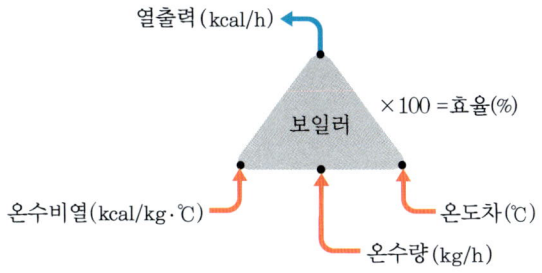

(8) 보일러 효율

① 연소 효율(%) = $\dfrac{\text{시간당 실제 연소실 발생열량}}{\text{시간당 연료량} \times \text{연료의 저위발열량}} \times 100$

② 전열 효율(%) = $\dfrac{\text{시간당 증기량(증기 엔탈피 − 급수 엔탈피)}}{\text{시간당 실제 연소실 발생열량}} \times 100$

③ 보일러 효율(%) = 연소 효율 × 전열 효율

$= \dfrac{\text{시간당 증기량(증기 엔탈피 − 급수 엔탈피)}}{\text{시간당 연료량} \times \text{연료의 저위발열량(연료 1 kg당 발열량)}} \times 100$

$= \dfrac{\text{난방부하}}{\text{시간당 연료량} \times \text{저위발열량}} \times 100$

시간당 실제 연소실 발생열량 : kcal/h 시간당 연료량 : kg/h
연료의 저위발열량 : kcal/kg 시간당 증기량 : kg/h
증기 엔탈피 및 급수 엔탈피 : kcal/kg

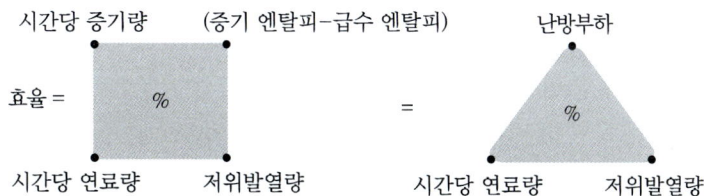

핵심문제

04 급수의 엔탈피 50 kcal/kg, 발생하는 증기의 엔탈피 700 kcal/kg, 1시간에 발생하는 증기량 200 kg, 1시간에 소모되는 연료량이 20 kg일 때, 이 보일러의 효율은? (단, 연료의 저위발열량은 10000 kcal/kg이다.)

해답 $\dfrac{200 \times (700 - 50)}{20 \times 10000} \times 100 = 65\%$

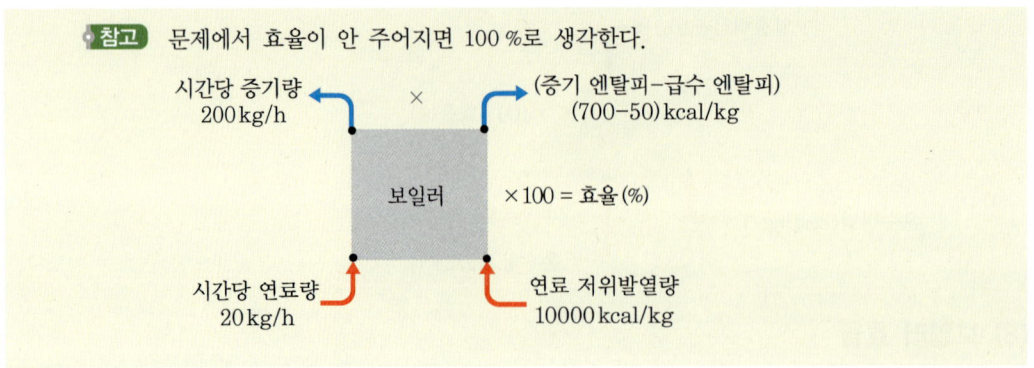

7-2 보일러 열정산(열수지, heat balance)

연료가 보유하고 있는 열량으로부터 실제 유효하게 이용된 열량의 출입을 계산한 것이다.

(1) 열정산의 목적 중요
① 열의 손실 파악　　② 열설비의 성능 파악
③ 조업 방법 개선　　④ 열의 행방 파악

(2) 열정산의 기준
① 가동 후 1~2시간 후부터 측정을 실시한다.
② 연료는 1 kg을 기준으로 한다.
③ 발열량은 9750 kcal/kg이다.
④ 연료의 비중량은 0.963 g/L이다.
⑤ 증기의 건도는 0.98(98 %)로 한다. (단, 주철제는 0.97)
⑥ 압력변동은 ±7 %로 한다.
⑦ 측정은 매 10분마다 실시한다.

(3) 측정 방법
① 외기온도 : 보일러실 주위의 입구에서 측정(단, 공기예열기가 있는 경우에는 그 입구에서 측정한다.)
② 급수온도 : 절탄기 입구에서 측정(단, 절탄기가 없는 경우에는 보일러 몸체의 입구에서 측정한다.)
③ 발생 증기량은 급수량에서 산정한다.
④ 배기가스 온도는 보일러의 최종 가열기의 출구에서 측정한다.

(4) 입열(input heat)의 분류
① 연료의 발열량
② 연료의 현열
③ 공기의 현열
④ 급수의 현열
⑤ 노내 분입증기의 열량

▶ 열정산에서 입열 항목과 출열 항목의 합계는 같아야 한다.

(5) 출열(output heat)의 분류
① 유효출열(피열물이 가지고 나가는 열)
② 손실출열
  ㈎ 배기가스에 의한 열손실 : 손실출열 항목 중 가장 크다.
  ㈏ 불완전 연소에 의한 열손실
  ㈐ 미연분에 의한 열손실
  ㈑ 방산(확산)에 의한 손실열
  ㈒ 과열기, 재열기, 절탄기, 공기예열기에 의한 순환열

핵심문제

05 보일러 크기(용량)를 나타내는 표시 방법 5가지를 쓰시오.

해답 ① 상당방열면적(EDR) ② 정격용량
③ 정격출력 ④ 보일러 마력
⑤ 전열면적 ⑥ 최대연속증발량
⑦ 상당증발량

06 열정산 시 입열 항목 4가지를 쓰시오.

해답 ① 연료의 발열량 ② 연료의 현열
③ 공기의 현열 ④ 노내 분입증기

07 열정산 시 출열 항목 4가지를 쓰시오.

해답 ① 발생증기의 보유열(유효출열) ② 배기가스에 의한 손실열
③ 미연소가스에 의한 손실열 ④ 방산에 의한 손실열

Chapter

8

보일러 설치 시공 및 검사 기준

- 8-1 보일러 설치 시공 기준
- 8-2 보일러 설치 검사 기준
- 8-3 보일러 취급 일반
- 8-4 보일러 운전 중의 사고 및 대책
- 8-5 보일러의 급수 처리
- 8-6 보일러의 청소 및 보존법

Chapter 08 » 보일러 설치 시공 및 검사 기준

8-1 보일러 설치 시공 기준

1 설치 장소

(1) 옥내 설치

① 보일러는 불연성물질의 격벽으로 구분된 장소에 설치하여야 한다. 다만, 소용량 강철제 보일러, 소용량 주철제 보일러, 가스용 온수 보일러, 1종 관류 보일러(이하 "소형 보일러"라 한다)는 반격벽으로 구분된 장소에 설치할 수 있다.

② 보일러 동체 최상부로부터(보일러의 검사 및 취급에 지장이 없도록 작업대를 설치한 경우에는 작업대로부터) 천장, 배관 등 보일러 상부에 있는 구조물까지의 거리는 1.2 m 이상이어야 한다. 다만, 소형 보일러 및 주철제 보일러의 경우에는 0.6 m 이상으로 할 수 있다.

③ 보일러 동체에서 벽, 배관, 기타 보일러 측부에 있는 구조물(검사 및 청소에 지장이 없는 것은 제외)까지 거리는 0.45 m 이상이어야 한다. 다만, 소형 보일러는 0.3 m 이상으로 할 수 있다.

④ 보일러 및 보일러에 부설된 금속제의 굴뚝 또는 연도의 외측으로부터 0.3 m 이내에 있는 가연성 물체에 대하여는 금속 이외의 불연성 재료로 피복하여야 한다.

⑤ 연료를 저장할 때에는 보일러 외측으로부터 2 m 이상 거리를 두거나 방화격벽을 설치하여야 한다. 다만, 소형 보일러의 경우에는 1 m 이상 거리를 두거나 반격벽으로 할 수 있다.

⑥ 보일러에 설치된 계기들을 육안으로 관찰하는 데 지장이 없도록 충분한 조명시설이 있어야 한다.

(2) 옥외 설치

① 보일러에 빗물이 스며들지 않도록 케이싱 등의 적절한 방지설비를 하여야 한다.
② 노출된 절연재 또는 래깅 등에는 방수처리(금속 커버 또는 페인트 포함)를 하여야 한다.
③ 보일러 외부에 있는 증기관 및 급수관 등이 얼지 않도록 적절한 보호조치를 하여야 한다.

④ 강제 통풍팬의 입구에는 빗물 방지 보호판을 설치하여야 한다.

(3) 보일러의 설치
① 기초가 약하여 내려앉거나 갈라지지 않아야 한다.
② 강 구조물은 빗물이나 증기에 의하여 부식이 되지 않도록 적절한 보호조치를 하여야 한다.
③ 수관식 보일러의 경우 전열면을 청소할 수 있는 구멍이 있어야 하며, 구멍의 크기 및 수는 강철제 보일러의 형식 승인 기준에 따른다. 다만, 전열면의 청소가 용이한 구조인 경우에는 예외로 한다.
④ 보일러에 설치된 폭발구의 위치가 보일러 기사의 작업 장소에서 2 m 이내에 있을 때에는 당해 보일러의 폭발가스를 안전한 방향으로 분산시키는 장치를 설치하여야 한다.
⑤ 보일러의 사용압력이 어떠한 경우에도 최고사용압력을 초과할 수 없도록 설치하여야 한다.
⑥ 보일러는 바닥 지지물에 반드시 고정되어야 한다. 소형 보일러의 경우는 앵커 등을 설치하여 가동 중 보일러의 움직임이 없도록 설치하여야 한다.

(4) 배관
보일러 실내의 각종 배관은 팽창과 수축을 흡수하여 누설이 없도록 하고, 가스용 보일러의 연료 배관은 다음에 따른다.
① 배관의 설치
  ㈎ 배관은 외부에 노출하여 시공하여야 한다. 다만, 동관, 스테인리스 강관, 기타 내식성 재료로서 이음매(용접 이음매를 제외한다) 없이 설치하는 경우에는 매몰하여 설치할 수 있다.
  ㈏ 배관의 이음부(용접 이음매를 제외한다)와 전기계량기 및 전기개폐기와의 거리는 60 cm 이상, 굴뚝(단열조치를 하지 아니한 경우에 한한다)·전기점멸기 및 전기접속기와의 거리는 30 cm 이상, 절연전선과의 거리는 10 cm 이상, 절연조치를 하지 아니한 전선과의 거리는 30 cm 이상의 거리를 유지하여야 한다.
② 배관의 고정 : 배관은 움직이지 아니하도록 고정 부착하는 조치를 하되 그 관지름이 13 mm 미만의 것에는 1 m마다, 13 mm 이상 33 mm 미만의 것에는 2 m마다, 33 mm 이상의 것에는 3 m마다 고정장치를 설치하여야 한다.
③ 배관의 표시
  ㈎ 배관은 그 외부에 사용가스명·최고사용압력 및 가스 흐름의 방향을 표시하여야 한다. 다만, 지하에 매설하는 배관의 경우에는 흐름 방향을 표시하지 아니할 수

있다.
(나) 지상 배관은 부식 방지 도장 후 표면 색상을 황색으로 도색한다. 다만, 건축물의 내·외벽에 노출된 것으로서 바닥(2층 이상의 건물의 경우에는 각층의 바닥을 말한다)에서 1 m의 높이에 폭 3 cm의 황색띠를 2중으로 표시한 경우에는 표면 색상을 황색으로 하지 아니할 수 있다.

2 급수장치

(1) 급수장치의 설치

① 급수장치를 필요로 하는 보일러에는 주펌프(인젝터를 포함한다. 이하 같다) 세트 및 보조펌프 세트를 갖춘 급수장치가 있어야 한다. 다만, 전열면적 12 m^2 이하의 보일러, 전열면적 14 m^2 이하의 가스용 온수 보일러 및 전열면적 100 m^2 이하의 관류 보일러에는 보조펌프를 생략할 수 있다.

② 주펌프 세트는 동력으로 운전하는 급수펌프 또는 인젝터이어야 한다. 다만, 보일러의 최고사용압력이 0.25 MPa(2.5 kgf/cm^2) 미만으로 화격자 면적이 0.6 m^2 이하인 경우, 전열면적이 12m^2 이하인 경우 상용압력 이상의 수압에서 급수할 수 있는 급수탱크 또는 수원을 급수장치로 하는 경우에는 예외로 할 수 있다.

③ 보일러 급수가 멎는 경우 즉시 연료(열)의 공급이 차단되지 않거나 과열될 염려가 있는 보일러에는 인젝터, 상용압력 이상의 수압에서 급수할 수 있는 급수탱크, 내연기관 또는 예비전원에 의해 운전할 수 있는 급수장치를 갖추어야 한다.

(2) 2개 이상의 보일러에 대한 급수장치

1개의 급수장치로 2개 이상의 보일러에 물을 공급할 경우 이들 보일러를 1개의 보일러로 간주하여 적용한다.

(3) 급수밸브와 체크밸브

급수관에는 보일러에 인접하여 급수밸브와 체크밸브를 설치하여야 한다. 다만, 최고사용압력 0.1 MPa(1kgf/m^2) 미만의 보일러에서는 체크밸브를 생략할 수 있다.

(4) 급수밸브의 크기

급수밸브 및 체크밸브의 크기는 전열면적 10 m^2 이하의 보일러에서는 호칭 15 A 이상, 전열면적 10 m^2를 초과하는 보일러에서는 호칭 20 A 이상이어야 한다.

3 안전밸브 및 압력방출장치

(1) 안전밸브의 개수
① 증기 보일러에는 2개 이상의 안전밸브를 설치하여야 한다. 다만, 전열면적 50 m² 이하의 증기 보일러에서는 1개 이상으로 한다.
② 관류 보일러에서 보일러와 압력방출장치와의 사이에 체크밸브를 설치할 경우 압력방출장치는 2개 이상이어야 한다.

(2) 안전밸브의 부착
① 안전밸브는 쉽게 검사할 수 있는 장소에 밸브축을 수직으로 하여 가능한 한 보일러의 동체에 직접 부착시켜야 하며, 안전밸브와 안전밸브가 부착된 보일러 동체 등의 사이에는 어떠한 차단밸브도 있어서는 안 된다.
② 안전밸브의 방출관은 단독으로 설치하되, 2개 이상의 방출관을 공동으로 설치하는 경우에 방출관의 크기는 각각의 방출관 분출용량의 합계 이상이어야 한다.

(3) 안전밸브 및 압력방출장치의 크기
안전밸브 및 압력방출장치의 크기는 호칭지름 25 A 이상으로 하여야 한다. 다만, 다음 보일러에서는 호칭지름 20 A 이상으로 할 수 있다.
① 최고사용압력 0.1 MPa(1 kgf/cm²) 이하의 보일러
② 최고사용압력 0.5 MPa(5 kgf/cm²) 이하의 보일러로 동체의 안지름이 500 mm 이하이며 동체의 길이가 1000 mm 이하의 것
③ 최고사용압력 0.5 MPa(5 kgf/cm²) 이하의 보일러로 전열면적 2m² 이하의 것
④ 최대증발량 5 t/h 이하의 관류 보일러
⑤ 소용량 강철제 보일러, 소용량 주철제 보일러

4 수면계

■ 수면계의 개수
① 증기 보일러에는 2개(소용량 및 1종 관류 보일러는 1개) 이상의 유리 수면계를 보일러 내의 수위를 육안으로 확인할 수 있도록 동일한 높이에 나란히 부착하여야 한다. 다만, 단관식 관류 보일러는 제외한다.
② 최고사용압력 1 MPa(10 kgf/cm²) 이하로서 동체 안지름이 750 mm 미만인 경우에 있어서는 수면계 중 1개는 다른 종류의 수면 측정장치로 할 수 있다.
③ 2개 이상의 원격 지시 수면계를 시설하는 경우에 한하여 유리 수면계를 1개 이상으로 할 수 있다.

5 계측기

(1) 압력계

① 압력계의 크기와 눈금

(가) 증기 보일러에 부착하는 압력계 눈금판의 바깥지름은 100 mm 이상으로 하고 그 부착높이에 따라 용이하게 지침이 보이도록 하여야 한다. 다만, 다음의 보일러에 부착하는 압력계에 대하여는 눈금판의 바깥지름을 60 mm 이상으로 할 수 있다.

  ㉮ 최고사용압력 0.5 MPa(5 kgf/cm^2) 이하이고, 동체의 안지름 500 mm 이하, 동체의 길이 1000 mm 이하인 보일러
  ㉯ 최고사용압력 0.5 MPa(5 kgf/cm^2) 이하로서 전열면적 2m^2 이하인 보일러
  ㉰ 최대증발량 5 t/h 이하인 관류 보일러
  ㉱ 소용량 보일러

(나) 압력계의 최고눈금은 보일러의 최고사용압력의 3배 이하로 하되 1.5배보다 작아서는 안 된다.

② 압력계의 부착

(가) 압력계는 원칙적으로 보일러의 증기실에 눈금판의 눈금이 잘 보이는 위치에 부착하고 얼지 않도록 하며, 그 주위의 온도는 사용상태에 있어서 KS B 5305(부르동관 압력계)에 규정하는 범위 안에 있어야 한다.

(나) 압력계와 연결된 증기관은 최고사용압력에 견디는 것으로서 그 크기는 황동관 또는 동관을 사용할 때는 안지름 6.5 mm 이상, 강관을 사용할 때는 12.7 mm 이상이어야 하며, 증기온도가 483K(210℃)를 초과할 때에는 황동관 또는 동관을 사용해서는 안 된다.

(다) 압력계에는 물을 넣은 안지름 6.5 mm 이상의 사이펀관 또는 동등한 작용을 하는 장치를 부착하여 증기가 직접 압력계에 들어가지 않도록 하여야 한다.

(라) 압력계의 콕은 그 핸들을 수직인 증기관과 동일 방향에 놓은 경우에 열려 있는 것이어야 하며 콕 대신에 밸브를 사용할 경우에는 한눈으로 개폐 여부를 알 수 있는 구조로 하여야 한다.

(2) 온도계

다음의 곳에는 KS B 5320(공업용 바이메탈식 온도계) 또는 이와 동등 이상의 성능을 가진 온도계를 설치하여야 한다. 다만, 소용량 보일러 및 가스용 온수 보일러는 배기가스 온도계만 설치하여도 좋다.

① 급수 입구의 급수 온도계
② 버너 급유 입구의 급유온도계(다만, 예열을 필요로 하지 않는 것은 제외)
③ 절탄기 또는 공기예열기가 설치된 경우에는 각 유체의 전후 온도를 측정할 수 있는

온도계(다만, 포화증기의 경우에는 압력계로 대신할 수 있다.)
④ 보일러 본체 배기가스 온도계(다만, ③의 규정에 의한 온도계가 있는 경우에는 생략할 수 있다.)
⑤ 과열기 또는 재열기가 있는 경우에는 그 출구 온도계
⑥ 유량계를 통과하는 온도를 측정할 수 있는 온도계

8-2 보일러 설치 검사 기준

(1) 수압 및 가스누설시험
① 수압시험 대상
　(가) 수입한 보일러
　(나) 내부 검사를 받아야 하는 보일러
② 가스누설시험 대상 : 가스용 보일러
③ 수압시험 방법
　(가) 공기를 빼고 물을 채운 후 천천히 압력을 가하여 규정된 시험 수압에 도달한 다음 30분이 경과된 뒤에 검사를 실시하여 검사가 끝날 때까지 그 상태를 유지한다.
　(나) 시험수압은 규정된 압력의 6% 이상을 초과하지 않도록 모든 경우에 대한 적절한 제어를 마련하여야 한다.
　(다) 수압시험 중 또는 시험 후에도 물이 얼지 않도록 하여야 한다.
④ 가스누설시험 방법
　(가) 내부누설시험 : 차압누설감지기에 대하여 누설확인작동시험 또는 자기압력기록계 등으로 누설 유무를 확인한다. 자기압력기록계로 시험할 경우에는 밸브를 잠그고 압력발생기구를 사용하여 천천히 공기 또는 불활성 가스 등으로 최고사용압력의 1.1배 또는 840 mmH$_2$O 중 높은 압력 이상으로 가압한 후 24분 이상 유지하여 압력의 변동을 측정한다.
　(나) 외부누설시험 : 보일러 운전 중에 비눗물시험 또는 가스누설검사기로 배관접속부위 및 밸브류 등의 누설 유무를 확인한다.
⑤ 수압시험압력
　(가) 강철제 보일러
　　㉮ 보일러의 최고사용압력이 0.43 MPa(4.3 kgf/cm^2) 이하일 때에는 그 최고사용압력의 2배의 압력으로 한다. 다만, 그 시험압력이 0.2 MPa(2 kgf/cm^2) 미만인 경우에는 0.2 MPa(2 kgf/cm^2)로 한다.
　　㉯ 보일러의 최고사용압력이 0.43 MPa(4.3 kgf/cm^2) 초과 1.5 MPa(15 kgf/cm^2) 이하일 때에는 그 최고사용압력의 1.3배에 0.3 MPa(3 kgf/cm^2)를 더한 압력으로

한다.
　　　㈐ 보일러의 최고사용압력이 1.5 MPa(15 kgf/cm²)를 초과할 때에는 그 최고사용압력의 1.5배의 압력으로 한다.
　㈏ 가스용 온수 보일러 : 강철제인 경우에는 위 ㈎의 ㉮에서 규정한 압력
　㈐ 주철제 보일러
　　　㈎ 보일러의 최고사용압력이 0.43 MPa(4.3 kgf/cm²) 이하일 때는 그 최고사용압력의 2배의 압력으로 한다. 다만, 시험압력이 0.2 MPa(2 kgf/cm²) 미만인 경우에는 0.2 MPa(2 kgf/cm²)로 한다.
　　　㈏ 보일러의 최고사용압력이 0.43 MPa(4.3 kgf/cm²)를 초과할 때는 그 최고사용압력의 1.3배에 0.3 MPa(3 kgf/cm²)를 더한 압력으로 한다.

(2) 압력방출장치

① 안전밸브 작동시험
　㈎ 안전밸브의 분출압력은 1개일 경우 최고사용압력 이하, 안전밸브가 2개 이상인 경우 그 중 1개는 최고사용압력 이하, 기타는 최고사용압력의 1.03배 이하일 것
　㈏ 과열기의 안전밸브 분출압력은 증발부 안전밸브의 분출압력 이하일 것
　㈐ 재열기 및 독립과열기에 있어서는 안전밸브가 하나인 경우 최고사용압력 이하, 2개인 경우 하나는 최고사용압력 이하이고 다른 하나는 최고사용압력의 1.03배 이하에서 분출하여야 한다. 다만, 출구에 설치하는 안전밸브의 분출압력은 입구에 설치하는 안전밸브의 설정압력보다 낮게 조정되어야 한다.
　㈑ 발전용 보일러에 부착하는 안전밸브의 분출정지압력은 분출압력의 0.93배 이상이어야 한다.
② 방출밸브의 작동시험 : 온수 발생 보일러(액상식 열매체 보일러 포함)의 방출밸브는 다음 각 항에 따라 시험하여 보일러의 최고사용압력 이하에서 작동하여야 한다.
　㈎ 공급 및 귀환밸브를 닫아 보일러를 난방 시스템과 차단한다.
　㈏ 팽창탱크에 연결된 관의 밸브를 닫고 탱크의 물을 빼내고 공기 쿠션이 생겼나 확인하여 공기 쿠션이 있을 경우 공기를 배출시킨다. 다만, 가압 팽창탱크는 배수시키지 않으며 분출시험 중 보일러와 차단되어서는 안 된다.
　㈐ 보일러의 압력이 방출밸브의 설정압력의 50 % 이하로 되도록 방출밸브를 통하여 보일러의 물을 배출시킨다.
　㈑ 보일러수의 압력과 온도가 상승함을 관찰한다.
　㈒ 보일러의 최고사용압력 이하에서 작동하는지 관찰한다.

8-3 보일러 취급 일반

1 보일러의 사용 전 준비사항

(1) 신설 보일러
① 내부 점검
  ㈎ 동 내부 점검 : 공구나 기타 물건이 남아 있는지 확인한다.
  ㈏ 연소 계통 점검 : 보일러 설치 후 노벽, 연소실, 바닥, 연도 등에 불필요한 물건이 남아 있는지 확인하며, 특히 연도 내의 습기에 유의한다.
  ㈐ 노벽(내화재)의 건조 : 시공 후 자연 건조를 10~14일 정도 행한 후 가열 건조 시에는 4일 이상(96시간 이상) 목재를 약간씩 태워 노내를 계속 건조시키며, 다시 석탄 또는 기름으로 4주일 이상 천천히 건조시킨다.
  ㈑ 소다 보일링(유지분 제거) : 전열면에 유지분이 많이 부착되어 있는 경우에 가동을 하면 과열, 부식 촉진을 하게 되므로 동 내부는 탄산소다를 0.1% 정도 용해시킨 후, 증기압 0.3~0.5 kgf/cm^2 정도로 하여 2~3일간 끓인 다음, 분출을 하고 새로운 급수 후에는 규정 압력까지 올려 안전밸브의 분출시험을 한다.

▶ **소다 보일링 시 사용 약액 :** 탄산소다(Na_2CO_3), 가성소다(NaOH), 제3인산소다($Na_3PO_4 \cdot 12H_2O$)

② 외부 점검 : 각종 부속품 및 제어장치, 급수장치, 연소 보조 계통을 점검하며, 주유 및 시운전을 하여 완전한 기능을 가질 수 있도록 한다.

(2) 사용 중인 보일러
① 수면계의 수위를 확인한다.
② 수면계와 압력계의 기능을 점검하고 각종 계기류와 제어장치를 확인한다.
③ 수저 분출밸브의 잠긴 상태를 점검한다.
④ 연료 계통 및 급수 계통을 점검한다.
⑤ 연료가 중유인 경우에 오일펌프 및 오일 프리히터를 작동시킨다.
⑥ 댐퍼를 완전히 열고 노내를 충분히 환기시킨다.
⑦ 각 밸브의 개폐 상태를 확인한다.

2 보일러의 점화

기름 연료 점화나 가스 연료의 점화는 비슷하다. 다만, 가스의 점화 시는 가스의 누설에 주의하고 이음부 등에서 비눗물 검사가 필요하며 점화 시 가스의 압력은 일정하게 하고 불착화의 경우 버너 밸브를 닫고 연소실 용적의 4배 이상의 공기를 불어넣어 노내를 환기시키는 것이 기름 연소와 약간 다를 뿐이다.

(1) 자동 점화

점화 전에 점검 사항을 이행한 후 제어반의 모든 스위치의 위치를 확인(자동 위치)하며, 전원 스위치를 누른다(점화 동작 시작). 자동 점화 시의 점화 순서는 시퀀스 제어 방법과 인터록의 결합으로 행하여지며, 그 순서는 노내 환기 → 버너 동작 → 노내압 조정 → 파일럿 버너(점화 버너) 작동 → 화염 검출 → 전자밸브 열림 → 점화 → 공기 댐퍼 작동 → 저연소 → 고연소로 이어진다.

> **참고 | 보일러 자동 점화의 특징**
> ① 프리퍼지, 수위 유지, 증기압, 저연소 상태가 정상인 경우에는 점화가 진행되지만 이상이 있을 경우에는 동작이 되지 않는다.
> ② 점화 도중에 화염 검출기의 기능 저하 또는 불착화로 인하여 화염이 검출되지 않으면 불착화 경보가 발생하여 모든 것은 정지되지만 송풍기에는 일정 시간(30초 정도) 작동, 프리퍼지를 행한다.

(2) 수동 점화

점화 전에 점검 사항을 충분히 이행한 후 다음 순서에 따라 점화를 해야 한다.
① 수면계 수위가 정상수위인가를 확인한다.
② 댐퍼를 개방하고 프리퍼지를 실시한다.
③ 주버너를 동작시킨다.
④ 댐퍼를 줄여서 노내압을 조정한다.
⑤ 파일럿 버너 스위치와 화염검출기의 스위치를 켠다.
⑥ 투시구로 점화 버너에서 정상적인 점화가 이루어졌는가를 확인하고 정상이면 주버너 스위치를 켠다.
⑦ 투시구로 주버너에서 정상적인 점화가 이루어졌는가를 확인하고 정상이면 파일럿 버너 스위치를 끈다.
⑧ 공기 댐퍼(1차 및 2차)를 먼저 조금 더 열어 두고 기름 조절 밸브를 조금 더 열어 가면서 연소량을 조정해 나간다.

(3) 가스 보일러의 점화

① 가스는 누설의 위험이 크고 또한 누설 여부의 점검이 어려우므로 특히 주의하여야 한다. 점화 전에는 연료 배관 계통에 가스의 누설 여부를 확인하기 위하여 배관의 이음부, 밸브 등에 비눗물을 사용하여 철저한 점검이 필요하다.

② 점화 시의 주의 사항
  (가) 연소실 내의 용적 4배 이상의 공기로 충분한 사전 환기(프리퍼지)를 행한다. 이때 댐퍼는 완전히 열고 행하여야 한다.
  (나) 점화는 1회로 착화될 수 있도록 하여야 하며 불씨는 화력이 큰 것을 사용한다.
  (다) 갑작스런 실화 시에는 연료 공급을 즉시 차단하고 그 원인을 조사한다.
  (라) 긴급 연료 차단밸브의 작동이 불량하면 점화 시의 역화 또는 가스 폭발의 원인이 되므로 점검을 철저히 행한다.
  (마) 점화용 버너의 스파크는 정상인가 확인하며 카본 부착 시에는 청소를 하여야 한다.
  (바) 점화용 연료와 주버너에 공급될 연료가스의 압력이 적당한가를 확인한다.
  (사) 실화 시에는 충분한 환기를 요한다.
③ 점화 순서 : 주로 자동 점화를 행하므로 기름 연소 보일러의 순서와 같다.

핵심문제

01 다음 [보기]는 보일러의 자동 점화 순서 항목을 나열한 것이다. 점화 순서에 맞게 번호를 나열하시오.

> [보기]
> ① 버너 동작   ② 노내 환기   ③ 화염 검출
> ④ 점화   ⑤ 연소

해답 ② → ① → ③ → ④ → ⑤

---

3 증기 발생 시의 취급

(1) 연소 초기의 취급

① 연소량을 급속히 증가시키지 않을 것 : 연소량을 급속히 증가시키면 전열면의 부동 팽창, 내화물의 스폴링 현상, 그루빙, 균열 등을 초래한다.

> **참고** 연소량을 급속히 증가시킬 때 나타나는 현상
> • **스폴링(spalling) 현상** : 내화벽돌 등이 사용 중 내부에 생기는 열응력 때문에 균열이 생기거나 표면이 떨어지는 박락 현상
> • **그루빙** : 도랑 부식

② 압력 상승은 매우 느리게 행한다.
  (가) 본체의 온도차가 크게 되지 않도록 한다.
  (나) 국부 과열이나 균열, 누설 등이 생기지 않도록 충분한 시간을 주고 연소시킨다.

(2) 증기압이 오르기 시작할 때의 취급

① 공기빼기밸브 닫기
② 수면계, 압력계, 분출장치의 기능 점검
③ 맨홀, 소제구, 검사구를 더욱 조여 준다.
④ 압력계 감시와 연소의 조정
⑤ 급수장치의 기능 확인
⑥ 절탄기, 공기예열기는 저온 부식, 과열 방지를 위해 부연도를 이용한다.

(3) 증기압이 올랐을 때의 취급

① 안전밸브는 증기압력이 75 % 이상 될 때 분출시험한다.
② 수위를 감시한다.
③ 압력계를 감시한다.
④ 분출밸브, 수면계, 드레인밸브의 누설 유무를 확인한다.
⑤ 제어장치의 작동 상태를 점검한다.

(4) 송기 시의 취급

① 캐리오버, 수격 작용이 발생하지 않도록 한다.
② 스팀 헤더 주위의 밸브, 트랩의 바이패스 밸브를 열어 드레인을 제거한다.
③ 주증기밸브는 서서히 연다.
④ 부하측의 압력이 정상적으로 유지되고 있는가를 확인한다.
⑤ 드레인이 배제된 경우에는 바이패스를 닫고 트랩을 사용한다.
⑥ 수위, 증기압을 일정하게 유지하고 연소를 조절한다.

4 보일러 운전 중의 취급

(1) 일반적인 유의 사항

① 수면계의 수위는 상용 수위가 되도록 하며 주위는 항상 확인한다.
② 증기압력은 사용압력 이상으로 하지 않도록 하고 부하에 대응하여 연료를 공급한다.
③ 안전밸브는 1일 1회 이상, 레버를 수동으로 열어서 작동 상태를 확인한다(분출압력 75 % 이상에서). 안전밸브는 제한압력보다 4 % 증가하면 자동적으로 증기를 분출하고 닫히는 것이 중요한 요건이다.
④ 보일러수는 1일 1회 이상 분출한다.
⑤ 여과기를 주 2회 이상 자주 청소한다.
⑥ 증기 누설이나 연도 내의 냉기 누입은 즉시 조치한다.

⑦ 급수장치의 누설이나 고장은 즉시 조치한다.
⑧ 배기가스 온도가 갑자기 올라가는가를 확인한다.
⑨ 저수위 안전장치의 작동 상태를 점검하고, 1일 1회 이상 분출한다.

(2) 수위 조절

급수는 1회에 다량으로 하지 않고 연속적인 소량으로 일정량씩 급수한다. 급수장치는 항상 기능을 완전하게 발휘할 수 있도록 하며, 급수는 약품 처리된 물을 사용하여야 한다. 수위는 일정하게 유지하며, 급수펌프의 출구 압력과 증기압의 압력차가 크면 급수장치의 이상이 있다고 생각하고 급수장치를 점검해야 한다.

(3) 압력 조절

압력 조절 스위치의 압력 검출에 의한 비율 제어 방식으로, 연료량과 공기량을 가감하여 조절하게 된다. 증기 사용처에서 요구하는 압력으로 유지하여야 하므로, 보일러에서 증기 압력의 일정 유지는 중요하며, 특히 압력 초과에 의한 파열 사고를 사전에 방지할 수 있다.

(4) 연소 조절

① 연료의 연소량과 그것에 적용하는 공기량과 비율이 항상 일정하게 되도록 조절해야 한다.
② 과잉 공기량을 적게 공급하여 완전 연소가 되도록 유의한다.
③ 역화나 가스 폭발에 주의하고 통풍계, CO_2계, 배기가스 온도계, 매연 농도계 등을 설치하고 적절히 조절하여 연기의 색깔에 주의하면서 댐퍼를 조절하여야 한다.
④ 연소량 증가 시에는 공기량을 증가시키고, 연료량을 증가시킨다. 연소량을 감소시킬 때는 연료의 공급량을 감소시킨 뒤에 공기량을 감소시킨다. 만약, 순서가 잘못되면 역화 위험이 있다.

5 보일러 정지 시 취급

(1) 정상 정지 시 유의 사항

① 보일러를 정지하고자 할 때에는 작업 종료 시에 필요한 증기를 남기고 정지시킨다. 이때 보일러 정지는 작업 종료보다 약 30분 정도 일찍 행한다.
② 노벽의 급랭, 전열면의 급랭을 방지할 수 있는 조치를 한다.
③ 남은 열로 인한 증기압력 상승을 확인한다.
④ 상용 수위보다 약간 높게 급수한 후 급수밸브와 주증기밸브를 닫고, 주증기관에 설치된 드레인밸브나 헤더의 드레인밸브를 연다.
⑤ 정지 후에는 노내 환기를 충분히 시키고 댐퍼를 닫는다.

(2) 보일러의 정지 시 일반적인 순서

① 연료를 차단한다.
② 공기를 차단한다.
③ 급수 후 급수정지밸브를 닫는다(증기압은 떨어진다).
④ 주증기 정지밸브를 닫고 드레인을 연다.
⑤ 댐퍼를 닫는다.

(3) 비상 정지시킬 때의 정지 순서

① 연료를 차단한다.
② 공기를 차단한다.
③ 급수를 한다(주철제, 심한 저수위의 경우는 급수 불가).
④ 다른 보일러와 연락을 차단한다.
⑤ 자연히 식는 것을 기다리며 사고 원인을 점검한다.
⑥ 전열면을 확인하여 변형 유무를 조사한다.
⑦ 급수 후 재점화하여 사용한다.

핵심문제

02 보일러 송기 시 주증기밸브를 서서히 개방하는 이유를 쓰시오.

해답 캐리오버(기수공발) 및 워터해머(수격작용) 현상을 방지하기 위해

03 다음 [보기]는 보일러를 정지시켜야 할 때의 조치 사항을 나열한 것이다. 순서에 맞게 번호를 나열하시오.

[보기]
① 공기 댐퍼를 차단한다.　　② 연도 댐퍼를 닫는다.
③ 연료밸브를 차단한다.　　④ 급수 후 급수정지밸브를 닫는다.
⑤ 주증기 정지밸브를 닫고 드레인을 연다.

해답 ③ → ① → ④ → ⑤ → ②

04 다음 ( ) 안에 알맞은 용어를 써넣으시오.

보일러를 점화하기 전에 댐퍼를 완전히 열고 송풍기를 가동시켜 (①)를 실시해야 하며 가동이 끝난 후에도 (②)를 실시해야 한다.

해답 ① 프리퍼지(pre purge)　② 포스트퍼지(post purge)

8-4 보일러 운전 중의 사고 및 대책

보일러 운전 중에는 각종 사고가 발생되기 쉬우므로 주의를 요한다. 특히 과열 사고, 부식 사고, 압력 초과 사고, 미연소가스 폭발 사고 등에 관심을 가지고 방지하여야 한다.

1 과열 사고

과열 사고는 주로 관석(스케일) 부착에 의해 일어난다.

(1) 관석 부착 과열

보일러 용수에 녹아 있던 관석 성분이 온도 상승 때문에 고형화되어 동체 내부에 부착된다. 이 관석은 용수 처리가 잘 안 되어 있고, 또 고온이 될수록 많이 발생되어 부착된다.

이와 같이 부착된 관석은 열전도율이 작아 연소열을 관수에 전달시키는 데 장애적 역할을 하게 된다. 그렇기 때문에 관석이 부착된 부분의 외부온도는 계속 상승되어 그 부위의 재질이 약화되는 것이다. 이렇게 관석이 많이 부착되면 안전도가 저하될 뿐 아니라, 연료 소비가 커지고, 따라서 연돌로 배출되는 배기가스의 온도도 상승하게 된다.

(2) 과열의 원인

강(鋼)을 가열한 온도가 높거나 고온 상태에서 가열시간이 길어지면 강은 과열을 일으켜서 강 조직이 변화한다. 과열에 의하여 조직이 변하게 되면 열처리에 의해서만 조직 또는 성질을 회복시킬 수 있다. 과열의 원인은 다음과 같다.

① 보일러판에 관석이 많이 퇴적된 부분을 강하게 가열하여 열전달이 낮아진 때
② 보일러수 중에 유지분이 포함되었을 때
③ 관석이 붙은 부분이 국부적으로 방사열을 받을 때(국부적인 과열)
④ 보일러의 이상 저수위에 의하여 빈 보일러를 운전했을 때
⑤ 화염이 본체(노통, 수관, 연관 등)의 전열면에 충돌할 때
⑥ 고온의 가스가 고속으로 전열면에 마찰할 때
⑦ 보일러수 순환이 불량일 때

(3) 팽출과 압궤

① 강철판은 상온에서는 강하고 350℃ 이상에서는 약해진다. 보일러의 구성 부분이 과열에 의해서 강도가 감소되고, 이 때문에 내부의 증기압력에 견디지 못하고 변형이 생기며 심할 때는 보일러 내부의 유체가 분출되고 파열을 일으키기도 한다. 이와 같은 변형 현상은 압축응력을 받는 부분과 인장응력을 받는 부분으로 나눌 수 있다.

㈎ 압축응력을 받는 부분은 압궤를 일으킨다.

㈏ 인장응력을 받는 부분은 팽출한다.
② 압축응력을 받아 압궤를 일으키는 보일러의 구성 부분은 노통, 연소실, 관판 등이고 인장응력을 받아 팽출을 일으키는 부분으로는 횡연관 보일러의 동저부, 수관 등이 있다.

② 저수위 사고

(1) 저수위 사고의 원인
① 저수위 제어기의 고장
② 보일러수의 순환 불량
③ 수위의 오판
④ 수면계의 연결관 막힘
⑤ 분출장치의 누수
⑥ 급수배관의 막힘
⑦ 급수 역지밸브 고장
⑧ 증기 발생량의 과다
⑨ 급수장치의 고장

(2) 저수위 사고의 방지 대책
① 수면계의 수위를 감시한다.
② 수면계의 통수관이 관석으로 막혀 있지 않도록 적시에 청소한다.
③ 수면계 유리가 관석으로 오탁되어 있는 것을 닦아낸다.
④ 저수위 경보기 부착 시 저수위 경보기의 기능이 유지되도록 한다.
⑤ 자동 연소차단장치를 부착하고, 그의 기능을 유지하도록 적시에 점검한다.
⑥ 부하 변동이 심할 때는 사전에 대비한다.
⑦ 보일러의 급수탱크 수원을 충분히 확보한다.
⑧ 급수장치에 이상이 없도록 한다.
⑨ 저수위가 되면 즉시 연소를 중단하고 서서히 급수한다.
⑩ 관수 분출 작업은 부하가 적을 때 한다.
⑪ 분출밸브의 누설이 없도록 한다.
⑫ 처음 가동을 위한 점화 작업은 반드시 보일러 관수를 확인한 후 실시한다.
⑬ 저수위 경보기의 전기회로를 점검한다.
⑭ 예기치 않은 정전에 대비한다(인젝터의 설치 또는 연소 중단).
⑮ 급수관에 체크밸브를 부착한다.

③ 포밍, 프라이밍, 캐리오버, 워터해머

(1) 포밍(forming : 물거품 현상)
유지분, 부유물 등에 의하여 보일러수의 비등과 함께 수면부에 거품을 발생시키는 현상

(2) 프라이밍(priming : 비수 현상)

관수의 격렬한 비등에 의하여 기포가 수면을 파괴하고 교란시키며 수적이 비산하는 현상

> **참고 | 포밍, 프라이밍의 발생 원인과 방지 대책**
>
> - 발생 원인
>   ① 주증기밸브를 급히 개방할 때
>   ② 고수위로 운전할 때
>   ③ 증기 부하가 과대할 때
>   ④ 보일러수가 농축되었을 때
>   ⑤ 보일러수 중에 부유물, 유지분, 불순물이 많이 함유되어 있을 때
> - 방지 대책
>   ① 주증기밸브를 천천히 개방할 것
>   ② 정상수위로 운전할 것
>   ③ 과부하가 되지 않도록 운전할 것
>   ④ 보일러수의 농축을 방지할 것
>   ⑤ 보일러수 처리를 철저히 하여 부유물, 유지분, 불순물을 제거할 것

(3) 캐리오버(carry over : 기수공발)

용수 중의 용해물이나 고형물, 유지분 등에 의하여 수적이 증기에 혼입되어 운반되는 현상을 말하며, 포밍, 프라이밍에 의해 발생한다.

(4) 수격 작용(water hammer : 물망치 작용)

증기 계통에 고여 있던 응축수가 송기 시 고온·고압의 증기에 밀려서 배관을 강하게 치는 현상이다.

> **참고 | 수격 작용의 방지 대책**
>
> ① 송기 시 주증기밸브를 서서히 개방할 것 ② 증기 배관 보온을 철저히 할 것
> ③ 드레인 빼기를 철저히 할 것   ④ 증기 트랩을 설치할 것
> ⑤ 포밍, 프라이밍 현상을 방지할 것

4 부식 사고

보일러 구성 철재는 가동 시에는 항상 가열되고 내부에는 수분과 접하고 있기 때문에 부식이 발생된다.

> **참고** 부식의 종류

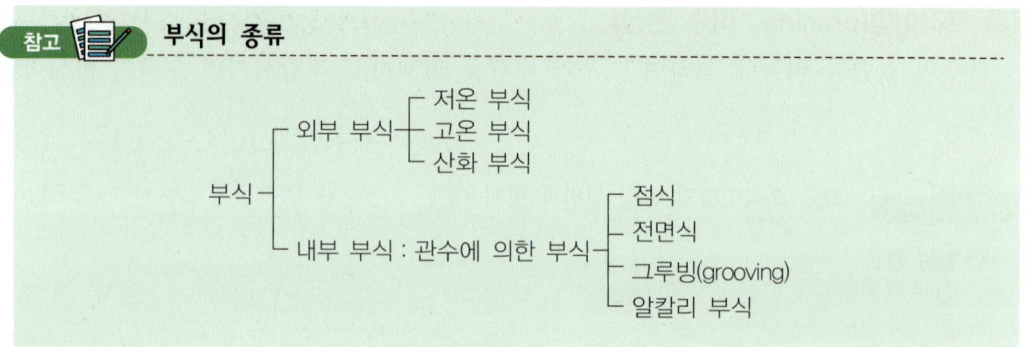

(1) 외부 부식

① 저온 부식 : 황분에 의한 현상으로 석탄 연료를 사용할 때에도 발생하나 특히, 황분이 많은 중유 보일러 본체(수관, 노통판 등)의 가스측과 절탄기, 공기예열기의 비교적 저온대에 위치하는 부분에서 발생하기 쉽다.

> **참고** 저온 부식의 방지 대책
>
> 연료의 선택, 연료 공기의 예열이 그 대책이 되나 가스측 부착물의 조기 제거 작업이 가장 중요하다. 큰 시설에서는 연료에 첨가제로서 암모니아 가스, 백운석 또는 산화마그네슘의 분말을 혼합하여 SO_2의 발생을 방지하는 방법도 채택되고 있다.
> - 황분이 적은 연료(탈황중유 또는 저유황중유 등)를 사용할 것
> - 적은 과잉 공기량으로 연소할 것
> - 노점온도를 낮추는 연료첨가제(수산화마그네슘 등)를 이용할 것
> - 연소 배기가스 온도가 너무 낮아지지 않도록 할 것
> - 증기식 공기예열기 등을 병설하여 저온 전열면을 통과하는 가스의 온도가 너무 낮아지지 않도록 할 것
> - 내식성 재료를 사용할 것
> - 연소 초기에는 부연도(바이패스 연도)를 사용할 것
> - 절탄기나 공기예열기에 공급되는 유체의 온도를 높게 유지할 것

② 고온 부식 : 중유 연료의 연소 시에 중유 중에 포함되어 있는 바나듐(V)이 산화된 후 오산화바나듐(V_2O_5)으로 되어 고온의 전열면에 융착하여 550℃ 이상이 되면 부식이 발생한다.

> **참고** 고온 부식의 방지 대책
> - 연료 중의 바나듐, 나트륨, 황분을 제거할 것
> - 첨가제(돌로마이트, 알루미나 분말)를 가하여 바나듐의 융점을 높일 것
> - 전열면은 내식재료를 사용하거나 내식처리를 할 것
> - 저공기비의 연소를 시켜, 융점이 높은 바나듐 산화물을 생성시킬 것
> - 전열면의 표면온도가 높아지지 않도록 설계할 것

③ 산화 부식 : 금속이 연소가스로 산화되어 표면에 산화 피막을 형성하는 것이다. 이러한 산화 작용은 금속 표면의 온도가 높을수록, 금속 표면이 거칠수록 강하게 나타난다.

(2) 내부 부식 : 점식, 전면식, 구식(그루빙)

(3) 보일러판의 손상

① 래미네이션(lamination)과 블리스터(blister) : 압연 강판이나 관의 두께 내부에 가스가 존재한 상태로 압연을 하였을 때, 판이나 관의 살이 2장으로 분리되는 현상을 래미네이션이라 하고, 이러한 부분에 고온의 열가스가 접촉하여 팽출하는 것을 블리스터라고 한다.

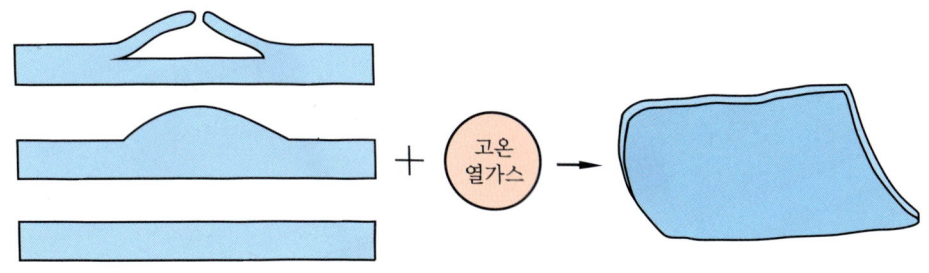

래미네이션과 블리스터

② 크랙(균열) : 보일러는 반복적인 응력을 받으므로 무리를 하고 있는 부분은 균열이 생기기 쉽다.

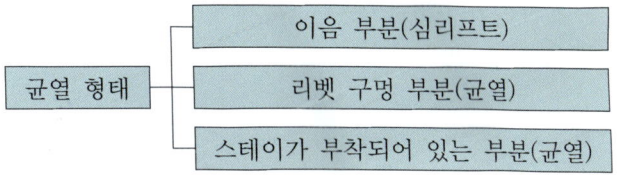

③ 보일러판의 파열 <중요>

㈎ 구조상 결함
  ㉮ 공작 불량
  ㉯ 설계 불량
  ㉰ 제작 불량
  ㉱ 재료 불량
  ⎱ 직접적인 원인이 된다.

㈏ 취급상 결함
  ㉮ 과열 : 스케일 부착, 저수위 사고 등으로 판의 강도 저하
  ㉯ 부식 : 급수처리 불량
  ㉰ 압력 초과 : 안전장치의 고장 또는 능력 부족

8-5 보일러의 급수 처리

1 보일러 급수(용수) 처리법

보일러 용수 처리방법은 외처리(1차 처리)와 내처리(2차 처리)로 분류하며, 분류 성질에 따라 화학적 처리법, 물리적 처리법, 전기적 처리법으로 나눈다.

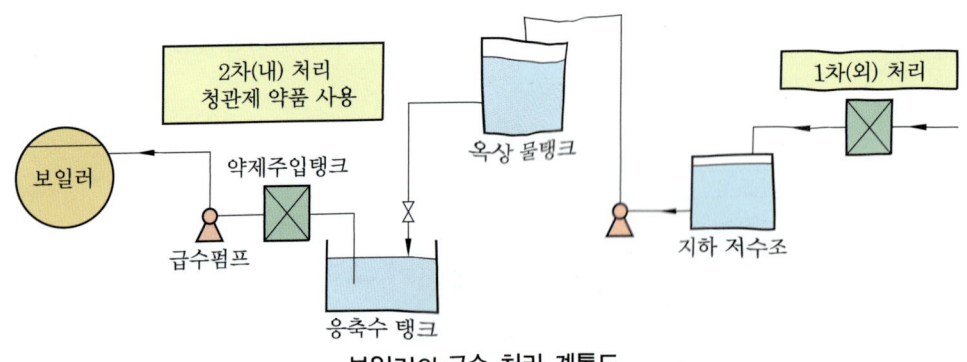

보일러의 급수 처리 계통도

2 급수 외처리(1차 처리)

(1) 용존가스분의 처리
① 탈기법 : 급수 중에 용존되어 있는 O_2나 CO_2 제거에 사용되지만 주목적은 O_2 제거이다.
② 기폭법 : 급수 중에 용존되어 있는 CO_2, Mn, Fe 등을 제거한다.

(2) 현탁질 고형물(불순물)의 제거
① 여과법 : 여과기 내로 급수를 보내어 불순물을 제거하는 방법으로서 침전속도가 느린 경우에 사용한다.
② 침전법(침강법) : 탱크 속에 물을 담그면 물보다 비중이 큰 0.1 mm 이상의 고형물이 비중차에 의한 침전으로 분리된다. 이 방법에는 자연 침전법과 기계적 침전법(원심력에 의한 급속 침전처리장치)의 두 가지가 있으며, 침전을 촉진시키기 위해서는 명반을 사용한다.
③ 응집법 : 급수 중에 콜로이드와 같은 미세한 입자들은 여과법이나 침전법으로 분리가 곤란하므로, 이런 경우에는 응집제(황산알루미늄, 폴리염화알루미늄)를 첨가하여 콜로이드와 같은 미세한 물질들을 흡착 응집시켜 제거하는 방법이다.

(3) 용존 고형물의 처리
① 약품첨가법 ② 증류법 ③ 이온교환법

3 급수 내처리(2차 처리)

(1) 청관제의 종류 중요
① 무기물 : 탄산소다, 가성소다, 아황산소다, 인산제3소다, 황산알루미늄
② 유기물 : 탄닌류, 전분(녹말) 등

(2) 슬러지 조정제
① 리그닌　　　　② 전분　　　　③ 탄닌

(3) 탈산소제
① 아황산소다　　② 히드라진　　③ 탄닌

(4) 경도 성분 연화제
① 탄산나트륨　　② 수산화나트륨　　③ 인산나트륨

(5) 가성취화 억제제
① 리그닌　　　　② 탄닌
③ 질산나트륨　　④ 인산나트륨

(6) 포밍방지제(기포방지제)
① 폴리아미드　　② 프탈산아미드
③ 고급 지방산 에스테르　　④ 고급 지방산 알코올

> **참고** 보일러수의 내처리 방법
> ① 청관제 사용법　　　　　② 아연판 부착법
> ③ 전기를 통하게 하는 법　④ 보호 피막에 의한 법
> ⑤ 페인트 도장법

핵심문제

05 보일러 용수처리법에서 용존가스 처리방법을 2가지 쓰시오.
　해답　① 탈기법　② 기폭법

06 보일러 용수처리에서 용존 고형물을 제거하는 방법을 3가지 쓰시오.
　해답　① 이온교환 수지법　② 증류법　③ 약품처리법

07 보일러 급수처리 방법 중 고체 협잡물 처리방법을 3가지 쓰시오.

> **해답** ① 침강법 ② 응집법 ③ 여과법

8-6 보일러의 청소 및 보존법

1 보일러의 청소

(1) 청소의 목적
① 사용 수명을 연장하기 위하여
② 연료를 절감하기 위하여
③ 사고(부식, 과열 사고)를 방지하기 위하여
④ 열효율을 향상시키기 위하여
⑤ 통풍 저항을 방지하기 위하여

(2) 청소 방법
① 내부 청소 : 기계적인 청소 방법, 화학적인 청소 방법
② 외부 청소 : 기계적인 청소 방법

(3) 각종 보일러에 알맞는 내부 청소 방법과 공구
① 노통 보일러
  • 기계적인 방법 : 스크레이퍼, 해머, 튜브클리너, 핸드브러시 등 공구 사용
② 연관 보일러와 노통연관 보일러
  • 화학세관방법 : 산세관, 알칼리세관, 유기산세관
③ 수관 보일러
  ㈎ 기계적인 방법 : 해머, 튜브클리너 등 공구 사용
  ㈏ 화학세관방법 : 산세관, 알칼리세관, 유기산세관

(4) 외부 청소법
보일러 외부에 부착한 그을음, 재 등을 제거하는 것으로 대개 기계적인 방법이 많이 사용되고 있다.
① 수트블로어(soot blower : 그을음 제거기) : 보일러의 전열면 외부나 수관 주위에 부착해 있는 그을음이나 재를 불어 제거시키는 장치이며 증기나 압축공기가 주로 사용된다. 압축공기식이 편리하지만 설비비, 운전비 면에서 증기분사식이 유리하다.

② 스크레이퍼(scraper)
③ 와이어 브러시(wire brush) : 연관 내부 그을음 제거 시 사용한다.
④ 튜브클리너(tube cleaner) : 수관 내에 부착된 스케일 제거에 사용하며 한 장소에서 3초 이상 머물지 않도록 해야 한다.
⑤ 스케일링 해머(scaling hammer)
⑥ 스케일 커터(scale cutter)

2 보일러의 보존법

보일러를 사용 중지하고 방치하면 내외면에 부식이 촉진되어 안전도 저하, 수명 단축 등의 영향을 미친다. 이러한 영향을 줄이기 위하여 적절한 보존 유지 기술이 필요하며, 이 보존 기술은 중지 목적, 기간, 장소, 계절 등을 고려하여 행하여야 한다.

(1) 만수 보존법(습식 보존법) – 단기(3개월 이내) 보존법

보일러 내부를 충분히 청소하고 관수를 충만시켜 보존하는 방법으로 동결 우려가 없을 경우나 건식 보존이 어려울 경우에 실시한다.

(2) 건조 보존법(밀폐식) – 장기(3개월 이상) 보존법

관수를 전량 배출 후 청소를 실시하고 완전히 건조시켜 밀폐 보존하는 방법(동결 사고 예상 시 실시)

① 소다 만수 보존법(청관 보존법) : 알칼리도 약 300 ppm(NaOH)의 수용액을 사용하여 보통 만수 보존법과 같은 요령으로 한다.
② 석회 밀폐 건조법 : 휴관기간이 6개월 이상(최장기 보존법)이며 청소 및 건조 후 내부에 흡습제(건조제)를 넣어 놓은 후 밀폐시킨다.
③ 질소(N_2)가스 봉입법 : 건조 보존법에서 질소 가스(압력은 0.06 MPa 정도)를 넣어 봉입한다.

Chapter 9

배관 공작

- **9-1** 배관 재료
- **9-2** 배관 공작
- **9-3** 배관 도시

Chapter 09 >>> 배관 공작

9-1 배관 재료

■ **배관의 관재료**
① 철금속관 : 강관, 주철관
② 비철금속관 : 연관, 동관, 알루미늄관, 스테인리스관 등
③ 비금속관 : PVC관, 철근콘크리트관, 원심력 철근콘크리트관, 석면 시멘트관 등

1 강관(steel pipe)

(1) 용도 : 물, 공기, 유류, 가스, 증기 등의 유체 배관에 쓰인다.

(2) 특징
① 연관, 주철관보다 가격이 저렴하다. ② 관의 접합 작업이 용이하다.
③ 가볍고, 인장강도가 크다. ④ 내충격성 및 굴요성이 크다.

> **참고**  **스케줄 번호**
>
> 스케줄 번호는 관의 두께를 표시하는 번호로 스케줄 번호(SCH) = $10 \times \dfrac{\text{사용압력}}{\text{허용응력}}$ 으로 나타낸다.
>
> 여기서, 사용압력 : kgf/cm², 허용응력$\left(= \dfrac{\text{인장강도}}{\text{안전율}}\right)$: kgf/mm², 10 : 분모, 분자 단위를 맞춰 주기 위한 수

핵심문제

01 사용압력이 40 kgf/cm², 인장강도가 20 kgf/mm²일 때의 스케줄 번호는? (단, 안전율은 4로 한다.)

해답 스케줄 번호(SCH) = $\dfrac{\text{사용압력}}{\left(\dfrac{\text{인장강도}}{\text{안전율}}\right)} \times 10 = \dfrac{40}{\left(\dfrac{20}{4}\right)} \times 10 = 80$

(3) 강관의 종류와 용도

강관은 용도에 따라 배관용, 수도용, 열전달용, 구조용으로 분류하며 강관의 종류에 따른 KS 규격 기호와 용도를 정리하면 다음과 같다.

	종류	KS 규격 기호	용도
배관용	배관용 탄소 강관	SPP	사용 압력이 낮은 증기, 물, 기름, 가스 및 공기 등의 배관용, 호칭지름 15~650 A
	압력 배관용 탄소 강관	SPPS	350℃ 이하에서 사용하는 압력 배관용, 압력 10~100 kg/cm^2, 호칭지름 6~500 A
	고압 배관용 탄소 강관	SPPH	350℃ 이하에서 사용 압력이 높은 고압 배관용, 관지름 6~168.3 mm 정도
	고온 배관용 탄소 강관	SPHT	350℃ 초과 온도의 배관용, 호칭지름 6~500 A
	배관용 아크 용접 탄소 강관	SPW	사용 압력이 10 kg/cm^{2}의 낮은 증기, 물, 기름, 가스 및 공기 등의 배관용, 호칭지름 350~1500 A
	배관용 합금 강관	SPA	주로 고온도의 배관용, 호칭지름 6~500 A
	저온 배관용 강관	SPLT	빙점 이하, 특히 저온도 배관용, 호칭지름 6~500 A
	배관용 스테인리스 강관	STS×TP	내식·내열용 및 고온·저온 배관용, 호칭지름 6~500 A
수도용	수도용 아연 도금 강관	SPPW	급수 배관용, 호칭지름 10~300 A
	수도용 도복장 강관	STPW	급수 배관용, 호칭지름 80~2400 A
열전달용	보일러·열교환기용 탄소 강관	STH	관의 내외면에서 열의 교환을 목적으로 하는 곳에 사용된다.(보일러의 수관, 연관, 과열관, 공기예열관, 화학공업 및 석유공업의 열교환기, 가열로관 등에 사용)
	보일러·열교환기용 합금 강관	STHA	
	보일러·열교환기용 스테인리스 강관	STS×TB	
	저온·열교환기용 강관	STLT	빙점 이하의 특히 낮은 온도에서 열의 교환을 목적으로 하는 관에 사용된다.(열교환기관, 콘덴서관에 사용)
구조용	일반 구조용 탄소 강관	SPS	토목, 건축, 철탑, 지주와 기타의 구조물용
	기계 구조용 탄소 강관	STKM	기계, 항공기, 자동차, 자전거 등의 기계 부분품용
	구조용 합금 강관	STA	항공기, 자동차, 기타의 구조물용

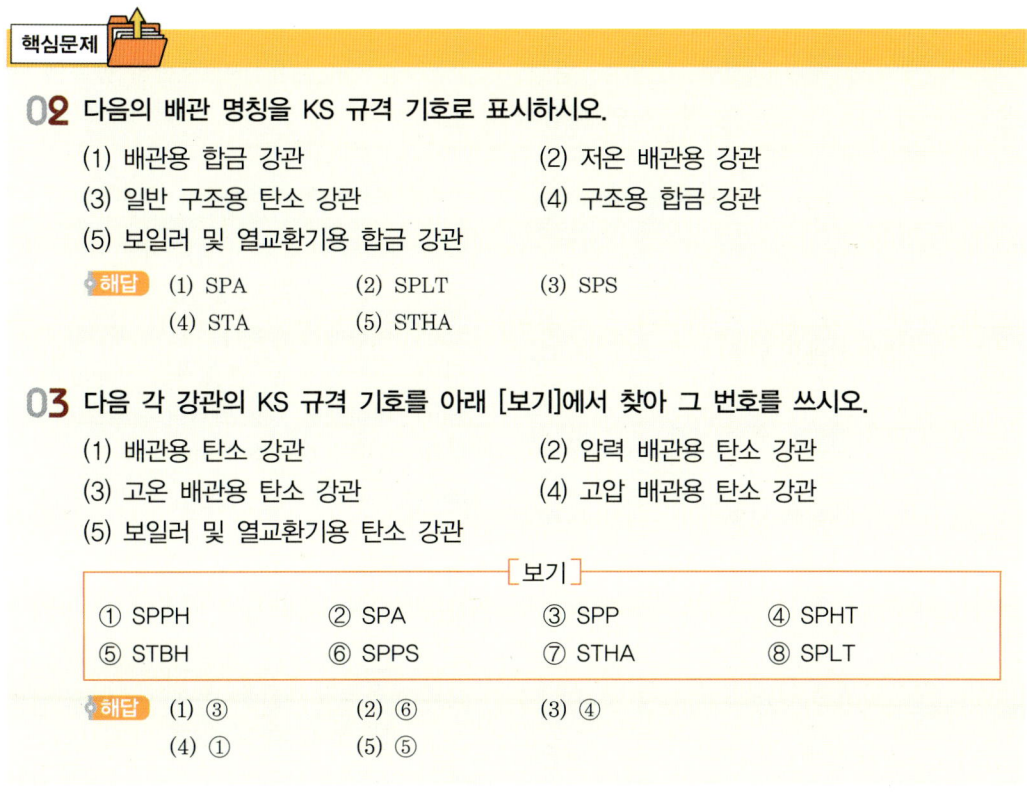

핵심문제

02 다음의 배관 명칭을 KS 규격 기호로 표시하시오.
  (1) 배관용 합금 강관   (2) 저온 배관용 강관
  (3) 일반 구조용 탄소 강관   (4) 구조용 합금 강관
  (5) 보일러 및 열교환기용 합금 강관

  해답 (1) SPA   (2) SPLT   (3) SPS
        (4) STA   (5) STHA

03 다음 각 강관의 KS 규격 기호를 아래 [보기]에서 찾아 그 번호를 쓰시오.
  (1) 배관용 탄소 강관   (2) 압력 배관용 탄소 강관
  (3) 고온 배관용 탄소 강관   (4) 고압 배관용 탄소 강관
  (5) 보일러 및 열교환기용 탄소 강관

  [보기]
  ① SPPH   ② SPA   ③ SPP   ④ SPHT
  ⑤ STBH   ⑥ SPPS   ⑦ STHA   ⑧ SPLT

  해답 (1) ③   (2) ⑥   (3) ④
        (4) ①   (5) ⑤

2 주철관(cast iron pipe)

(1) 용도
급수관, 배수관, 통기관, 케이블 매설관, 오수관, 가스공급관, 광산용 양수관, 화학공업용 배관 등에 사용된다.

(2) 재질별 분류
① 일반 보통 주철관 : 외압 및 충격에는 약하나 내구성·내식성이 있다.
② 고급 주철관 : 흑연의 함량을 적게 하여 강성을 첨가한 것으로 기계적 성질이 우수하며 강도가 크다.
③ 구상 흑연 주철관 : 선철을 강에 배합한 것으로 질이 균일하고 강도가 크다.

(3) 특징
① 다른 관보다 강도가 크다.
② 내구성 및 내식성이 뛰어나 지중 매설용으로 적합하다.

3 비철 금속관

(1) 동관

① 동관의 특징
　㈎ 열전도성이 좋고 내식성이 매우 뛰어나다.
　　㉮ 산성(초산, 진한 황산)에는 약하다.
　　㉯ 알칼리성(가성소다)에는 강하다.
　　㉰ 연수에는 부식성이 있다(담수에는 보호피막이 생성되어 내식성이 있다).
　㈏ 전성 및 연성이 풍부하다.
　㈐ 마찰 저항에 의한 손실이 적다.
　㈑ 무게가 가볍고 매우 위생적이다.
　㈒ 외부 충격에 약하고 가격이 비싸다.

② 동관의 종류
　㈎ 인탈산 동관(DCup : Deoxidized copper pipe)
　㈏ 무산소 동관(OFCup : Oxygen Free copper pipe)
　㈐ 터프 피치 동관(TCup : Tough pitch copper pipe)
　㈑ 동합금관(copper alloy tube)

참고 **동관의 분류**

① 동관의 표준치수는 KS 기준에 따라 K, L, M형의 3가지로 구분된다.
　• K : 의료 배관
　• L : 의료 배관, 급·배수 배관, 급탕 배관, 냉·난방 배관
　• M : L형과 같다.
② KS 기준에서는 질별 특성에 따라 연질(O), 반연질(OL), 반경질(1/2H), 경질(H)의 4종류로 나누기도 한다.

핵심문제

04 동관의 장점을 4가지 쓰시오.

　해답　① 열전도성이 좋고 내식성이 매우 좋다.
　　　　② 전성 및 연성이 풍부하다.
　　　　③ 마찰 저항에 의한 손실이 적다.
　　　　④ 무게가 가볍고 매우 위생적이다.

(2) 연관(납관, lead pipe)
① 산에는 강하나 알칼리에 침식된다. ② 전연성이 풍부하고 가공성이 좋다.
③ 굴곡이 용이하다. ④ 무겁고, 가격이 비싸다.

(3) 알루미늄관(aluminium pipe)
① 동 다음으로 전기 및 열전도율이 높다.
② 전연성 및 가공성이 우수하다.
③ 내식성이 뛰어나다.
④ 가볍고, 기계적 성질이 우수하여 항공기에 많이 사용된다.

(4) 스테인리스관(austenitic stainless pipe)
① 내식성, 내열성이 있다.
② 관내 마찰손실이 작다.
③ 강도가 크며 굽힘 작업이 곤란하다.
④ 열전도율이 낮다.
⑤ 나사식, 용접식, 몰코식, 플랜지 이음법 등의 특수 시공이 편리하다.

(5) 주석관(tin pipe)
상온에서 물, 공기, 묽은 염산에 침식되지 않는다.

4 비금속관

(1) 합성수지관(plastic pipe)
① 경질 염화비닐관(PVC : poly vinyl chloride)
  (가) 전기에 대한 절연성이 우수하다.
  (나) 내식성, 내산성, 내알칼리성이 크다.
  (다) 가볍고, 운반 취급이 용이하며 가공성이 풍부하다.
  (라) 저온에 약하여 한랭지에서는 주의를 요한다.
  (마) 가격이 저렴하고 시공비도 적게 든다.
② 폴리에틸렌관(PE : poly ethylene)
  (가) 가볍고 유연성이 좋다.
  (나) 전기적, 화학적 성질이 PVC관보다 뛰어나다.
  (다) 내한성이 우수해 한랭지 배관으로 적합하다.
  (라) 화력에 극히 약하고 장시간 일광에 노출 시 노화된다.

③ 고밀도 폴리에틸렌관(XL-pipe)
  (가) 가격이 저렴하고 시공이 용이하다.
  (나) 일반적으로 100℃ 이하의 온수 난방 배관용으로 사용된다.
  (다) 내식성 및 내구성이 크다.
④ 에이콘 관(acorn pipe)
  (가) 폴리부틸렌을 원료로 하여 제조된 관이다.
  (나) 나사 이음이나 용접 이음이 불필요하기 때문에 시공이 편리하다.
  (다) 내식성이 커서 온수 온돌 배관, 화학 배관, 압축 공기 배관용으로 사용된다.

(2) 석면 시멘트관(eternit pipe)
① 내식성, 내알칼리성이 크다.
② 재질이 치밀하고 강도가 크다.
③ 비교적 고압에도 잘 견딘다.
④ 석면과 시멘트의 비율을 1 : 5로 혼합하여 만든다.
⑤ 용도 : 수도용, 배수용, 가스용, 공업용수관 등의 매설관에 사용

(3) 철근 콘크리트관(reinforced concrete pipe)
철근을 넣은 수제 콘크리트관이며, 옥외 배수관으로 사용된다.

(4) 원심력 철근 콘크리트관(hume pipe)
흄관이라고 하며, 상하수도 및 배수로 등에 많이 사용된다.

(5) 도관(clay pipe)
점토를 주원료로 하여 성형 소성한 것으로, 내흡수성을 위해 유약으로 내처리하며 빗물 배수관으로 많이 사용된다.

5 배관 이음

(1) 강관용 이음
나사 결합형과 용접형이 있고 나사 결합형은 가단 주철제와 강관제가 있다.
① 나사 결합용
  (가) 나사 결합용의 사용처별 분류
    ㉮ 관을 도중에서 분기할 때 : 티(tee), 와이(Y), 크로스(cross) 등
    ㉯ 동경관을 직선 결합할 때 : 소켓, 니플, 유니언, 플랜지 등
    ㉰ 배관의 방향을 바꿀 때 : 벤드, 엘보

㉣ 이경관의 연결 : 부싱, 리듀서, 이경 엘보, 이경 티
㉤ 관의 분해, 수리 교체가 필요할 때 : 플랜지, 유니언 등
㉥ 관 끝을 막을 때 : 캡, 플러그, 막힘 플랜지

(나) 강관용 관 이음의 크기 표시 방법
㉮ 지름이 같은 경우 : 호칭지름으로 표시한다.
㉯ 지름이 2개인 경우 : 지름이 큰 관을 먼저 쓰고, 작은 관을 뒤에 쓴다.
  예 40×32, 20×15, 40×20
㉰ 지름이 3개인 경우 : 주관을 먼저 쓰고, 분기관을 나중에 쓴다.

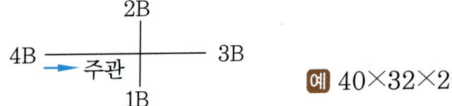

  예 40×32×20

㉱ 지름이 4개인 경우 : 주관의 지름이 큰 관부터 차례로 기입하고, 그 다음 분기관의 크기가 큰 관 순서로 기입한다.

  예 4B×3B×2B×1B

② 용접용 이음 : 일반적으로 맞대기 용접용 이음은 사용압력이 비교적 낮은 물, 증기, 공기, 가스, 기름 등의 배관에 사용된다.

③ 플랜지 이음
 (가) 용도 : 배관 중간이나 밸브, 열교환기, 펌프, 각종 기기의 연결 및 보수·점검·교체 등을 필요로 하는 곳에 많이 사용된다.
 (나) 플랜지용 개스킷 : 플랜지 접합부로부터의 누설을 방지하기 위한 패킹제이다.

핵심문제

05 강관 배관 작업 시 (1) 관을 도중에서 분기할 때와 (2) 관 끝을 막을 때 사용하는 관이음쇠의 종류를 각각 3가지 쓰시오.

  해답 (1) 티, 와이, 크로스   (2) 캡, 플러그, 막힘 플랜지

06 강관 배관 작업 시 관의 분해, 수리 교체를 위하여 사용하는 이음쇠의 종류 2가지를 쓰시오.

  해답 ① 유니언 ② 플랜지

07 강관 접합 방법 3가지를 쓰시오.
  해답 ① 나사 접합 ② 용접 접합 ③ 플랜지 접합

(2) 주철관 이음

① 플랜지 이음(flange joint)
　㈎ 뉴-메커니컬 이음이라고 하며, 고압 배관이나 펌프 등 장비 주위 배관에 사용된다.
　㈏ 이음 부분에 고무링(rubber ring)을 끼우고 압착 플랜지를 직관에 끼워 볼트로 체결한다.

② 기계적 이음(machanical joint)
　㈎ 지진 등 외압에 잘 견디며, 작업이 용이하다.
　㈏ 플랜지 이음과 유사하고, 고압에 잘 견딘다.

③ 소켓 이음(socket joint)
　㈎ 관의 합부분에 얀(yarn)을 넣고 납을 부어 다져서 이음한다.
　㈏ 급수관 : 합부분의 $\frac{1}{3}$ 을 얀, $\frac{2}{3}$ 를 납으로 채운다.
　㈐ 배수관 : 합부분의 $\frac{2}{3}$ 를 얀, $\frac{1}{3}$ 을 납으로 채운다.

▶ **얀(yarn)** : 방적 공정으로 만들어진 실 또는 이러한 실 몇 올을 꼬아 만든 실을 말한다.

④ 빅토릭 이음(victoric joint) : 주철관을 U자형의 고무링과 주철제 칼라로 눌러서 접합하는 이음
⑤ 타이톤 이음 : 원형의 고무링만으로 접합(기계적 이음 방법과 유사)

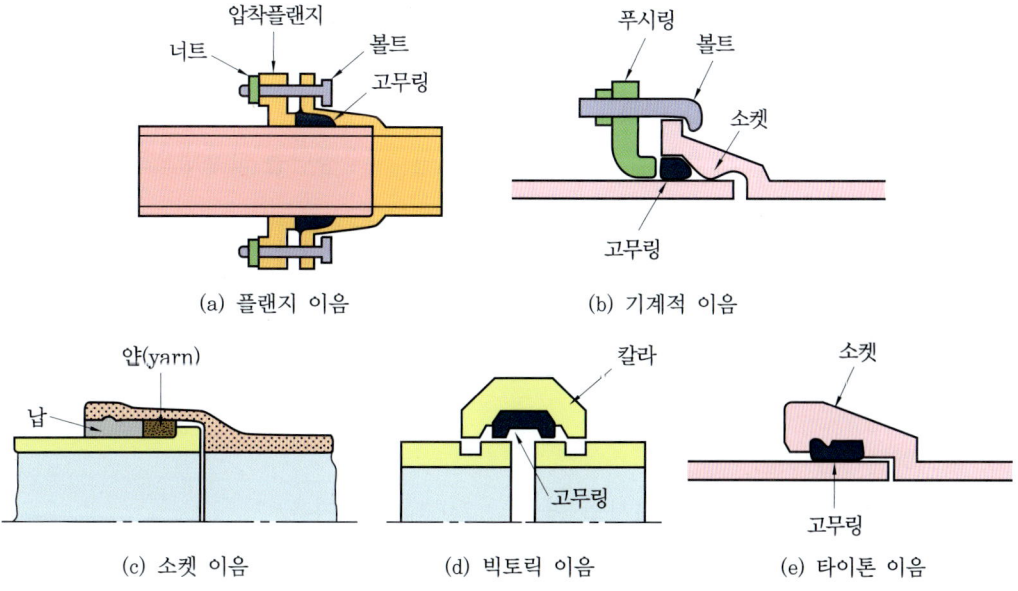

주철관 이음의 종류

> **핵심문제**
>
> **08** 주철관 접합 방법 5가지를 쓰시오.
>
> **해답** ① 소켓 접합 ② 플랜지 접합 ③ 빅토릭 접합 ④ 타이톤 접합 ⑤ 기계적 접합

(3) 동관용 관이음

동관 이음쇠는 황동제 플레어 이음쇠와 청동주물 이음쇠 및 순동 이음쇠로 나누어진다.

① 플레어 이음(flared tube fitting) : 플레어 이음쇠는 황동제로서 주로 플레어 접합에 이용되며 분리, 재결합 등이 쉽다. 이것은 사용 도중 분리할 필요가 있는 곳 또는 물기가 많거나 물을 제거할 수 없어 용접 접합이 어려울 때나 화재의 위험 등으로 인하여 용접 접합을 할 수 없는 곳에 이용된다(나팔관식 이음).

② 동합금 주물 이음(cast bronze fitting) : 청동주물로 이음쇠 본체를 만들고 관과의 접합 부분을 기계 가공으로 다듬질한 것이다.

③ 순동 이음(copper wrought fitting) : 순동 이음쇠는 주물 이음쇠의 결점을 보완하기 위하여 1938년 미국에서 처음으로 개발되었다. 모두 동관을 성형 가공시킨 것으로 주로 엘보, 티, 커플링(통상 소켓, 슬리브라고도 부름) 등이 있다.

(4) 스테인리스 이음

용접 접합용과 몰코 조인트 접합용이 있으나 최근 온수 온돌 배관용으로 몰코 접합을 많이 사용하고 있다.

(5) 석면 시멘트관(이터닛관) 이음

① 기볼트 이음(gibault joint) : 관 이음부에 슬리브를 끼워 양단을 고무링으로 막고 이 고무링을 주철제의 플랜지로 조이는 이음 방법

② 칼라 이음(collar joint) : 이터닛 칼라를 이용하여 석면을 관과 칼라 사이에 넣은 후 모르타르를 채워 이음하는 방법

③ 심플렉스 이음(simplex joint) : 이터닛 칼라를 이용하여 모르타르 대신에 고무링을 사용하여 이음하는 방법

(6) 폴리에틸렌관 이음

① 융착 슬리브 이음 ② 인서트 이음 ③ 테이퍼 이음

(7) XL관 이음

엘보, 티, 유니언, 밸브 소켓 등이 있으며 주로 온수 보일러 입·출구에서 강관과 연결하여 사용되는 경우가 많으므로 이음부에서 동관 이음부 어댑터와 병용한다.

6 신축 이음(expansion joint)

철은 선팽창계수가 1.2×10^{-5}이므로 강관인 경우 온도가 1℃ 변화할 때 1 m당 0.012 mm 정도 신축한다. 따라서 관내에 온수, 냉수, 증기 등이 통과할 때에 고온과 저온에 따른 관의 팽창, 수축이 생기며, 온도차가 커짐에 따라 배관의 팽창, 수축도 더욱 커져서 관, 기구 등을 파손하거나 구부러뜨리는데 이런 현상을 막기 위해 직선 배관 도중에 신축 이음을 설치한다.

(1) 루프형(loop type : 만곡형)
① 신축 곡관이라고도 하며 강관을 루프 모양으로 구부려서 그 구부림을 이용하거나 관 자체의 가요성을 이용하여 배관의 신축을 흡수한다.
② 고압에 잘 견디며 고장이 적다(고온·고압용).
③ 설치 장소를 많이 차지한다(옥외 배관용).
④ 곡률 반지름은 관지름의 6배 이상이다.
⑤ 배관의 신축 흡수에 의해 응력이 생긴다.

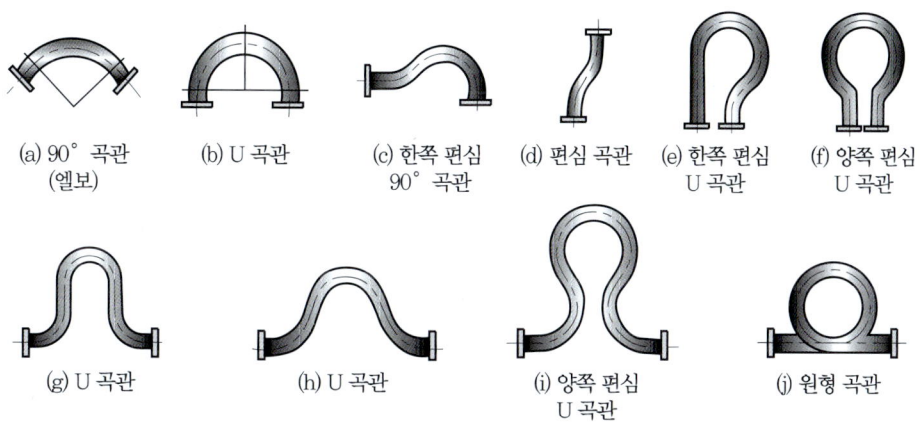

각종 신축 곡관

(2) 벨로스형(bellows type)
① 온도 변화에 의한 관의 신축을 벨로스(주름관)의 변형에 의해 흡수시키는 구조로서 팩리스 신축 이음이라고도 한다.
② 재료는 청동 또는 스테인리스강을 파형으로 주름 잡아 만든다.
③ 형식은 단식과 복식이 있으며, 기밀성이 우수하다.
④ 설치 장소는 적게 필요한 편이고, 응력이 생기지 않는다.
⑤ 고압 배관에는 부적당하다(80℃ 이하의 배관에 사용).

(3) 스위블형(swivel type)
① 스윙식이라고도 하며, 방열기 및 팬코일 유닛과 같은 장치 연결부에 사용된다.
② 2개 이상의 엘보를 사용하여 이음부의 나사 회전을 이용해서 배관의 신축을 흡수한다.
③ 굴곡부에서 압력 강하를 가져오고 신축량이 큰 배관에서는 나사 접합부가 헐거워져 누수의 원인이 된다.
④ 설비비가 싸고 쉽게 조립해서 사용할 수 있다.

(4) 슬리브형(sleeve type)
① 단식과 복식이 있고 50 A 이하의 것은 나사 결합식, 65 A 이상은 플랜지 결합식이다.
② 슬리브가 본체와 슬리브 사이에 설치된 패킹부를 미끄러지면서 신축을 흡수한다.
③ 저압 배관용이며, 장시간 사용 시 패킹의 마모로 누설의 위험이 있다.

(5) 볼 조인트(ball joint)
볼 부분의 회전에 의해 신축을 흡수하는 이음 방법이며 고온·고압의 배관에 사용된다.

▶ 신축량 비교
볼 조인트 > 루프형 > 슬리브형 > 벨로스형 > 스위블형

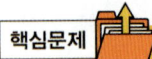

09 신축 이음장치 4가지를 쓰시오.

해답 ① 벨로스형 ② 슬리브형 ③ 루프형(만곡형) ④ 스위블형

---

7 밸브(valve)

밸브는 직선 배관 중에 설치하여 유체의 유량, 흐름의 단속, 압력, 방향 전환 등을 조절하는 데 사용된다.

(1) 게이트밸브(gate valve)
배관용으로 가장 많이 사용되는 밸브로서 슬루스밸브(sluice valve)라고도 한다.
① 유체의 흐름에 따른 관내 마찰저항 손실이 적다.
② 유량 조절용으로는 부적합하고 유로 개폐용으로 적합하다.
③ 단점 : 유량 조절에는 적당하지 않기 때문에 완전히 막고 사용하거나 완전히 열고 사용한다.

(2) 글로브밸브(globe valve)
① 유체의 저항은 크나 가볍고 값이 싸다.
② 관로 폐쇄 또는 유량 조절이 가능하다.
③ 스톱밸브(stop valve)라고도 한다.

(3) 앵글밸브(angle valve)
① 직각으로 굽어지는 장소에서 사용한다.
② 엘보와 글로브밸브를 조합한 것이며, 유체의 저항을 막는다.

(4) 니들밸브(needle valve)
밸브의 디스크 모양을 원뿔 모양으로 바꾸어서 유체가 통과하는 평면이 극히 작은 구조로 되어 있으며, 특히 유량이 적거나 고압일 때에 유량 조절을 누설 없이 정확히 행할 목적으로 사용된다.

(5) 체크밸브(check valve : 역지밸브)
① 유체를 한 방향으로만 흐르게 하고 역류를 방지하는 목적으로 사용된다.
② 종류
　㈎ 리프트식 : 수평 배관용
　㈏ 스윙식 : 수직, 수평 배관용
③ 펌프 흡입관 하부에 사용되는 풋밸브(foot valve)도 역지밸브의 일종이다.

(6) 콕밸브(cock valve)
① 콕을 90° 회전하면 유로가 완전히 개폐되는 구조로 유체에 대한 저항이 작다.
② 기밀성이 좋지 않고 고압, 대용량에 부적합하다.

(7) 볼밸브(ball valve)
① 볼에 구멍이 있고 핸들의 90° 조작으로 유체의 개폐 조작이 된다.
② 설치 공간을 적게 차지하며, 조작이 간단하다.
③ 가격이 저렴하다.

(8) 버터플라이밸브(butterfly valve)
① 밸브 안에 있는 원형 디스크를 회전시켜 유체 흐름을 조절한다.
② 구조 및 조작이 간단하고 유량 조절이 가능하다.
③ 설치 공간을 적게 차지하기 때문에 구경이 큰 배관에 사용된다.

(9) 감압밸브(pressure reducing valve) 중요

① 설치 목적
  ㈎ 고압관과 저압관 사이에 설치하여 고압측 유체의 압력을 필요한 압력으로 낮추어 준다.
  ㈏ 부하를 받는 배관 내 유체의 압력을 일정하게 유지시켜 준다.
  ㈐ 고압의 증기와 저압의 증기를 동시에 사용 가능하다.

② 종류
  ㈎ 작동 방법에 따라 : 피스톤식, 다이어프램식, 벨로스식
  ㈏ 내부 구조에 따라 : 스프링식, 추식
  ㈐ 압력 제어 방식에 따라 : 자력식(파일럿 작동식, 직동식), 타력식

(10) 안전밸브(safty valve)

① 중추식(dead-weight type) : 정지 보일러용으로 추의 중량에 의하여 분출압력을 조절한다.
② 레버식(lever type) : 추와 레버를 이용하여 추의 위치에 따라 분출압력을 조절하며, 고압용으로는 적당하지 않다.
③ 스프링식(spring type) : 스프링의 탄성에 의하여 분출압력을 조절하며, 안전밸브 중 가장 많이 사용된다. 이것은 형식에 따라 단식, 복식 및 이중식으로 분류된다.

(11) 공기빼기밸브(air vent valve)

① 배관 라인의 유체 속에 섞인 공기, 그 밖의 기체가 유체에서 분리, 체류하게 됨으로써 유량을 감소시키는 현상을 제거해주기 위해 장치하는 밸브이다.
② 공기빼기 밸브는 난방장치에 주로 사용된다.

(12) 솔레노이드밸브(solenoid valve : 전자밸브)

① 화염 검출기, 저수위 경보기, 압력 차단 스위치, 송풍기 작동 여부에 따라 작동하고 비상시에 연료를 차단한다.
② 작동 원리 : 전자기적인 현상에 의해 작동되며 파일럿식과 직동식이 있다.

▶ 솔레노이드밸브는 바이패스 배관을 하지 않는다.

핵심문제

10 다음 설명에 해당하는 밸브의 명칭을 쓰시오.
  (1) 유체를 한쪽 방향으로만 흐르게 하며 유체의 압력 또는 중력에 의하여 유로를 폐쇄하는 밸브

(2) 파이프의 횡단면에 평행하게 작동하며, 일명 게이트밸브라 하여 유량 조절이 부적당하고 완전히 개방하면 유체의 저항이 작게 걸리는 밸브

(3) 밸브의 리프트(lift)가 작아 개폐시간이 짧고 누설이 적으며 유량 조절에 적당하나 유체의 흐름이 급격히 변화하여 유체의 저항이 많이 작용하는 밸브로 일명 스톱밸브라 불리는 밸브

(4) 내부 구조가 글로브밸브와 비슷하며 유체의 흐름방향을 90°로 바꾸어 주는 데 사용하는 밸브

(5) 콕(cock)이라 하며 핸들의 90° 회전으로 유로를 급개폐할 수 있으며 유체의 저항이 적으나 기밀 유지가 어려운 밸브

해답 (1) 체크밸브 (2) 슬루스밸브 (3) 글로브밸브
     (4) 앵글밸브   (5) 볼밸브

9-2 배관 공작

1 배관 공작용 공구와 기계

(1) 강관 공작용 공구 및 기계

① 파이프 커터(pipe cutter) : 강관을 절단할 때 사용하며 1개의 날에 2개의 롤러가 장착되어 있는 것과 날만 3개로 되어 있는 것이 있다. 크기는 관을 절단할 수 있는 관지름으로 표시한다.

② 쇠톱(hack saw) : 관 절단용 공구로서 피팅홀(fitting hole)의 간격에 따라 200 mm, 250 mm, 300 mm의 3종류가 있다. 톱날의 산수는 공작물에 따라 선택 사용해야 한다.

③ 파이프 바이스(pipe vise) : 관의 절단과 나사 절삭 및 조립 시 관을 고정시키는 데 사용되며 크기는 고정 가능한 관지름으로 표시한다.

④ 파이프 리머(pipe reamer) : 관 절단 후 생기는 거스러미(burr)를 제거한다.

⑤ 파이프 렌치(pipe wrench) : 관 및 부속품을 분해시키거나 나사를 조립할 때 사용하는 공구이며, 종류에는 보통형, 강력형, 체인형(200 A 이상 관에서 사용) 등이 있다. 크기는 입을 최대로 벌려 놓은 전장으로 표시한다.

⑥ 수동형 나사절삭기(pipe threader)
  (가) 오스터형 : 오스터의 날(체이서)은 보통 4개가 한 조(jaw)로 나사를 절삭한다.
  (나) 리드형 : 2개의 체이서와 4개의 조(jaw)로 되어 있고 좁은 공간에서의 작업이 가능하다.

⑦ 스패너(spanner) 및 멍키(monkey) : 각종 너트 및 볼트를 조이고 풀기 위하여 사용한다.

⑧ 동력 나사절삭기 : 오스터식, 호브식, 다이헤드식
▶ 다이헤드식 나사절삭기(현장 용어 : 미싱) : 관의 절단, 거스러미 제거, 나사 절삭을 연속적으로 작업할 수 있는 기계

⑨ 파이프 벤딩 머신(pipe bending machine)
  ㈎ 로터리식(rotary type) : 공장에서 같은 모양의 벤딩된 제품을 대량 생산할 때 적합하며 관에 심봉을 넣고 구부린다.
    ㉮ 상온에서는 관의 단면 변형이 없다.
    ㉯ 두께에 관계없이 강관, 동관, 황동관, 스테인리스 강관 등 어느 것이나 쉽게 벤딩할 수 있다.
  ㈏ 램식(ram type) : 현장용으로 많이 쓰이며 수동식은 50 A, 모터를 부착한 동력식은 100 A 이하의 관을 냉간 벤딩할 수 있다.

핵심문제

11 동력을 사용하는 나사절삭기의 종류 3가지를 쓰시오.
  해답 ① 오스터식 ② 호브식 ③ 다이헤드식

12 강관 공작용 기계 중 다이헤드식 나사절삭기로 할 수 있는 작업을 3가지 쓰시오.
  해답 ① 관의 절단 ② 거스러미 제거 ③ 나사 절삭

13 다음 [보기]는 강관 굽힘가공을 위해 쓰이는 기계에 관한 설명이다. (　) 안에 알맞은 말을 쓰시오.

[보기]
강관의 굽힘가공을 위해 사용되고 있는 파이프 벤딩 머신은 센터 포머, 앤드 포머, 램 실린더, 잭 또는 유압 펌프 등으로 구성된 이동식 현장용인 (①)식과, 공장에서 동일 모양의 굽힘된 제품을 다량 생산할 때 사용하는 (②)식으로 구분된다.

  해답 ① 램 ② 로터리

(2) 연관용 공구
① 벤드벤(bend ben) : 연관을 굽힐 때나 펼 때 사용한다.
② 턴핀(turn pin) : 접합하려는 연관의 끝부분을 소정의 관지름으로 넓힌다.
③ 맬릿(mallet) : 턴 핀을 때려 박든가 접합부 주위를 오므리는 데 사용한다.
④ 봄볼(bome ball) : 분기관 따내기 작업 시 주관에 구멍을 뚫는 공구
⑤ 드레서(dresser) : 연관 표면의 산화물을 깎아낸다.

(3) 동관 작업 시 공구 중요

① 튜브 벤더(tube bender) : 동관 벤딩용 공구
② 익스팬더(expander, 나팔관 확관기) : 동관의 관 끝 확관용 공구
③ 파이프 커터(pipe cutter) : 동관(소구경) 절단용 공구
④ 리머(reamer) : 동관을 절단 후 관의 내외면에 생긴 거스러미를 제거하는 데 사용한다.
⑤ 토치 램프(torch lamp) : 납땜 이음, 구부리기 등의 부분적 가열용, 가솔린용, 경유용이 있다.
⑥ 사이징 툴(sizing tool) : 동관의 끝부분을 원으로 정형한다.
⑦ 플레어링 툴 세트(flaring tool set) : 동관의 압축 접합에 사용된다(동관의 끝을 접시 모양으로 만들 때 사용된다).

(4) 주철관용 공구

① 납 용해용 공구 세트   ② 클립   ③ 코킹 정   ④ 링크형 파이프 커터

(5) PVC관 시공용 공구

① 가열기   ② 열풍 용접기   ③ 파이프 커터   ④ 리머

핵심문제

14 동관 접합방법 2가지를 쓰시오.

해답 ① 플레어 접합(압축 접합) ② 용접 접합

15 동관 작업 시 필요한 공구 명칭 5가지를 쓰시오.

해답 ① 동관 커터 ② 리머 ③ 사이징 툴 ④ 익스팬더(확관기) ⑤ 튜브 벤더
⑥ 플레어링 툴 세트 ⑦ 토치 램프

16 동관의 끝을 나팔관 모양으로 확관하여 기계적으로 접합할 때 (1) 접합 방법과 (2) 공구 명칭을 쓰시오.

해답 (1) 플레어링 이음(압축이음) (2) 플레어링 툴 세트

17 다음 (1)~(3)의 동관 작업에 사용되는 공구 명칭을 쓰시오.
(1) 동관의 끝을 나팔관 모양으로 확관하여 기계적으로 접합할 때
(2) 동관의 끝을 확관할 때
(3) 동관의 끝을 원형으로 교정할 때

해답 (1) 플레어링 툴 세트 (2) 익스팬더(확관기) (3) 사이징 툴

2 관의 접합 및 벤딩 가공

(1) 강관의 접합 및 벤딩 가공

① 나사 접합(50 A 이하의 소구경관용 접합 방법)

⑺ 관의 절단 : 수동 공구에 의한 방법과 동력 기계에 의한 방법, 가스 절단 방법 등이 있다.

⑻ 나사 절삭 및 조립 : 수동용 나사 절삭기로 나사 절삭을 하려면 절삭유를 수시로 치며 2~3회에 나누어 절삭해 준다. 나사 절삭 후에는 패킹제를 감은 후 이음쇠를 끼워준다. 동력에 의한 절삭 방법은 공장, 현장 등에서 다량의 나사를 단시간에 절삭할 때 사용되며, 능률이 좋고 힘도 적게 든다. 나사 절삭 시 나사부의 길이는 필요 이상으로 길게 만들지 말아야 하며, 흔히 현장에서 나사용 패킹제로 삼(麻) 또는 실을 감는 일이 있는데, 이는 후일 썩어서 누설의 원인이 되므로 바람직하지 못하다.

⑼ 관의 길이 산출법 : 배관 도면에서 모든 치수는 관의 중심선을 기준으로 표시된다.

$$l = L - 2(A - a)$$

여기서, L : 배관의 중심선 길이
l : 관의 실제 길이
A : 이음쇠의 끝 단면에서 중심선까지의 길이
a : 나사가 물리는 길이

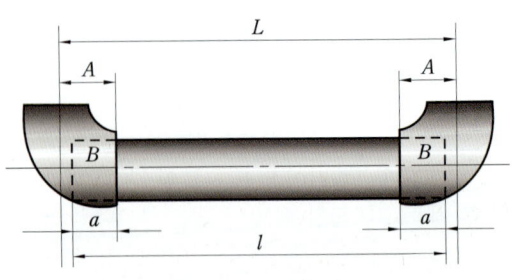

관의 실제 길이 산출

관 부속품에 따른 중심거리(A)와 최소 물림 길이(a)

호칭(A)	중심거리(A)		수나사 유효 나사부	최소 물림 길이(a)
부속명	엘보·티	45° 엘보		
15	27	21	15	11
20	32	25	17	13
25	38	29	19	15
32	46	34	22	17
40	48	37	22	18
50	57	42	26	20

핵심문제

18 그림과 같이 관 규격 20 A로 이음 중심간의 길이를 300 mm로 할 때 직관길이 l은 얼마로 하면 좋은가? (단, 20 A의 90° 엘보는 중심선에서 단면까지의 거리가 32 mm이고, 나사가 물리는 최소 길이가 13 mm이다.)

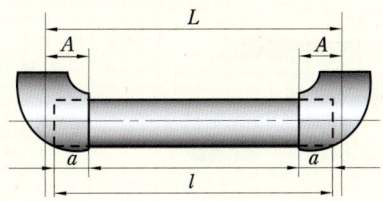

해설 배관의 중심선 길이를 L, 관의 실제 길이를 l, 부속의 끝 단면에서 중심선까지의 치수를 A, 나사가 물리는 길이를 a라 하면, $L = l + 2(A - a)$
∴ 실제 절단 길이 $l = L - 2(A - a)$ 식에 대입하여 풀면
$l = 300 - 2(32 - 13) = 262$ mm

배관 부속 공간 길이표

부속명 \ 관경	15 A	20 A	25 A	32 A	40 A
90° 엘보 동경 T	16(15)	19(20)	23(25)	29(30)	30
45° 엘보	10	12	14	17	19
유니언	10	12	12	13	
캡	9	11	13	13	
소켓	7	7	7	8	
동관 90° 엘보	15	20			
CM 어댑터	15				

이경 부속 \ 관경	리듀서	이경 90° 엘보		이경 T
20×15	6/8(7/7)	16/19(15/20)		16/19(15/20)
25×15	6/10(7/7)	17/22(15/25)		17/22(15/25)
25×20	7/7	19/22(20/25)		19/22(20/25)

주 • 괄호 안 수치는 작업형에서 활용하면 매우 편리하다.
• 모든 배관 부속은 파이프의 구경이 커지면 공간 길이도 늘어난다. 그러나 이경 엘보와 이경 티의 경우 파이프 구경이 커지면 공간 길이는 줄어든다.

엘보·티 관경	20 A×15 A	25 A×20 A
90°인 경우 공간 길이	20 mm×15 mm	25 mm×20 mm
이경인 경우 공간 길이	15 mm×20 mm	20 mm×25 mm

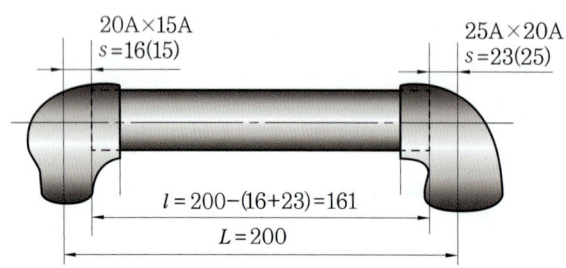

l : 실제 제작물 길이에서 공간 길이를 제외한 파이프 가공 길이
L : 실제 제작물 길이
s : 공간 길이

▶ 실제 공사 현장에서는 공간 길이표를 사용하지 않고 실측하여 배관 작업을 한다.
(위 그림에서 L의 길이를 실측하면 대략 160 mm의 결과가 나온다.)

② 용접 접합

(가) 접합 방법의 종류 : 가스 용접에 의한 방법과 전기 용접에 의한 방법이 있다. 용접 가공 방법에 따라 맞대기 이음과 슬리브 이음이 있는데, 슬리브 이음은 누수의 염려도 없고 관경의 변화도 없다. 슬리브의 길이는 관지름의 1.2~1.7배로 하는 것이 좋다.

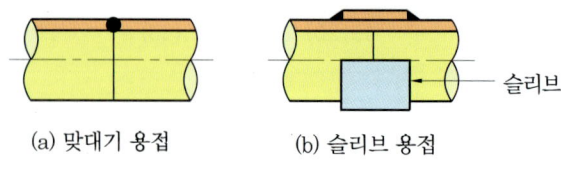

(a) 맞대기 용접   (b) 슬리브 용접

용접 가공 방법

(나) 용접 접합의 이점
  ㉮ 유체의 저항 손실이 적다.
  ㉯ 접합부의 강도가 강하며 누수의 염려도 없다.
  ㉰ 보온 피복 시공이 용이하다.
  ㉱ 중량이 가볍다.
  ㉲ 시설의 유지 보수비가 절감된다.

③ 플랜지 접합

(가) 접합 방법 및 용도 : 관 끝에 용접 이음 또는 나사 이음을 하고, 양 플랜지 사이에 패킹을 넣어 볼트 및 너트로 연결시키는 접합법이다. 배관 중간이나 밸브, 펌프, 열교환기, 각종 기기의 접속 및 기타 보수, 점검을 위하여 관의 해체, 교환을 필요로 하는 곳에 많이 사용된다.

(나) 접합 작업 시 주의 사항

㉮ 작업하기 쉬운 위치를 선택한다.

㉯ 플랜지의 볼트 및 너트를 조일 때에는 균일하게 대칭으로 조인다.

㉰ 볼트의 길이는 완전히 조인 후, 나사산이 1~2산 정도 남도록 해주는 것이 좋다.

④ 강관 굽힘(벤딩 가공)

(가) 굽힘 방법의 분류

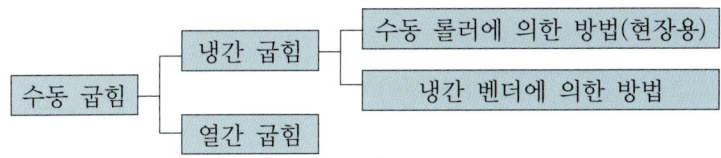

▶ **열간 굽힘** : 800~900℃까지 가열하여 굽힌다. (관을 바이스에 물릴 때는 용접선이 중간에 놓이도록 한다.)

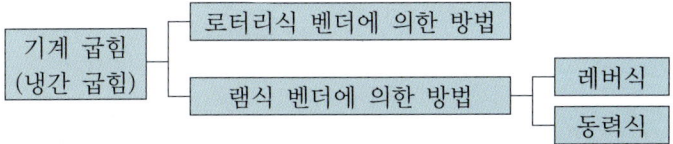

▶ 로터리식 벤더에 의한 방법은 기계 굽힘 시 모래 충전이 불필요하고, 동일 치수의 것을 L형, U형 등으로 다량 생산하는 데 이용되며, 램식 벤더는 일반적으로 유압 작동식으로 현장에서 많이 이용된다.

(나) 로터리식 벤더에 의한 굽힘의 결함과 원인

결함	원인
관이 미끄러진다.	• 관의 고정이 잘못되었다. • 관 고정용 클램프나 관에 기름이 묻었다. • 압력 조정이 너무 빡빡하다.
주름이 발생한다.	• 관이 미끄러진다. • 받침쇠가 너무 들어갔다. • 굽힘형의 홈이 관지름보다 크거나 작다. • 바깥지름에 비해 두께가 얇다. • 굽힘형이 주축에서 빗나가 있다.
관이 파손된다.	• 압력 조정이 세고 저항이 크다. • 받침쇠가 너무 나와 있다. • 굽힘 반지름이 너무 작다. • 재료에 결함이 있다.
관이 타원형으로 된다.	• 받침쇠가 너무 들어가 있다. • 받침쇠와 관 안지름의 간격이 크다. • 받침쇠의 모양이 나쁘다. • 재질이 무르고 두께가 얇다.

핵심문제

19 로터리 벤더(rotary vender)에 의한 구부림(벤딩)을 하였더니 주름이 발생하였다. 그 원인을 3가지 기술하시오.

해답
① 관이 미끄러진다.   ② 받침쇠가 너무 들어가 있다.
③ 굽힘형 홈이 관지름보다 크거나 작다.   ④ 바깥지름에 비해 두께가 얇다.
⑤ 굽힘형이 주축에서 빗나가 있다.

⑤ 대각선(빗변) 관의 길이 산출 : 피타고라스 정리에 의해 빗변의 중심 길이는 다음과 같다.

$$L^2 = l_1^2 + l_2^2$$

$$\therefore L = \sqrt{l_1^2 + l_2^2}$$

그리고 $l_1 = l_2 = l$ 이면 $L = l\sqrt{2}$

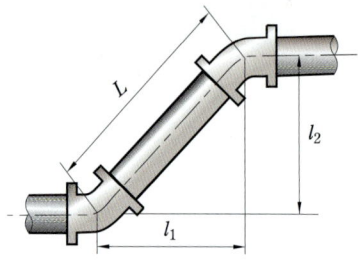

빗변 길이 산출

핵심문제

20 호칭지름 20 A인 강관을 2개의 45° 엘보를 사용해서 그림과 같이 연결하고자 한다. 밑변과 높이가 똑같이 150 mm라면 빗변 연결 부분의 관 실제 소요 길이는 얼마인가? (단, 물림 나사부의 길이는 13 mm로 한다.)

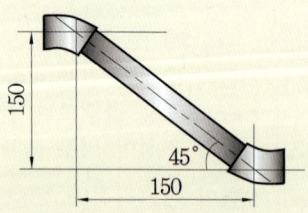

해답 피타고라스 정리에 의해 빗변의 중심 길이 $L = 150\sqrt{2} ≒ 212$ mm, 20 A 강관 45° 엘보의 A의 길이는 25 mm이므로 $l = L - 2(A-a)$의 식에 대입하여 풀면
$l = 212 - 2(25-13) = 188$ mm

⑥ 굽힘 길이(L) 산출

$$L = 2\pi r \times \frac{\theta}{360}$$

여기서, π(파이) : 근사값 3.14로 한다.
θ(세타각) : 곡선의 벌어진 정도를 나타냄
원둘레(원주) : $2 \times \pi \times$ 원의 반지름(r)

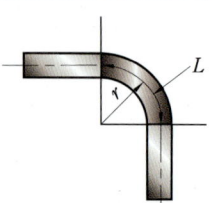

$\theta = 90°$ 인 경우
굽힘 길이 산출

> **핵심문제**
>
> **21** 호칭지름 15 A의 강관을 반지름(R) 80 mm로 90°의 각도로 구부릴 때 곡선의 길이는?
>
> **해답** 곡선의 길이(굽힘 길이) $= 2 \times \pi \times 반지름 \times \dfrac{\theta}{360}$
>
> $\qquad\qquad\qquad\qquad\quad \fallingdotseq 2 \times 3.14 \times 80 \times \dfrac{90}{360} \fallingdotseq 125.6$ mm

3 배관지지장치(배관지지쇠)

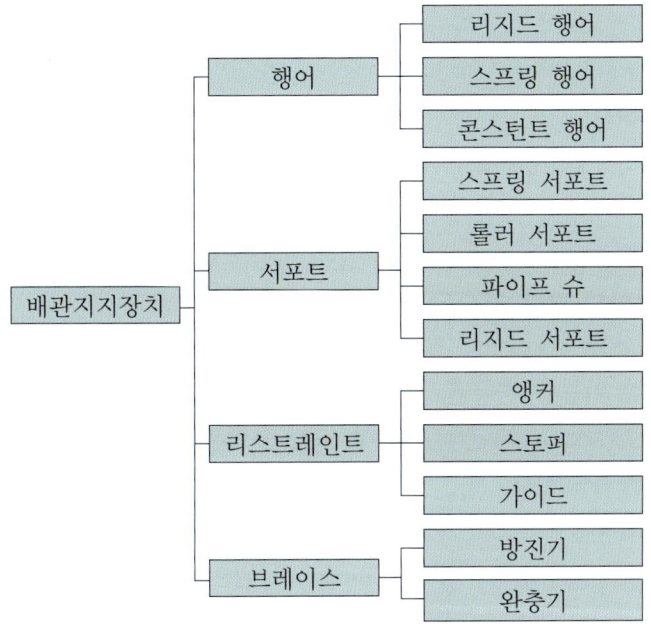

배관지지장치의 종류

(1) 행어(hanger)

행어는 배관계에 걸리는 하중을 위에서 걸어당김으로써 지지하는 지지쇠로서 다음과 같은 종류가 있다.

① 콘스턴트 행어(constant hanger) : 지정된 이동거리 범위 내에서 배관의 상하 이동에 대하여 항상 일정한 하중으로 배관을 지지한다.

② 리지드 행어(rigid hanger) : I빔에 턴 버클을 연결하여 관을 걸어당겨 지지하는 행어로서 수직 방향에 변위가 없는 곳에 사용한다.

③ 스프링 행어(spring hanger) : 관의 수직 이동에 대해 지지하중이 변화하는 행어로서 현장에서 사용되는 대부분의 것은 적당한 길이로 압축된 상태의 코일 스프링이 내장되어 있다.

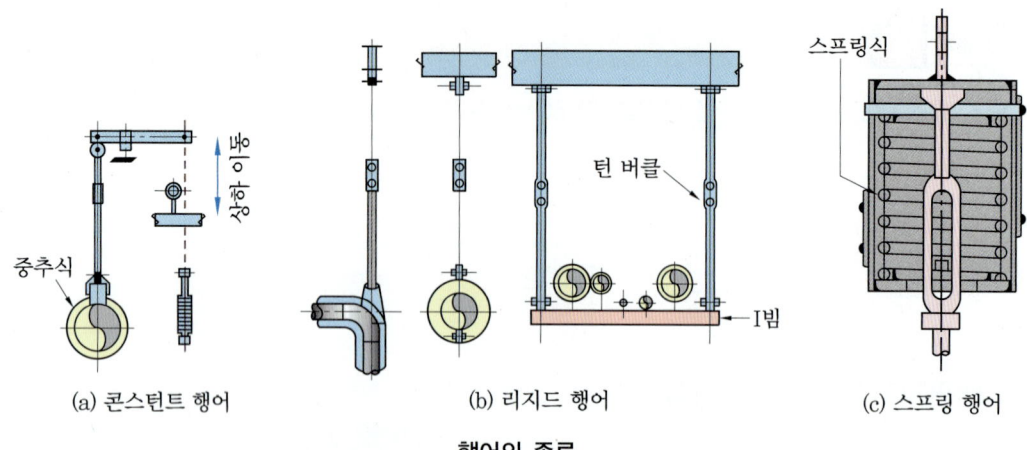

행어의 종류

(2) 서포트(support)

배관에 걸리는 하중을 아래에서 위로 떠받쳐 지지하는 것을 말하며, 다음과 같은 종류가 있다.

① 스프링 서포트(spring support) : 스프링의 작용으로 상하 이동이 자유롭고 배관에 걸리는 하중 변화에 따라 완충 작용을 해준다.

② 롤러 서포트(roller support) : 롤러가 관을 받침으로써 지지 목적을 달성하는 것으로 배관의 축방향 이동을 자유롭게 하기 위해 이용된다.

③ 파이프 슈(pipe shoe) : 배관의 굽힘부 또는 수평부에 관으로 영구히 고정시킴으로써 배관의 이동을 구속한다.

④ 리지드 서포트(rigid support) : 강성이 큰 빔 등으로 만든 배관지지쇠로서 정유공장 등 산업 설비 배관의 파이프 랙(pipe rack)으로 많이 이용된다.

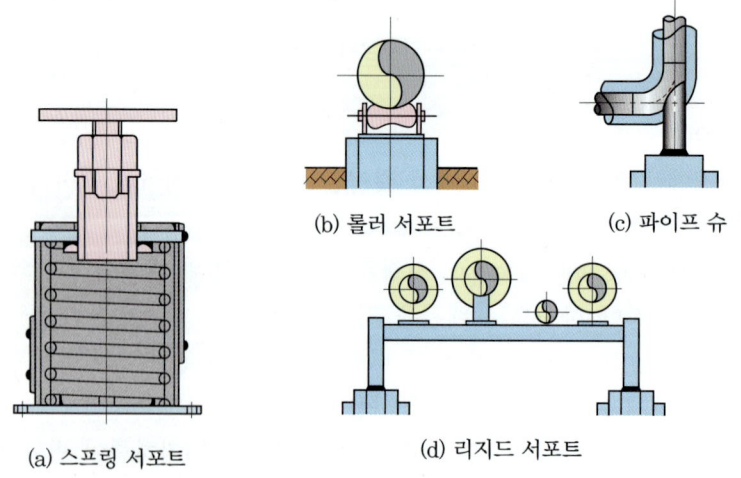

서포트의 종류

(3) 리스트레인트(restraint)

열팽창 등으로 인한 신축에 의해 발생되는 좌우, 상하 이동을 구속하고 제한하며 앵커, 스토퍼, 가이드 등이 있다.

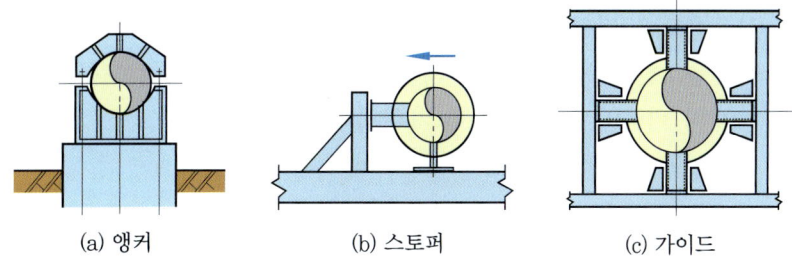

(a) 앵커   (b) 스토퍼   (c) 가이드

리스트레인트의 종류

(4) 브레이스(brace)

배관 라인에 설치된 각종 펌프류, 압축기 등에서 발생되는 진동, 밸브류 등의 급속 개폐에 따른 수격 작용, 충격 및 지진 등에 의한 진동 현상을 제한하는 지지대(버팀대)이다.

배관계의 진동을 방지하거나 감쇠시키는 데 사용되는 방진기와 지진, 수격 작용, 안전밸브의 충격을 완화하기 위해 쓰이는 완충기가 있다. 방진기나 완충기는 그 구조에 따라 스프링식과 유압식이 있다.

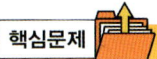 핵심문제

22 배관을 지지할 목적으로 사용되는 행어의 종류 3가지를 쓰시오.
   해답 ① 리지드 행어   ② 스프링 행어   ③ 콘스턴트 행어

23 배관의 신축을 좌우, 상하로 이동하는 것을 구속하기 위한 관 지지기구는?
   해답 리스트레인트

24 리스트레인트의 종류 3가지를 쓰시오.
   해답 ① 앵커   ② 스톱   ③ 가이드

25 배관 하중을 밑에서 지지하는 관 지지기구 4가지를 쓰시오.
   해답 ① 스프링 서포트   ② 롤러 서포트   ③ 파이프 슈   ④ 리지드 서포트

26 펌프에서 발생하는 진동으로 인한 배관계 진동을 억제하고 지진 등의 충격을 완화하는 데 사용되는 관 지지물은?
   해답 브레이스

4 배관 보온 단열재

(1) 보온재의 구비 조건
① 보온 능력이 크고 열전도율이 작아야 한다.
② 장시간 사용온도에 견딜 수 있어야 하며 내구성이 커야 한다.
③ 배관계의 진동, 신축 등으로 인해 파손되지 않도록 기계적 강도를 지녀야 한다.
④ 보온재 자체의 비중이 작아야 한다(가벼워야 한다).
⑤ 시공이 용이하고 확실하게 사용할 수 있어야 한다.
⑥ 흡습·흡수성이 없어야 한다(내흡습성·내흡수성).

(2) 보온재의 종류(재질에 따른 분류)
① 유기질 보온재 : 높은 온도에 견딜 수 없으므로 증기설비 보온재로는 사용하지 않고 주로 보랭재로 이용된다.
　㈎ 코르크(cork) : 안전 사용온도 130℃ 정도
　㈏ 텍스류 : 톱밥, 목재, 펄프를 주원료로 해서 압축판 모양으로 만든 단열재이며, 안전 사용온도는 120℃ 정도이다.
　㈐ 펠트(felt)류 : 양모, 우모를 이용하여 펠트상으로 제작한 것으로 곡면 등에도 시공이 가능하며 안전 사용온도는 100℃ 정도이다.
　㈑ 기포성 수지 : 일명 스펀지라고 하는 합성수지 또는 고무질 재료를 사용하여 다공질 제품으로 만든 폼(foam)류 단열재이며 안전 사용온도는 80℃ 정도이다.
② 무기질 보온재 : 보통 높은 온도에서도 견딜 수 있어서 배관 라인 또는 기기 등에 쓰이는 보온재로 많이 쓰인다.
　㈎ 석면(asbestos) 보온재 : 안전 사용온도 400℃ 정도
　㈏ 암면(rock wool) 보온재 : 안산암, 현무암 등에 석회석을 섞어 용융하여 섬유 모양으로 만든 것으로 띠 모양, 판 모양, 원통형으로 가공되며 안전 사용온도는 400℃ 정도이다.
　㈐ 규조토 보온재 : 규조토의 건조 분말에 석면 또는 삼여물 등을 혼합하여 물반죽을 해서 시공하는 단열재이며 안전 사용온도는 500℃ 정도이다.
　㈑ 탄산마그네슘 보온재 : 염기성의 탄산마그네슘(85%)에 석면(15% 정도)을 혼합한 것으로 물반죽을 하여 사용되며 안전 사용온도는 250℃ 정도이다.
　㈒ 유리면(glass wool) 보온재 : 유리를 용융하여 섬유화한 보온재로 통상 글라스울이라고 부르며 안전 사용온도는 300℃ 정도이다.
　㈓ 규산칼슘 보온재 : 규산질, 석회질 재료와 암면 등을 혼합하여 열을 받아 반응시킴으로써 만들어진 결정체 보온재이며 안전 사용온도는 650℃ 정도이다.
　㈔ 펄라이트(pearlite) 보온재(팽창질석) : 흑요석, 진주암 등을 1000℃ 정도로 가열

하여 체적을 8~20배 정도로 팽창시켜 다공질로 만든 것이며, 안전 사용온도는 650℃ 정도이다.

(아) 실리카 파이버 및 세라믹 파이버 : 실리카 파이버는 규산칼슘계 광물을 수열 반응시켜 고온용 결정 구조를 갖게 하여 보강 성형한 것이며, 세라믹 파이버는 고순도의 실리카 알루미나를 2000℃의 고온에서 용융, 섬유화한 초고온용 내화 단열재이다. 안전 사용온도는 실리카 파이버 : 1100℃, 세라믹 파이버 : 1300℃ 이다.

③ 금속질 보온재 : 금속 특유의 복사열에 대한 반사 특성을 이용한 것으로 가장 대표적인 것은 알루미늄박이며, 알루미늄박은 판(板) 또는 박(泊)을 사용하여 공기층을 중첩시킨 것이다.

핵심문제

27 보온재의 구비 조건 5가지를 쓰시오.

해답 ① 열전도율이 작을 것   ② 내구성이 클 것
      ③ 기계적 강도를 가질 것 ④ 가벼울 것
      ⑤ 시공이 용이할 것   ⑥ 내흡습성·내흡수성
      ⑦ 가격이 저렴할 것

28 보온재는 재질에 따라 유기질, 무기질, 금속질 보온재로 구분하는데 (1) 유기질 보온재의 종류 4가지, (2) 무기질 보온재의 종류 4가지, (3) 금속질 보온재의 종류 1가지를 쓰시오.

해답 (1) 코르크, 텍스류, 펠트류, 기포성 수지
      (2) 석면, 암면, 규조토, 유리면, 탄산마그네슘, 규산칼슘, 펄라이트
      (3) 알루미늄박

29 다음 [보기]의 보온재를 사용온도가 높은 것부터 낮은 순서로 나열하시오.

┌──────── 보기 ────────┐
① 석면   ② 글라스 울(유리솜)   ③ 실리카
④ 테플론   ⑤ 캐스터블 내화물

해답 ⑤ → ③ → ① → ② → ④
참고 안전 사용온도
      ① 캐스터블 내화물 : 1500℃ 정도
      ② 실리카 : 1100℃ 정도
      ③ 석면 : 400℃ 정도
      ④ 글라스 울 : 300℃ 정도
      ⑤ 테플론 : 100℃ 이하

5 패킹(packing)

패킹은 배관 라인의 각종 접합부로부터의 누설을 방지하기 위해 사용되는 것으로 개스 킷이라고도 한다.

(1) 플랜지 패킹
① 고무 패킹 : 천연고무, 네오프렌(합성고무)
② 석면 조인트 패킹
③ 합성수지 패킹(테플론 패킹)
④ 오일 실 패킹(oil seal packing)
⑤ 금속 패킹

(2) 나사용 패킹
① 페인트 : 광명단을 섞어 사용하며, 고온의 기름 배관을 제외한 모든 배관에 사용된다.
② 일산화연 : 페인트에 소량 타서 사용하며 냉매 배관용으로 많이 사용된다.
③ 액상 합성수지
　(가) 화학약품에 강하며 내유성이 크다.
　(나) -30~130℃의 내열범위를 지니고 있다.
　(다) 증기, 기름, 약품 수송 배관에 많이 쓰인다.

(3) 글랜드 패킹

밸브나 펌프 등의 핸들 또는 레버와 몸체 사이의 회전 부분에 사용되며, 누설을 방지하기 위해 끼워 주는 패킹으로 종류는 다음과 같다.
① 석면 각형 패킹 : 내열성, 내산성이 좋아 대형의 밸브 글랜드용으로 쓰인다.
② 석면 얀 패킹 : 소형 밸브, 수면계의 콕, 기타 소형 글랜드용으로 사용된다.
③ 아마존 패킹 : 면포와 내열 고무 콤파운드를 가공 성형한 것으로 압축기의 글랜드용에 쓰인다.
④ 몰드 패킹 : 석면, 흑연, 수지 등을 배합 성형한 것으로 밸브, 펌프 등의 글랜드용에 쓰인다.

6 방청용 도료(paint)

① 광명단 도료　　　　　　　　② 합성수지 도료
③ 산화철 도료　　　　　　　　④ 알루미늄 도료(은분)
⑤ 타르 및 아스팔트　　　　　 ⑥ 고농도 아연 도료

▶ 합성수지 도료는 증기관, 보일러, 압축기 등의 도장용으로 쓰인다.

핵심문제

30 나사용 패킹의 종류 3가지를 쓰시오.

해답 ① 페인트 ② 일산화연 ③ 액상 합성수지

31 다음 (1) ~ (3)에 해당하는 패킹(packing) 재료를 [보기]에서 골라 각각 2가지씩 쓰시오.

(1) 플랜지 패킹 (2) 나사용 패킹 (3) 글랜드 패킹

[보기]
- 석면 얀
- 일산화연
- 네오프렌
- 액상 합성수지
- 아마존 패킹
- 금속 패킹

해답 (1) 네오프렌, 금속 패킹 (2) 일산화연, 액상 합성수지 (3) 석면 얀, 아마존 패킹

32 강관의 녹을 방지하기 위해 사용되는 밑칠용 도료는?

해답 광명단 도료

9-3 배관 도시

(1) 배관도의 종류

① 평면 배관도 : 배관장치를 위에서 아래로 내려다보며 그린 그림
② 입면 배관도 : 배관장치를 측면에서 본 그림
③ 입체 배관도 : 입체적 형상을 평면에 나타낸 그림
④ 부분 조립도 : 배관 일부를 인출하여 그린 그림

(2) 치수 기입법

① 치수 표시 : 치수는 mm 단위로 표시하되 치수선에는 숫자만 기입한다.
② 높이 표시 **중요**

　(가) EL(elevation line) : 배관의 높이를 표시할 때 기준선에 의해 높이를 표시한다.
　(나) BOP(bottom of pipe) : 지름이 다른 관의 높이를 나타낼 때 적용되며, 관 바깥지름의 아랫면까지를 기준으로 한다.
　(다) TOP(top of pipe) : BOP와 같은 목적으로 이용되나 관 윗면을 기준으로 하여 표시한다.
　(라) FL(floor line) : 1층의 바닥면을 기준으로 하여 높이를 표시한다.

> **참고 높이 표시**
>
> EL – 600 BOP : 관의 밑면이 기준면보다 600 낮은 장소에 위치한다.
> EL – 400 TOP : 관의 윗면이 기준면보다 400 낮은 장소에 위치한다.
> ※ 관이 기준면보다 위인 경우에는 치수값 앞에 "+"를, 기준면보다 아래인 경우에는 "–"를 기입한다.

(3) 배관 도면 도시법

① 관의 도시법 : 하나의 실선으로 표시하며 동일 도면에서 다른 관을 표시할 때는 같은 굵기로 나타낸다.

② 관의 굵기와 종류 : 관의 굵기와 종류를 표시할 때는 관을 표시하는 선 위에 표시하는 것을 원칙으로 한다. 관의 굵기 및 종류를 동시에 표시하는 경우에는 관의 굵기를 표시하는 문자 다음에 관의 종류를 표시하는 문자 또는 기호를 기입한다. 다만 복잡한 도면에서 오해를 초래할 염려가 있는 경우에는 지시선을 써서 표시해도 된다.

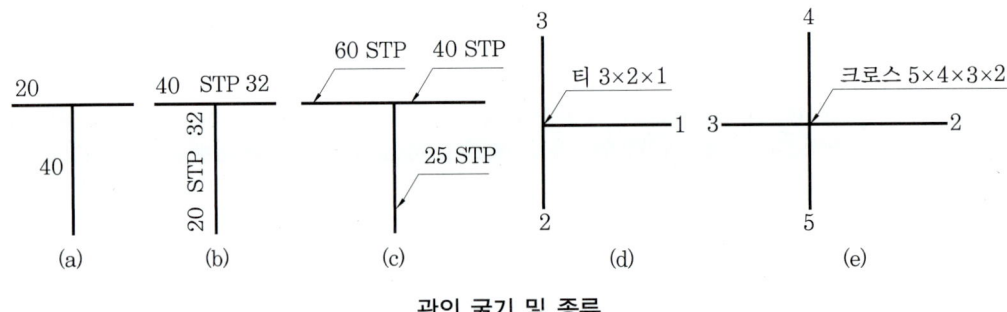

관의 굵기 및 종류

③ 유체의 종류·상태·목적 표시 기호 : 다음 표와 같이 문자로 나타내되 관을 표시하는 선 위에 표시하거나 인출선에 의해 도시한다.

유체의 종류에 따른 문자의 기호 <중요>

유체의 종류	공기	가스	유류	수증기	물
문자 기호	A	G	O	S	W

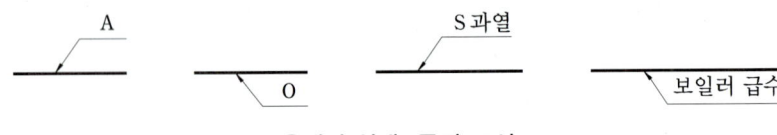

유체의 상태, 목적 표시

④ 유체의 유동 방향 : 유체의 유동 방향을 표시할 때에는 화살표로 나타낸다.

유체의 유동 방향

⑤ 관 연결 방법 도시 기호

이음 종류	연결 방법	도시 기호	예
관이음	나사형	 —+—	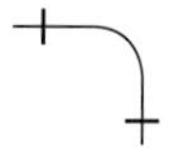
	용접형	 —×—	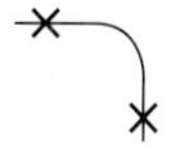
	플랜지형	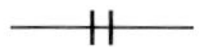 —‖—	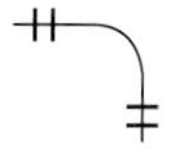
	턱걸이형	 —⊂—	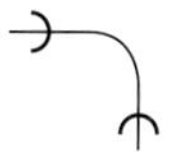
	납땜형	 —○—	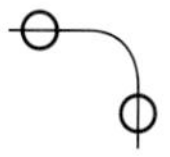
	유니언형	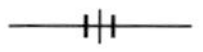 —‖‖—	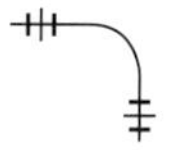
신축 이음	루프형	 Ω	
	슬리브형	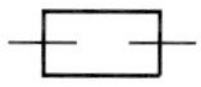 ▭	
	벨로스형	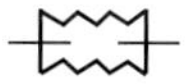 ⌇⌇	
	스위블형	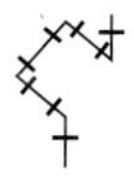	
관의 접속 및 분기		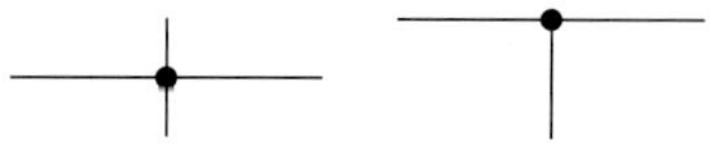 —•—	
관이 접속하지 않을 때		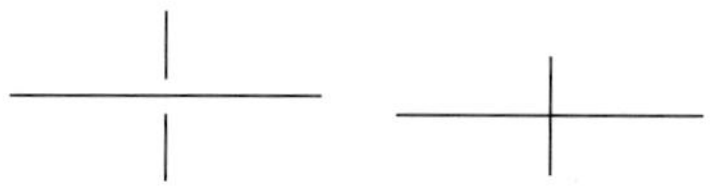	

⑥ 관의 입체적 표시

관이 도면에 직각으로 앞쪽을 향해 구부러져 있을 때	 A ⊙	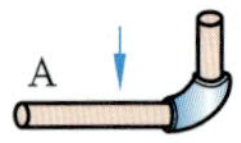
관이 앞쪽에서 도면 직각으로 구부러져 있을 때	 A ○	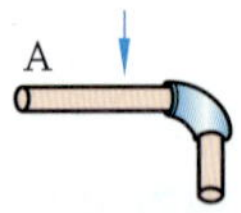
관 A가 앞쪽에서 도면 직각으로 구부러져 관 B에 접속할 때	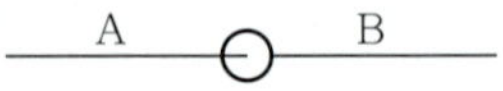 A ○ B	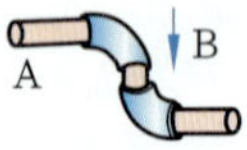

⑦ 밸브 및 계기의 표시

종류	기호	종류	기호
스톱밸브 (글로브, 옥형밸브)	 ▶●◀	일반 조작밸브	
게이트밸브 (슬루스, 사절밸브)	 ▶◁	전자밸브	 Ⓢ
앵글밸브	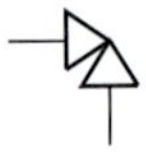	전동밸브	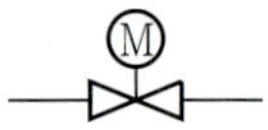 Ⓜ
역지밸브(체크밸브)		토출밸브	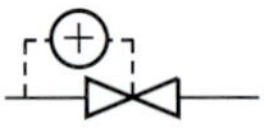 ⊕
안전밸브(스프링식)	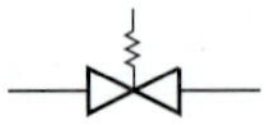	공기빼기밸브	 ◇
안전밸브(추식)	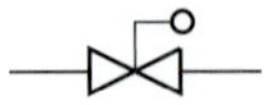	닫혀 있는 일반 밸브	 ▶◀
일반 콕	 ◇	닫혀 있는 일반 콕	 ◆
삼방 콕	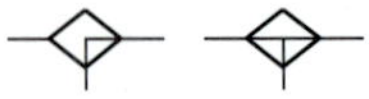 ◇ ◇	온도계·압력계	 Ⓣ Ⓟ

핵심문제

33 다음은 배관도의 치수 기입에서 배관 높이를 표시하는 기호이다. 이 기호들은 각각 무엇을 기준으로 한 높이를 나타내는가를 간단히 쓰시오.

(1) EL (2) GL (3) FL
(4) BOP (5) TOP

해답
① EL(elevation line) : 기준선으로부터 배관 높이를 표시한다.
② GL(ground line) : 포장된 지표면을 기준으로 배관장치의 높이를 표시한다.
③ FL(floor line) : 건물의 1층 바닥면을 기준으로 하여 높이를 표시한다.
④ BOP(bottom of pipe) : EL에서 관 외경의 밑면까지를 높이로 표시한다.
⑤ TOP(top of pipe) : EL에서 관 외경의 윗면까지를 높이로 표시한다.

34 다음은 도면에 표시되는 유체의 종류를 나타내는 기호이다. 각각 유체의 명칭을 쓰시오.

(1) A (2) G (3) O
(4) S (5) W

해답 (1) 공기 (2) 가스 (3) 기름
(4) 수증기 (5) 물

35 다음 배관의 이음 도시 기호를 그려 넣으시오.

(1) 플랜지 이음 (2) 나사 이음 (3) 유니언 이음
(4) 턱걸이 이음 (5) 용접 이음

해답 (1) ─┤├─ (2) ─┼─ (3) ─┤╫├─
(4) ─⊂─ (5) ─✕─

36 다음 도면을 보고 물음에 답하시오.

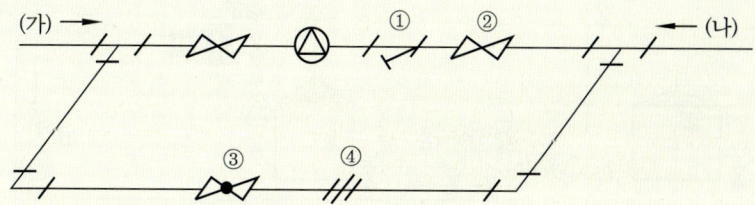

(1) 도면의 ①~④의 부품 명칭을 쓰시오.
(2) 유체의 흐름 방향은 (가), (나) 중 어느 방향인가?

해답 (1) ① 스트레이너(여과기) ② 게이트밸브 ③ 글로브밸브 ④ 유니언
(2) (나)

37 배관에서 유량계를 설치하고자 할 때 다음의 부속을 사용하여 배관도를 도시하시오.

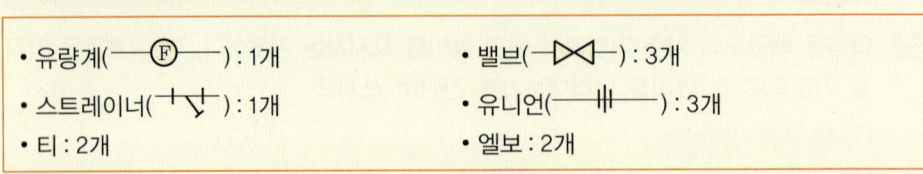

해답:

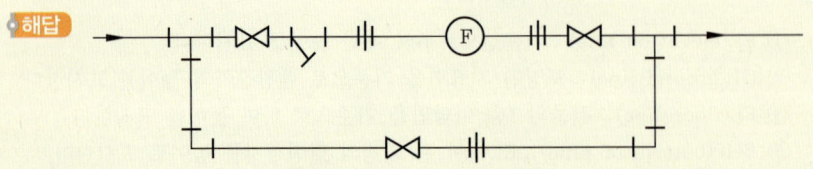

38 다음 도면은 보일러 배관 계통도이다. ①~⑲의 명칭을 쓰시오.

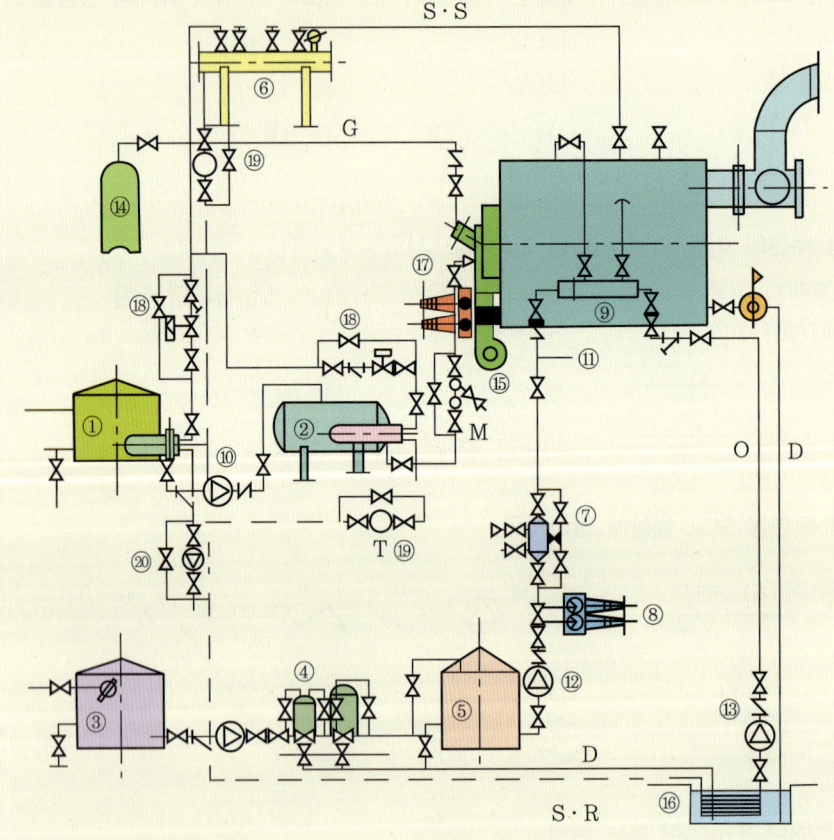

해답
① 중유저유조　② 서비스 탱크　③ 원수탱크
④ 경수연화장치　⑤ 급수탱크　⑥ 증기헤더
⑦ 청관제 주입장치　⑧ 급수 조절장치　⑨ 인젝터
⑩ 송유 이송펌프(기어펌프)　⑪ 급수관(체크밸브)　⑫ 급수펌프
⑬ 응축수 펌프　⑭ LPG 봄베(점화용 가스용기)　⑮ 송풍기

⑯ 응축수 탱크　　⑰ 급유량 조절장치(버너)　　⑱ 자동 유온 조절장치
⑲ 트랩

39 다음 도면은 온수 보일러 배관도이다. 주어진 부분의 ①~⑩의 명칭을 쓰시오.

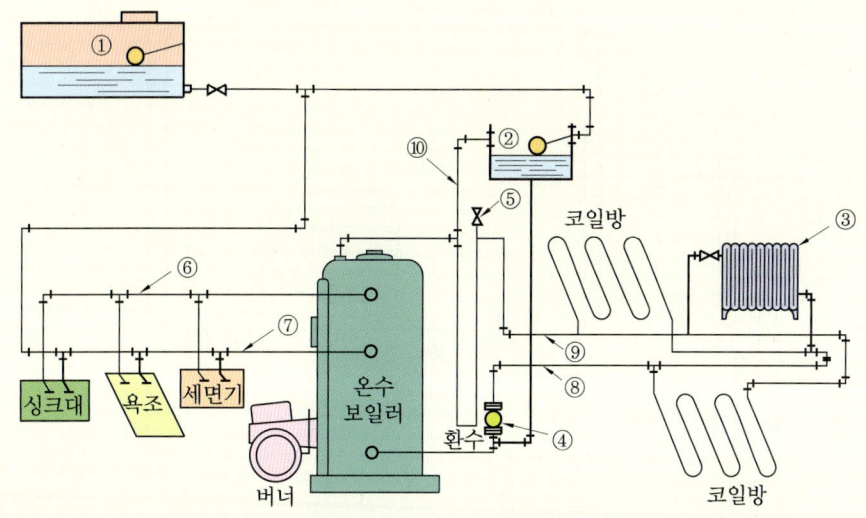

> 해답　① 옥상 물탱크　② 팽창탱크　③ 방열기　④ 순환펌프
> 　　　⑤ 공기빼기밸브　⑥ 급탕 온수관　⑦ 급탕 냉수관　⑧ 난방 환수관
> 　　　⑨ 팽창관　⑩ 방출관

40 다음 각부 번호의 명칭을 쓰시오.

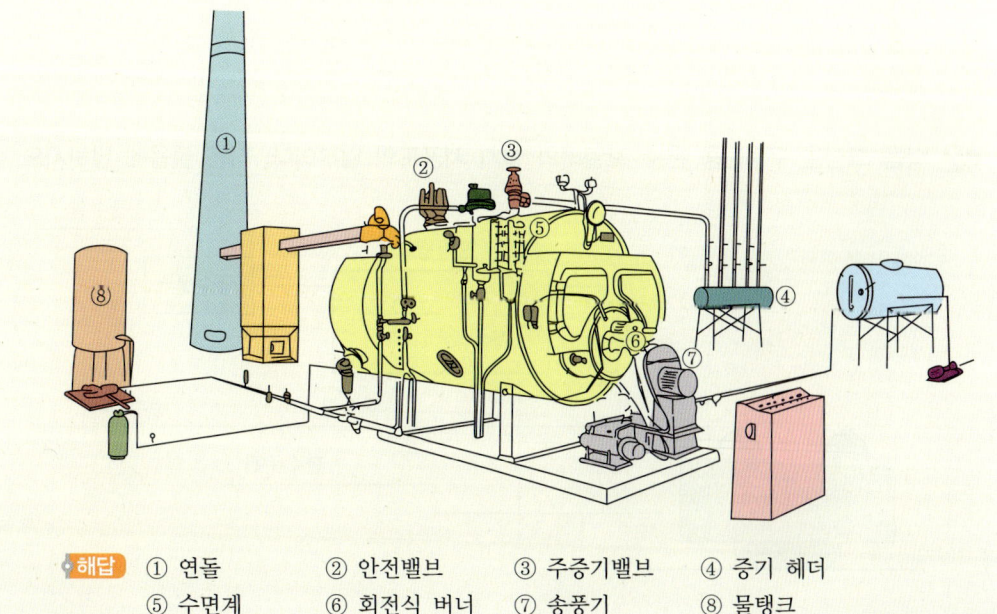

> 해답　① 연돌　② 안전밸브　③ 주증기밸브　④ 증기 헤더
> 　　　⑤ 수면계　⑥ 회전식 버너　⑦ 송풍기　⑧ 물탱크

41 도시된 오일 서비스 탱크의 각부 명칭 중 기입되지 않은 부품의 명칭을 쓰시오.

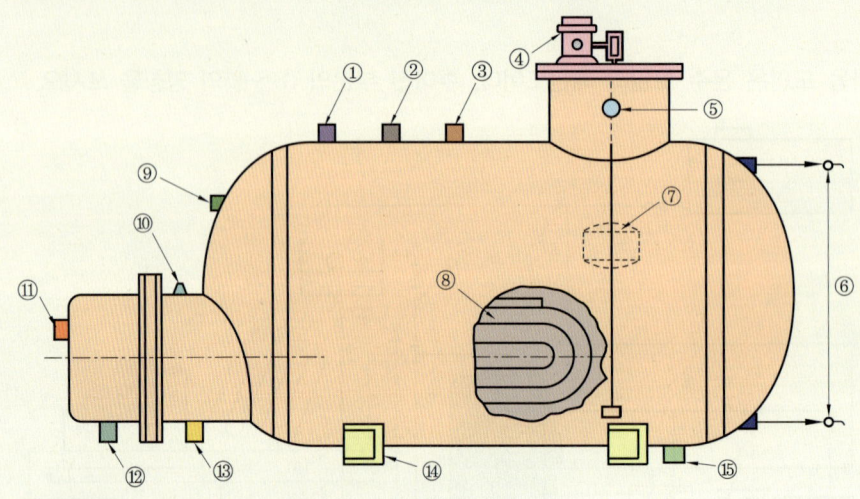

번호	명칭	번호	명칭
①	급유 입구	⑨	온도조절밸브
②	반환 유입구		감열봉구
③		⑩	온도계 부착구
④	플로트 스위치	⑪	
⑤	오버플로	⑫	응축수 출구
⑥		⑬	
⑦	플로트	⑭	받침대
⑧	가열코일	⑮	

해답 ③ 배기구(통기구) ⑥ 유면계 ⑪ 증기 입구 ⑬ 송유구 ⑮ 배유구

42 다음 그림은 구멍탄용 온수 보일러의 설치 시공도의 일부이다. 다음 물음에 답하시오.

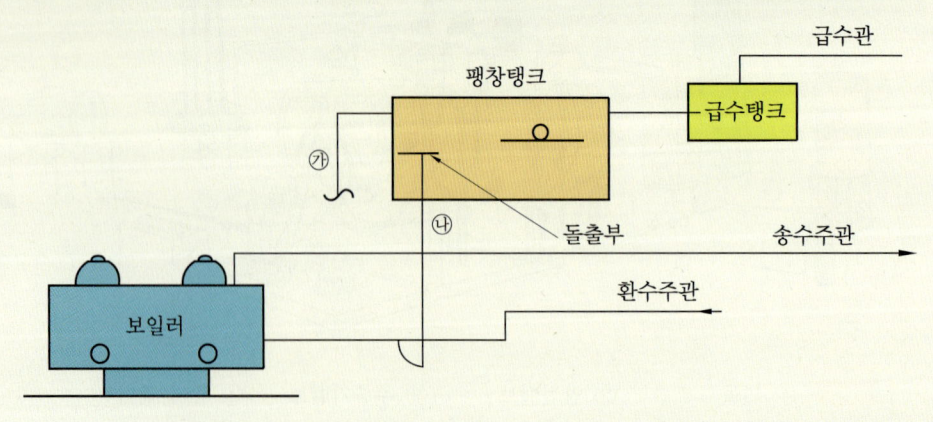

(1) ㉮ 및 ㉯의 명칭은 무엇인가?
(2) 팽창탱크에 연결되는 팽창흡수관(돌출부)은 팽창탱크 바닥면보다 몇 mm 이상 높아야 하는가?
(3) 도면에서 팽창탱크 및 온수탱크는 몇 ℃의 온도에서도 견딜 수 있는 것이어야 하는가?
(4) 보일러의 설치 시 배관과의 연결부는 반드시 어떤 배관 이음쇠를 사용하여 연결하여야 하는가?
(5) 보일러 설치가 끝나면 보온 전에 수압시험을 몇 kg/cm^2으로 하면 되는가?

◆해답 (1) ㉮ 오버플로관(일수관) ㉯ 팽창관
(2) 25mm
(3) 100℃
(4) 유니언이나 플랜지로 연결
(5) $2\ kg/cm^2$

43 다음 도면의 연관식 보일러에서 번호로 표시된 부분의 명칭을 쓰시오.

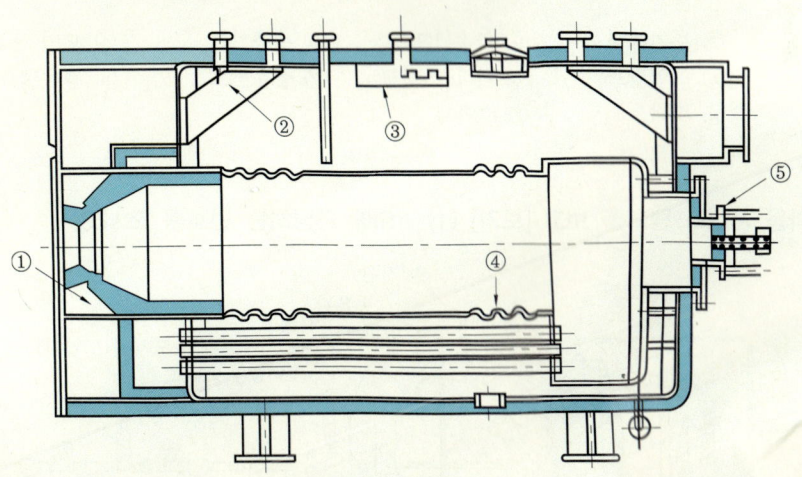

◆해답 ① 윈드 박스(wind box)
② 거싯 스테이(gusset stay)
③ 비수방지관(steam water seperator)
④ 파형 노통
⑤ 방폭문(폭발구)

◆참고 ① 윈드 박스 : 바람상자라고도 하며, 공기와 연료 ~~~~록 해주는 장치로 내부에는 에어레지스터(공기조절장치)가 있다~~통보일러의 주증기관 끝에 설치한
② 거싯 스테이 : 평경판을 보강하기 위~~~~시 압력을 도피시켜 폭발을 방지하기 위
③ 비수방지관 : 플라이밍 현상을~~~~ 장치
④ 방폭문 : 연소실 내~~~~한 장치(연소실~~~~

44 다음 보일러 배관 계통도에서 ①~⑩의 명칭을 쓰시오.

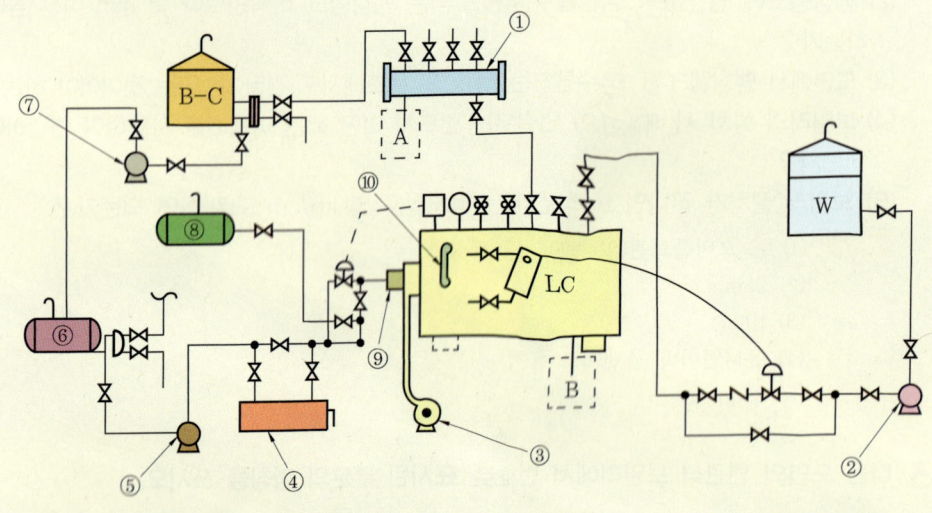

해답 ① 증기헤더 ② 급수펌프 ③ 송풍기 ④ 오일 프리히터
⑤ 압입펌프 ⑥ 서비스 탱크 ⑦ 송유펌프 ⑧ 경유탱크
⑨ 버너 ⑩ 수면계

45 다음 서비스 탱크를 보고 [보기] (1)~(5)에 해당하는 번호를 쓰시오.

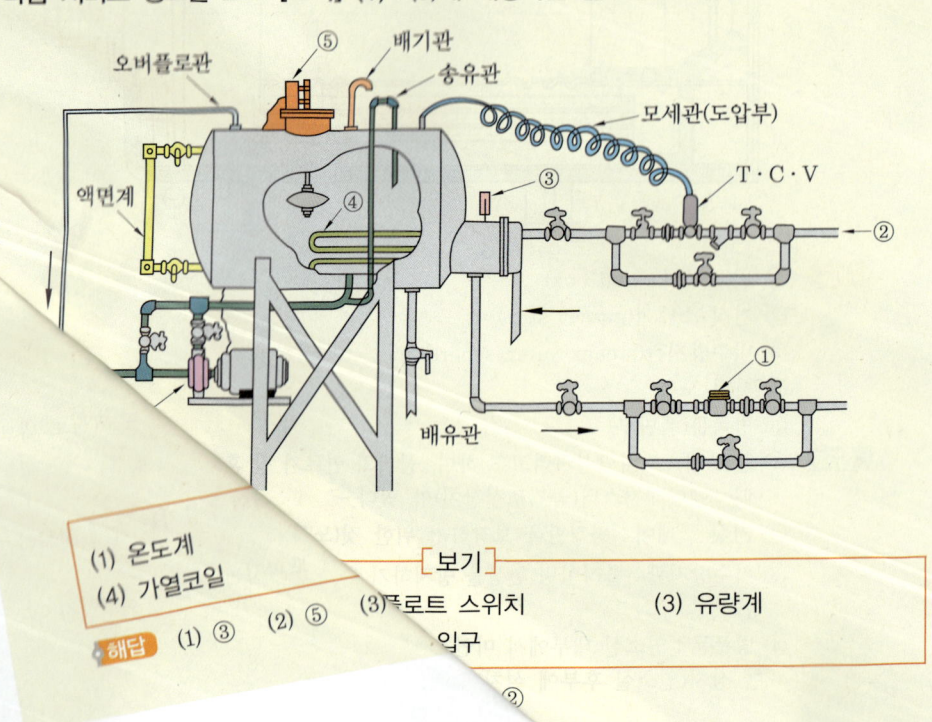

[보기]
(1) 온도계 (2) 플로트 스위치 (3) 유량계
(4) 가열코일 (5) 입구

해답 (1) ③ (2) ⑤

46 다음 도면의 각 부분의 명칭을 쓰시오.

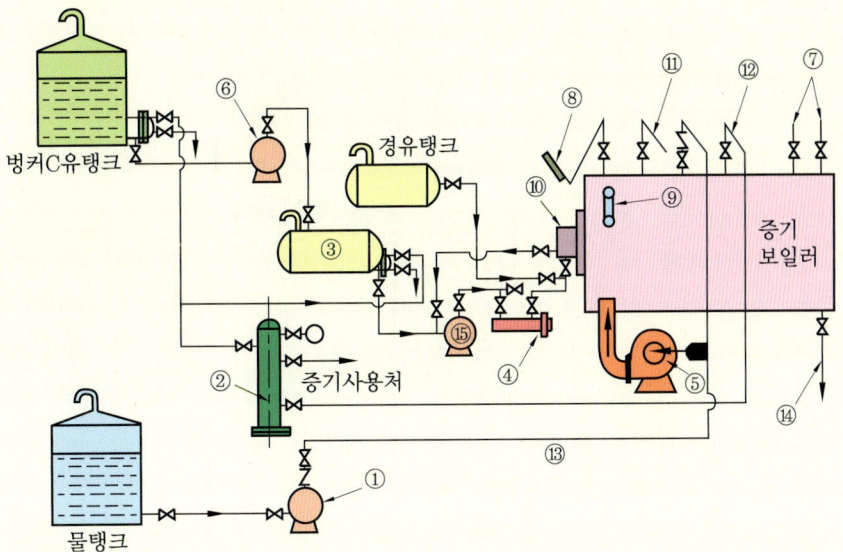

해답 ① 급수펌프 ② 증기헤더(steam header) ③ 오일 서비스 탱크(oil service tank)
④ 유예열기(oil preheater) ⑤ 송풍기 ⑥ 급유펌프(oil pump) ⑦ 안전밸브
⑧ 압력계 ⑨ 수면계(수위계) ⑩ 오일 버너(oil burner) ⑪ 보조증기밸브
⑫ 주증기밸브 ⑬ 급수량계 ⑭ 수저분출관 ⑮ 유압펌프(분연펌프)

47 다음 보일러 배관 계통도에서 ①~⑨의 명칭을 쓰시오.

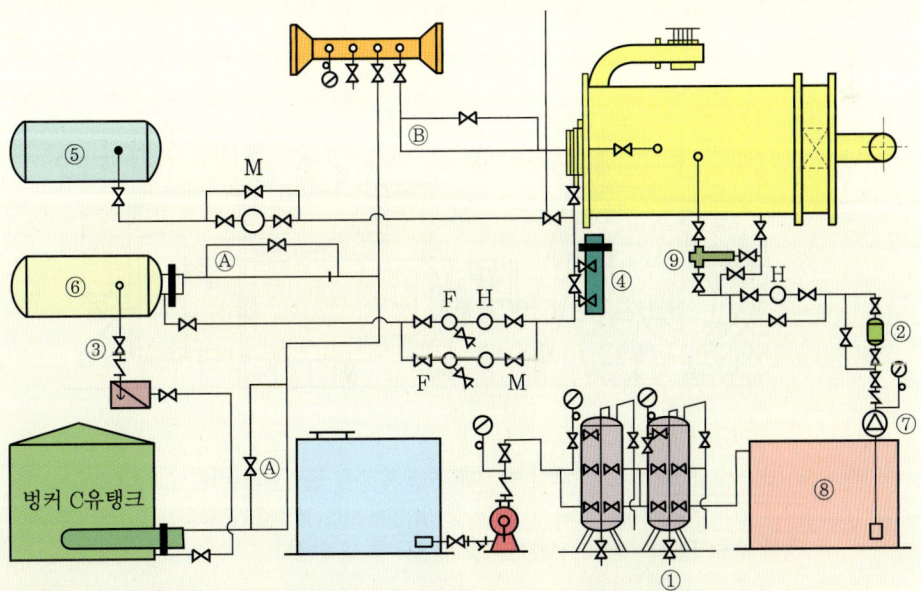

해답 ① 경수연화장치 ② 청관제 주입장치 ③ 기어펌프(급유펌프) ④ 연료예열기
⑤ 경유탱크 ⑥ 서비스 탱크 ⑦ 급수펌프 ⑧ 급수탱크 ⑨ 인젝터

48 도면은 오일탱크의 주위 배관도이다. 다음 물음에 답하시오.

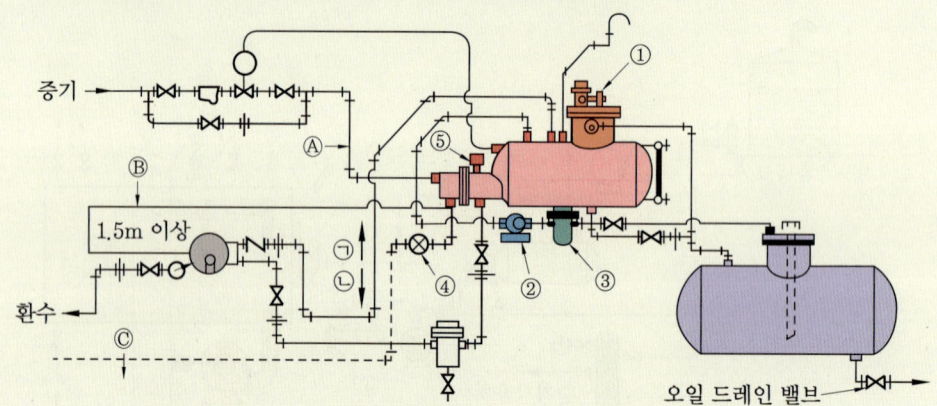

(1) ①~⑤까지의 명칭을 쓰시오.
(2) Ⓐ, Ⓑ, Ⓒ의 라인에 흐르는 유체명을 쓰시오.
(3) 유체는 ㉠과 ㉡ 중 어느 방향으로 흐르는가?

> **해답** (1) ① 플로트 스위치   ② 급유펌프   ③ 기름여과기
> ④ 환수 트랩장치   ⑤ 온도계
> (2) Ⓐ 증기   Ⓑ 기름   Ⓒ 응축수
> (3) ㉠

49 다음 그림은 노통 연관식 보일러의 구조 및 부속장치에 관한 도면이다. ①~⑫의 명칭을 쓰시오.

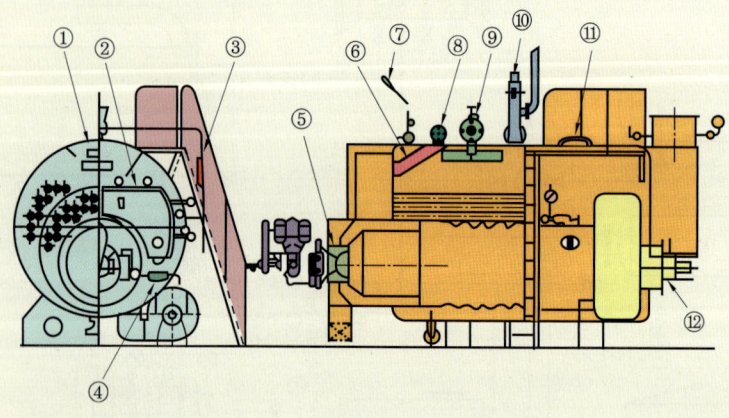

> **해답** ① 비수방지관 ② 연소실 문 ③ 수면계 ④ 분연펌프(미터링펌프)
> ⑤ 윈드 박스 ⑥ 거싯 스테이 ⑦ 압력계 ⑧ 보조증기밸브
> ⑨ 주증기밸브 ⑩ 안전밸브 ⑪ 맨홀 ⑫ 방폭문

부록

- 필답형 실기시험
- 작업형 실기시험

부록

필답형 실기시험

필답형 실기시험 수험자 유의사항

■ **시험시간 : 1시간**

1. **일반사항**
   ① 저장용량이 큰 전자계산기 및 유사 전자제품 사용 시에는 반드시 저장된 메모리를 초기화한 후 사용하여야 하며, 시험위원이 초기화 여부를 확인할 시 협조하여야 한다. 초기화되지 않은 전자계산기 및 유사 전자제품을 사용하여 적발 시에는 부정행위로 간주한다.
   ② 시험 중에는 통신기기 및 전자기기(휴대용 전화기 등)를 지참하거나 사용할 수 없다.

2. **채점사항**
   ① 수험자 인적사항 및 답안작성(계산식 포함)은 흑색 또는 청색 필기구만 사용하되, 동일한 한 가지 색의 필기구만 사용하여야 하며 흑색, 청색을 제외한 유색 필기구 또는 연필류를 사용하거나 2가지 이상의 색을 혼합 사용하였을 경우 그 문항은 0점 처리된다.
   ② 답란에는 문제와 관련없는 불필요한 낙서나 특이한 기록사항 등을 기재하여서는 안 되며, 답안지의 인적사항 기재란 외의 부분에 답안과 관련없는 특수한 표시를 하거나 특정인임을 암시하는 경우 답안지 전체를 0점 처리한다.
   ③ 계산문제는 반드시 「계산과정」과 「답」란에 기재하여야 하며 계산과정이 틀리거나 없는 경우 0점 처리된다.
   ④ 계산문제는 최종 결과 값(답)에서 소수 셋째자리에서 반올림하여 둘째자리까지 구하여야 하나 개별문제에서 소수 처리에 대한 요구사항이 있을 경우 그 요구사항에 따라야 한다.
   ⑤ 답에 단위가 없으면 오답으로 처리된다. (단, 문제의 요구사항에 단위가 주어졌을 경우는 생략되어도 무방하다.)
   ⑥ 문제에서 요구한 가지 수(항수) 이상을 답란에 표기한 경우에는 답란 기재 순으로 요구한 가지 수(항수)만 채점하고 한 항에 여러 가지를 기재하더라도 한 가지로 보며 그 중 정답과 오답이 함께 기재되어 있을 경우 오답으로 처리된다.
   ⑦ 답안 정정 시에는 두 줄(=) 긋고 다시 기재 가능하며, 수정테이프(액)를 사용했을 경우 채점상의 불이익을 받을 수 있으므로 사용하지 않는다.

2012년도 >>> 출제문제

2012 3월 25일 출제문제 (필답형 주관식)

01 전열면적이 12 m²이고 온수 보일러의 최고사용압력이 0.25 MPa일 때 수압시험압력은 몇 MPa로 해야 하는가?

해답 식 수압시험압력=0.25×2=0.5 MPa   답 0.5 MPa

참고 소형 온수 보일러(전열면적이 14 m² 이하이며 최고사용압력이 0.35 MPa 이하의 온수를 발생하는 것)의 수압시험압력은 최고사용압력의 2배의 압력으로 한다. 다만, 시험압력이 0.2 MPa 미만인 경우에는 0.2 MPa로 한다. 따라서 수압시험압력=최고사용압력(T_p)×2 =0.25×2=0.5 MPa이다.

02 배관의 지지쇠인 서포트(support) 종류 4가지를 쓰시오.

해답 ① 파이프 슈 ② 리지드 서포트 ③ 롤러 서포트 ④ 스프링 서포트

03 가정용 온수 보일러의 열출력을 구할 때 고려해야 할 부하의 종류 3가지를 쓰시오.

해답 ① 난방부하 ② 급탕부하 ③ 배관부하 ④ 예열부하

참고 온수 보일러 열출력(kcal/h)=난방부하+급탕부하+배관부하+예열부하

04 주철제 5세주형 방열기로 높이가 650 mm, 쪽수가 20개인 것을 조립하고 유입측 관지름이 25 mm, 유출측 관지름이 20 mm일 때 방열기의 도시 기호를 표시하시오.

해답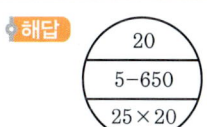

05 나관에서의 열손실 열량이 5000 kcal/h, 보온 피복 후 열손실 열량이 1000 kcal/h일 때 보온 효율(%)을 계산하시오.

해답 **식** 보온 효율 = $\dfrac{5000-1000}{5000} \times 100 = 80\%$ **답** 80 %

참고 나관의 열손실 − 보온관의 열손실

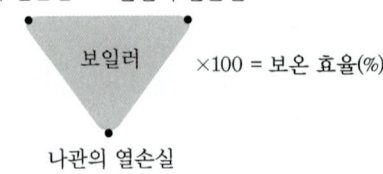

06 온수 보일러 연료 연소 시 연소실 내 연소온도를 높이는 방법 3가지를 쓰시오.

해답 ① 발열량이 높은 연료를 사용할 것
② 연료를 완전 연소시킬 것
③ 이론 공기량에 가까운 과잉공기를 사용할 것
④ 연료와 연소용 공기를 예열시켜 공급할 것
⑤ 연료와 연소용 공기의 혼합을 좋게 할 것

07 사무실 벽면적이 120 m²이고 열통과율이 0.18 kcal/m²·h·℃, 실내온도 20℃, 실외온도 −5℃일 때 손실열량(kcal/h)을 계산하시오.

해답 **식** 손실열량 = 0.18×120×{20−(−5)} = 540 kcal/h **답** 540 kcal/h

참고 손실열량 = 열통과율×면적×온도차 (여기서, 효율은 100%이다.)

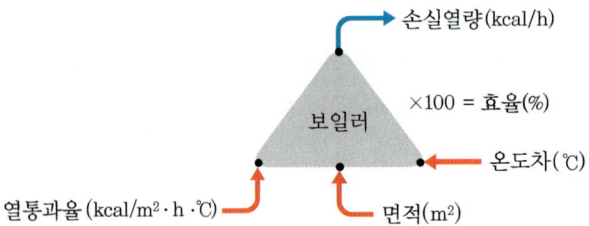

08 파이프 렌치의 종류 2가지를 쓰시오.

해답 ① 강력형 ② 보통형 ③ 체인형

참고 체인형은 관경이 200 mm 이상일 때 사용된다.

09 15℃ 물 160 kg으로 75℃ 물 몇 kg이 있어야 40℃ 온수가 되는가를 계산하시오. (단, 답은 소수 첫째 자리에서 반올림하여 정수 자리까지 구하시오.)

해답 식 $40 = \dfrac{160 \times 1 \times 15 + x \times 1 \times 75}{160 \times 1 + x \times 1}$ 에서 $40 = \dfrac{2400 + 75x}{160 + x}$

$40(160+x) = 2400 + 75x$
$6400 + 40x = 2400 + 75x$
$6400 - 2400 = 75x - 40x$
$\therefore x = \dfrac{4000}{35} = 114$ kg

답 114 kg

참고 A물질의 열량   B물질의 열량

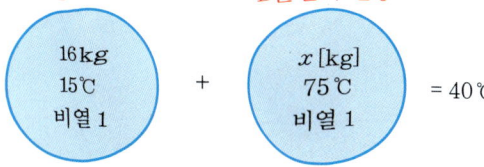

$\dfrac{\text{A 열량} + \text{B 열량}}{\text{A 질량} + \text{B 질량}} = $ 혼합온도

2012 5월 27일 출제문제(필답형 주관식)

01 주형 방열기 중 (1) 세주형 방열기의 종류 2가지와 (2) 벽걸이형 방열기의 종류 2가지를 쓰시오.

해답 (1) ① 3세주형 ② 5세주형
(2) ① 수직형 ② 수평형

02 호칭 20 A 강관을 반지름(R) 200 mm로 90°로 가공하려 할 때 굽힘부의 곡선길이(mm)를 계산하시오.

해답 식 곡선길이 $= 2 \times 200 \times \pi \times \dfrac{90}{360} = 314.16$ mm

답 314.16 mm

참고 곡관부 길이 $= 2\pi r \times \dfrac{\theta}{360}$

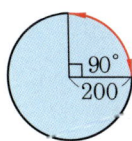

03 벽의 두께를 $b(m)$, 열전도율을 $\lambda[kcal/m \cdot h \cdot ℃]$, 내측 열전달률을 $\alpha_1[kcal/m^2 \cdot h \cdot ℃]$, 외측 열전달률을 $\alpha_2[kcal/m^2 \cdot h \cdot ℃]$라고 할 때 열관류율 $k[kcal/m^2 \cdot h \cdot ℃]$를 구하는 공식을 만드시오.

해답 $k = \dfrac{1}{R}$ 여기서, R : 열저항($m^2 \cdot h \cdot ℃/kcal$)

$R = \dfrac{1}{\alpha_1} + \dfrac{b}{\lambda} + \dfrac{1}{\alpha_2}$ 이므로 ∴ $k = \dfrac{1}{\dfrac{1}{\alpha_1} + \dfrac{b}{\lambda} + \dfrac{1}{\alpha_2}}$

04 다음은 온수온돌의 시공층 단면도이다. ②, ③, ⑤, ⑥, ⑦의 명칭을 쓰시오.

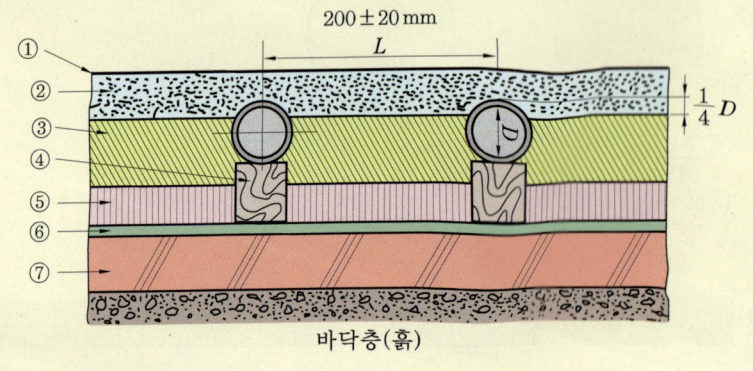

해답 ② 시멘트 모르타르층 ③ 자갈층 ⑤ 단열 보온재층 ⑥ 방수층 ⑦ 기초 콘크리트층
참고 ① 장판 ④ 받침대

05 다음 그림에서 온수 난방 및 급탕 설비 등에 대한 배관 라인을 완성하시오. (단, 방바닥의 방열관은 직렬식 배관이며, 주방 및 목욕탕의 냉수 라인 도시는 생략한다.)

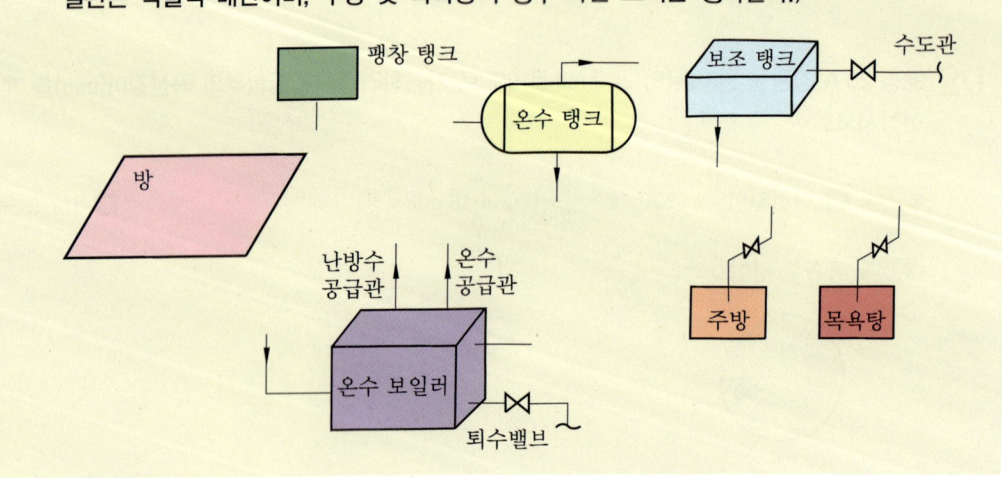

해답

(도면: 팽창 탱크, 온수 탱크, 보조 탱크, 수도관, 방, 난방수 공급관, 온수 공급관, 온수 보일러, 퇴수밸브, 주방, 목욕탕)

06 다음 ( ) 안에 적당한 용어 또는 숫자를 쓰시오.

소형 온수 보일러의 수압시험압력은 (①)의 (②)배로 하며 단, 그 값이 (③) MPa 미만 시에는 (④) MPa로 한다.

해답 ① 최고사용압력 ② 2 ③ 0.2 ④ 0.2

07 난방용 온수공급량이 12 T/day, 난방용 송수온도 80℃, 난방용 환수온도 65℃일 때 난방부하(kcal/h)를 계산하시오. (단, 온수의 평균비열은 1 kcal/kg·℃이다.)

해답 식 난방부하 = $\dfrac{12 \times 1000 \times 1 \times (80-65)}{24}$ = 7500 kcal/h   답 7500 kcal/h

참고 난방부하 = 온수비열 × 온수공급량 × 온도차

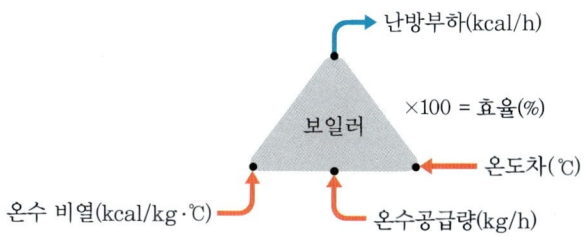

08 다음 ( ) 안에 적당한 용어 및 숫자를 쓰시오.

어떤 일정 지역 내의 한 장소에 보일러실을 설치하여 증기 또는 온수를 공급하는 난방방식을 (①)이라 하고 증기난방에서 응축수 환수방식에 따라 중력환수식, 기계환수식, (②)으로 분류하며 온수난방에서 고온수난방의 온수온도는 (③)℃ 이상의 온수를 사용한다.

해답 ① 지역난방 ② 진공환수식 ③ 100

09 연료의 발열량을 측정하는 열량계에 대한 관계가 맞도록 연결하시오.

(가) 봄베 열량계 •   • (A) 기체 연료의 발열량 측정
(나) 시그마 열량계 •   • (B) 액체 연료의 발열량 측정

해답 (가)-(B), (나)-(A)

10 통풍방식에는 자연통풍방식과 압입통풍, 흡입통풍, 평형통풍 등 강제통풍방식이 있다. [보기]에서 설명하는 것은 어떤 통풍방식인지 각각 쓰시오.

[보기]
(1) 노앞과 연돌 하부에 송풍기를 두어 노내압을 대기압보다 -3~-5 mmAq 정도가 되도록 약간 낮게 조정한다.
(2) 연소용 공기를 송풍기로 노입구에서 대기압보다 높은 압력으로 밀어 넣고 굴뚝의 통풍작용과 같이 통풍을 유지하는 방법이다.
(3) 연돌의 끝이나 연돌 하부에 송풍기를 설치하되 연소가스를 빨아내는 것으로 연소가스의 압력은 대기압 이하가 된다.
(4) 연돌 내의 연소가스와 외부 공기의 밀도차로 발생하는 20~30 mmAq의 통풍력이 발생한다.

해답 (1) 평형통풍 (2) 압입통풍 (3) 흡입통풍 (4) 자연통풍

2012 9월 9일 출제문제(필답형 주관식)

01 강관, 동관을 절단한 후 거스러미(burr)가 생기는데 이것을 제거하기 위하여 사용하는 공구명을 쓰시오.

해답 파이프 리머(pipe reamer)

02 자동제어회로에서 피드백 제어의 제어부 4개를 쓰시오.

해답 ① 설정부 ② 조절부 ③ 조작부 ④ 검출부

03 천연가스를 -162℃ 정도에서 액화하여 만든 액화천연가스(LNG)의 주성분 2가지를 쓰시오.

- 해답 ① 메탄(CH_4) ② 에탄(C_2H_6)
- 참고 메탄(CH_4) : 89.4%, 에탄(C_2H_6) : 8.6%

04 온수난방에서 온수 순환 방식에 따른 종류 2가지를 쓰시오.

- 해답 ① 자연순환식(중력순환식) ② 강제순환식
- 참고 ① 온수 공급 방식에 따른 종류 : 상향순환식, 하향순환식
  ② 배관 방식에 따른 종류 : 단관식, 복관식
  ③ 온수 온도에 따른 종류 : 보통온수식, 고온수식

05 주형(柱形) 방열기에서 세주형 방열기의 종류 2가지를 쓰시오.

- 해답 ① 3세주형 ② 5세주형

06 다음은 보일러의 용량 결정 시 고려하는 부하를 설명한 것이다. 알맞은 용어를 쓰시오.
  (1) 어떤 건물의 실내를 적당한 온도로 유지하기 위하여 필요한 열량
  (2) 온수를 공급하기 위하여 필요한 열량
  (3) 보일러 운전 초기 시 보일러내 보일러수를 온수 또는 증기를 공급할 수 있는 5~15분 정도의 시간까지 보일러수에 가하는 열량

- 해답 (1) 난방부하 (2) 급탕부하 (3) 예열부하

07 보온재 두께 50 mm, 면적 12 m², 내측온도 300℃, 외측온도 20℃, 열전도량 4000 kcal/h 일 때 보온재의 열전도율(kcal/m·h·℃)을 구하시오.

- 해답 식 $4000 = x \times \dfrac{(300-20)}{0.05} \times 12$ 에서

  $x = \dfrac{4000 \times 0.05}{(300-20) \times 12} = 0.06$ kcal/m·h·℃   답 0.06 kcal/m·h·℃

- 참고 열전도량을 Q[kcal/h], 열전도율을 λ[kcal/h·m·℃], 두께를 b[m], 고온측 온도를 t_2[℃], 저온측 온도를 t_1[℃], 면적을 A[m²]라 하면

  $Q = \lambda \times \dfrac{(t_2 - t_1)}{b} \times A$

※ 열전도량이 나오면 삼각형으로 풀고 꼭 두께로 나눈다.

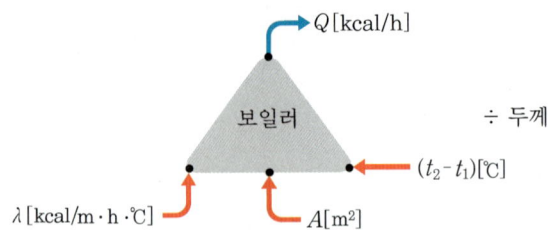

08 다음 설명에 해당하는 화염검출기의 종류를 [보기]에서 골라 쓰시오.

(1) 화염의 발광체를 이용한 것이며 화염의 복사선을 광전관이 잡아 화염의 유무를 검출해 주고 가스 및 기름 버너에 주로 사용한다.
(2) 화염의 이온화를 이용한 것이며 연소시간이 짧은 가스 점화 버너에서 주로 사용한다.
(3) 연소가스의 발열체를 이용한 것이며 연도에 설치한 바이메탈의 신축으로 화염의 유무를 검출해 주고 가격이 싸고 구조도 간단하지만 화염 검출의 응답이 느리고 소용량 온수 보일러에서 사용한다.

[보기]
- 아쿠아 스탯
- 스택 스위치
- 플레임 아이
- 콤비네이션 릴레이
- 플레임 로드
- 스택 릴레이

해답 (1) 플레임 아이 (2) 플레임 로드 (3) 스택 스위치

09 다음 방열기를 역환수관식(reverse return)으로 배관하려고 한다. 도면을 보고 배관을 완성하시오.

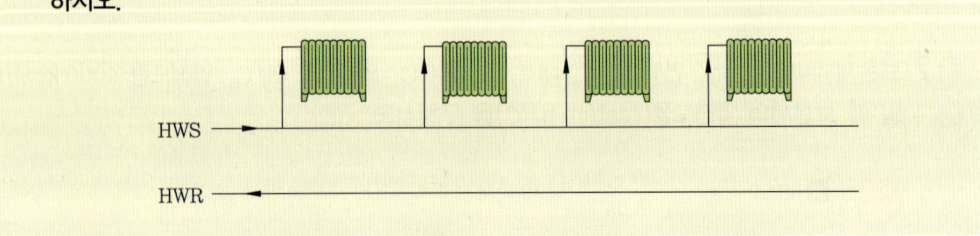

해답

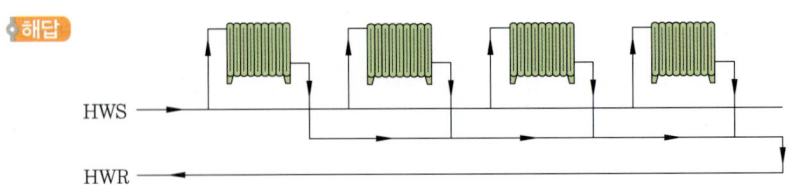

참고 ① HWS : 온수 공급 ② HWR : 온수 환수

10 난방부하 15300 kcal/h인 가스 보일러에서 효율이 85 %일 때 시간당 연료사용량(Nm³/h)을 구하시오. (단, 연료의 저위발열량은 6000 kcal/Nm³이다.)

해답 식 $\dfrac{15300}{x \times 6000} \times 100 = 85\,\%$ 에서

$x = \dfrac{15300 \times 100}{6000 \times 85} = 3\,\text{Nm}^3/\text{h}$

답 $3\,\text{Nm}^3/\text{h}$

참고 연료량 $= \dfrac{\text{난방부하}}{\text{효율} \times \text{저위발열량}}$

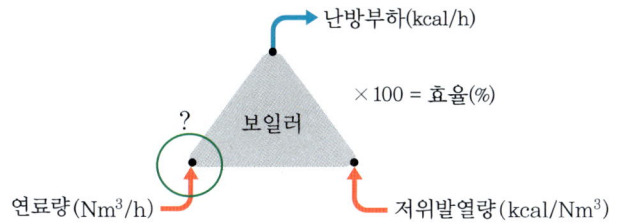

11 다음 그림은 구멍탄용 온수 보일러 설치 시공도의 한 예이다. 다음 물음에 답하시오.

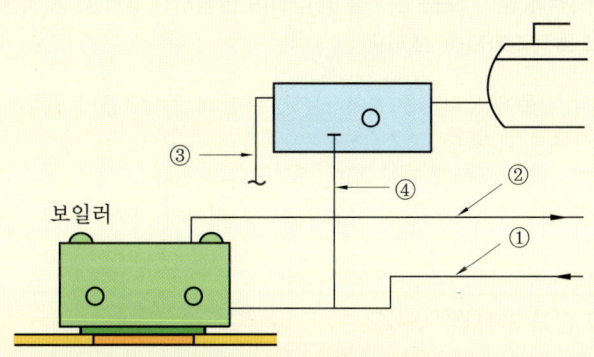

(1) ① ~ ④의 명칭을 쓰시오.
(2) ④의 돌출부는 팽창탱크 바닥면보다 최소 얼마 이상 올라와야 되는가를 쓰시오.

해답 (1) ① 환수주관 ② 송수주관 ③ 오버플로관(일수관) ④ 팽창관

(2) 25 mm 이상

참고 찌꺼기나 이물질이 보일러 내로 유입되는 것을 방지하기 위해 팽창관의 돌출부는 팽창탱크 바닥면보다 최소 25 mm 이상 올라와야 한다.

2012 12월 1일 출제문제(필답형 주관식)

01 배관을 지지할 목적으로 사용되는 행어(hanger)의 종류 3가지를 쓰시오.

> **해답** ① 콘스턴트 행어 ② 리지드 행어 ③ 스프링 행어

02 다음 방열기 도시 기호에 대한 물음에 답하시오.
(1) 방열기 쪽수는 몇 개인가?
(2) 형별 및 치수는 얼마인가?
(3) 유입관경(mm) 및 유출관경(mm)은 얼마인가?

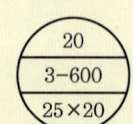

> **해답** (1) 20개
> (2) 형별 : 3세주형, 치수 : 600 mm
> (3) 유입관경 : 25 mm, 유출관경 : 20 mm

03 어떤 일정 지역에 증기 또는 온수를 공급하여 난방하는 방식을 지역난방이라 하는데, 이러한 지역난방의 특징 3가지를 쓰시오.

> **해답** ① 각 건물에 보일러를 설치하는 경우에 비해 열효율이 향상되며 연료비와 인건비의 절감 효과가 있다.
> ② 설비의 고도화에 따른 도시 매연이 감소된다.
> ③ 각 건물에 보일러실이 불필요하므로 건물의 이용도가 증대된다.

04 복사난방의 단점 3가지를 쓰시오.

> **해답** ① 방열체의 열용량이 크므로 외기온도가 급변하였을 때 방열량을 조절하기가 어렵다.
> ② 천장이나 벽을 가열면으로 할 경우 시공상 어려움이 많다.
> ③ 배관에 균열이 생기기 쉽고, 고장 시 발견이 어렵다.
> ④ 방열 패널 배관에서의 열손실을 방지하기 위해 단열층이 필요하며 이에 따른 시공비가 많이 든다.
>
> **참고** 복사난방의 장점
> ① 실내온도 분포가 균등하고 쾌감도가 높다.
> ② 별도의 방열기를 설치하지 않으므로 공간 이용도가 높다.
> ③ 방이 개방상태일 때도 난방효과가 있다.
> ④ 공기의 대류가 적으므로 바닥면의 먼지가 상승하는 일이 없다.

05 난방부하 18000 kcal/h이고 방열기 1개당 20쪽 짜리이며 쪽당 방열면적이 0.2 m²일 때 주철제 온수난방 보일러에서 이러한 방열기 몇 개가 필요한가?

해답 식 $0.2 \times 20 \times 450 \times x = 18000$ 에서

$x = \dfrac{18000}{0.2 \times 20 \times 450} = 10$ 개

답 10개

참고

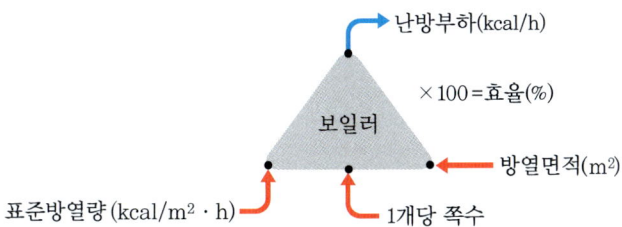

06 보일러 수위검출 제어방식 3가지를 쓰시오.

해답 ① 1요소식 ② 2요소식 ③ 3요소식

07 온수 보일러에서 난방부하가 12000 kcal/h, 급탕부하가 8000 kcal/h, 배관부하가 5000 kcal/h, 시동부하가 6000 kcal/h일 때 이 보일러의 정격출력(kcal/h)을 계산하시오.

해답 식 $12000 + 8000 + 5000 + 6000 = 31000 \text{ kcal/h}$

답 31000 kcal/h

참고 ① 정격출력 = 난방부하 + 급탕부하 + 배관부하 + 시동(예열)부하
② 상용출력 = 난방부하 + 급탕부하 + 배관부하

08 동관 연납 용접작업 시 필요한 공구 5가지를 쓰시오. (준비 단계에서 작업이 끝날 때까지)

해답 ① 스파크 라이터 ② 튜브 커터 ③ 사이징 툴
④ 줄 ⑤ 리머 ⑥ 익스팬더

09 통풍력 10 mm H₂O, 외기온도 20℃, 연소가스온도 150℃, 외기의 비중량 1.29 kg/Nm³, 연소가스의 비중량 1.34 kg/Nm³일 때 굴뚝 높이는 몇 m인가?

해답 식 굴뚝 높이 $= \dfrac{10}{273 \times \left(\dfrac{1.29}{20+273} - \dfrac{1.34}{150+273} \right)} = 29.66 \text{ m}$

답 29.66 m

참고 압력=비중량차×높이(0℃, 1기압 상태) $\xrightarrow{\text{온도 보정}}$ $10 = \left(1.29 \times \dfrac{273}{293} - 1.34 \times \dfrac{273}{423}\right) \times x$

$x = 29.66\,\mathrm{m}$

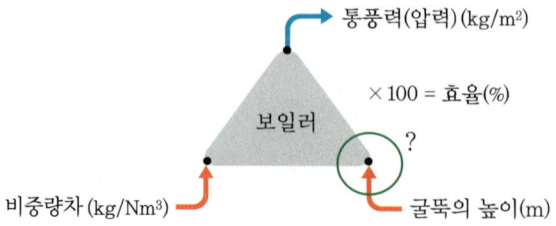

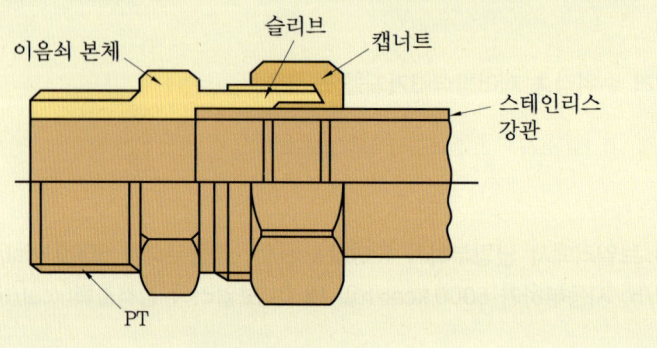

10 아래 그림은 스테인리스 강관 배관 시공법을 도시한 것이다. 청동주물 본체 이음쇠에 스테인리스 강관을 삽입하고, 동합금제 링을 캡 너트로 조여 접속하는 방식의 결합법은 무엇인가?

해답 MR 조인트(mechanical restrain joint)

2013년도 >>> 출제문제

2013 3월 17일 출제문제 (필답형 주관식)

01 온수난방에서 (1) 배관 방식에 따른 종류 2가지와 (2) 온수 공급 방식에 따른 종류 2가지를 쓰시오.

해답 (1) ① 단관식 ② 복관식
(2) ① 상향순환식 ② 하향 순환식

참고 (1) 온수 순환 방식에 따른 종류 : ① 자연순환식 ② 강제 순환식
(2) 온수 온도에 따른 종류 : ① 보통온수식(저온수식) ② 고온수식

02 연돌의 높이가 50 m, 배기가스의 평균온도 200℃, 외기온도가 25℃, 대기의 비중량이 1.29 kg/Nm³, 가스의 비중량이 1.34 kg/Nm³일 때 이론 통풍력(mmH$_2$O)을 계산하시오. (단, 답은 소수 셋째 자리에서 반올림하여 둘째 자리까지 구한다.)

해답 **식** 통풍력 $= 273 \times 50 \times \left(\dfrac{1.29}{25+273} - \dfrac{1.34}{200+273} \right) = 20.42$ mmH$_2$O   **답** 20.42 mmH$_2$O

참고 압력(통풍력) = 비중량차 × 온도 보정 × 높이
kg/m² = mmH$_2$O = mmAq

03 (1) 동력용 나사절삭기의 종류 3가지를 쓰고 (2) 3가지 중 3가지 동작을 연속으로 할 수 있는 것을 쓰시오.

해답 (1) ① 오스터식 ② 호브식 ③ 다이헤드식
(2) 다이헤드식

참고 동력용 나사절삭기 중 파이프 절단, 거스러미(burr) 제거, 나사 절삭 3가지 동작을 연속으로 할 수 있는 것은 다이헤드식이다.

04 다음 조건과 같은 방열기의 방열량(kcal/m²·h)을 계산하시오.

- 방열기 입구의 온수온도 : 90℃
- 방열기 출구의 온수온도 : 70℃
- 방열기 방열계수 : 7 kcal/m²·h·℃
- 실내온도 : 18℃

🔷해답 📐 방열량=$7 \times \left(\dfrac{90+70}{2} - 18\right) = 434 \text{ kcal/m}^2 \cdot \text{h}$ 📋 $434 \text{ kcal/m}^2 \cdot \text{h}$

🔷참고 방열기의 방열량=방열기 방열계수×온도

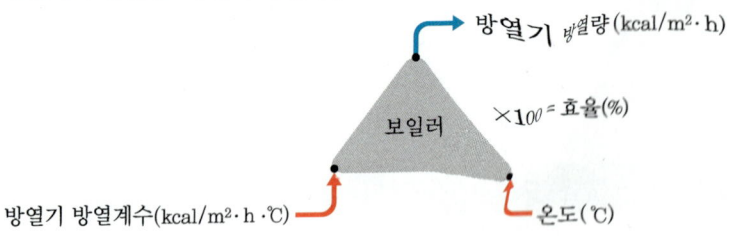

05 통풍력을 높이는 방법 3가지를 쓰시오.

🔷해답 ① 연돌 높이를 높인다.　　② 연돌 상부 단면적을 크게 한다.
③ 배기가스 온도를 높인다.　④ 외기의 온도를 낮춘다.
⑤ 연도를 보온조치한다.　　⑥ 연도의 길이를 짧게 하고 굴곡부를 적게 한다.

06 배관에서 유량계를 설치하고자 할 때 [보기]의 부속을 사용하여 배관도를 도시하시오.

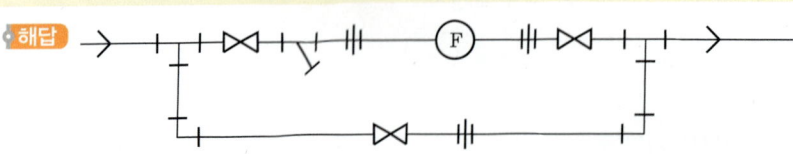

🔷해답

07 벽의 두께를 b[m], 열전도율을 λ[kcal/m·h·℃], 내측 전달률을 α_1[kcal/m²·h·℃], 외측 열전달률을 α_2[kcal/m²·h·℃]라고 할 때 열관류율 K[kcal/m²·h·℃]를 구하는 공식을 만드시오.

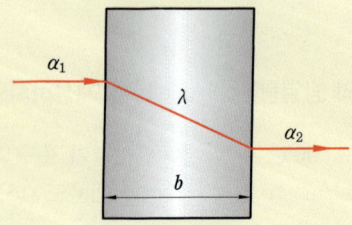

해답 $K = \dfrac{1}{\dfrac{1}{\alpha_1} + \dfrac{b}{\lambda} + \dfrac{1}{\alpha_2}}$ [kcal/m² · h · ℃]

08 [보기] 화염검출기 중 가스전용 점화 버너에 사용되는 것 3가지를 골라 번호를 쓰시오.

[보기]
① CdS셀   ② PbS셀   ③ 적외선 광전관   ④ 자외선 광전관   ⑤ 플레임 로드

해답 ②, ④, ⑤

09 어떤 가스 온수 보일러의 부하(열량)가 20000 kcal/h이고 이 보일러의 효율이 80 %일 때 가스연료 소모량(Nm³/h)은 얼마인가? (단, 가스의 저위발열량은 10000 kcal/Nm³이다.)

해답 식 $\dfrac{20000}{x \times 10000} \times 100 = 80$ 에서

$x = \dfrac{20000 \times 100}{10000 \times 80} = 2.5$ m³/h

답 2.5m³/h

참고

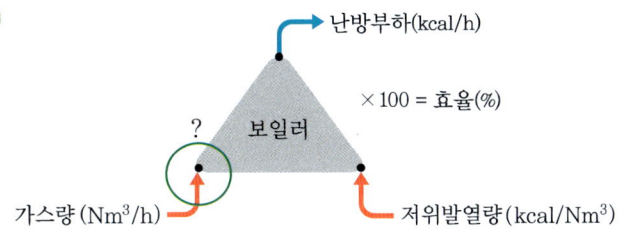

10 다음은 동관 공구의 종류별 용도에 대한 설명이다. 해당 공구명을 각각 쓰시오.
(1) 동관 끝 부분을 원형으로 정형한다.
(2) 동관 끝을 나팔관으로 확장한다.
(3) 동관을 확관한다.
(4) 동관을 절단하는 데 사용한다.
(5) 동관 절단 후 거스러미 제거에 사용한다.

해답 (1) 사이징 툴   (2) 플레어링 툴 세트   (3) 익스팬더
(4) 튜브 커터   (5) 리머

2013 5월 26일 출제문제(필답형 주관식)

01 다음 ( ) 안에 알맞은 용어나 수치를 써넣으시오.

> 압력계와 연결되는 증기관이 황동관 또는 (가)일 경우에는 안지름이 6.5 mm 이상이어야 하고 증기온도가 (나)℃를 넘으면 반드시 (다)을 사용하여야 하고 황동관이나 (라)을 사용할 수 없다.

해답 가 : 동관, 나 : 210, 다 : 강관, 라 : 동관

02 온수 보일러 1일 난방부하가 108000 kcal/day, 급탕부하가 96500 kcal/day, 시동부하가 65000 kcal/day, 배관부하가 90500 kcal/day일 때 정격열출력(kcal/h)을 계산하시오.

해답 **식** 정격열출력 = $\dfrac{108000 + 96500 + 90500 + 65000}{24}$ = 15000 kcal/h   **답** 15000 kcal/h

참고

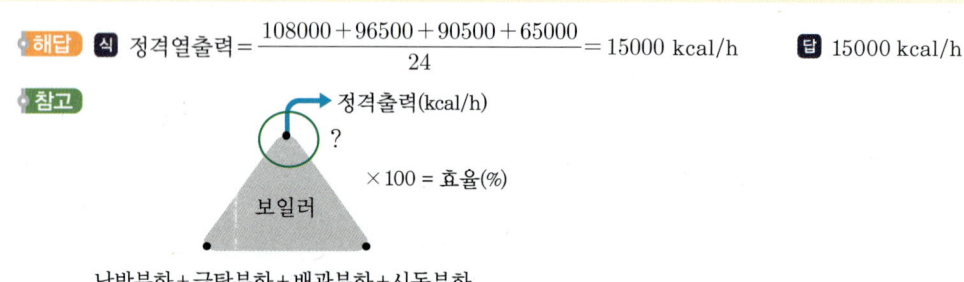

03 자연순환식 온수배관에서 저항을 많이 받는 부위 3곳을 쓰시오.

해답 ① 엘보가 설치된 곳 ② 티가 설치된 곳 ③ 밸브가 설치된 곳 ④ 리듀서가 설치된 곳

04 다음은 방열기 도시 기호에 대한 물음이다. 각각 답하시오.

(1) 쪽수   (2) 종별
(3) 치수   (4) 유입관경
(5) 총 방열기 쪽수

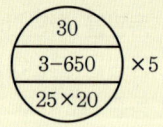

해답 (1) 30쪽 (2) 3세주형 (3) 650 mm (4) 25 mm (5) 30×5=150쪽

05 온수난방을 하는 주철제 방열기에서 입구온도가 85℃, 출구온도가 67℃이다. 이때 실내 공기온도는 20℃이며 온수난방의 표준방열량은 450 kcal/m²·h, 표준 온도차는 62℃로 할 때 주철제 방열기의 소요 방열량(kcal/m²·h)을 계산하시오.

해답 식 $62 : 450 = \left(\dfrac{85+67}{2} - 20\right) : x$ 에서

$$x = \dfrac{450 \times \left(\dfrac{85+67}{2} - 20\right)}{62} = 406.45 \text{ kcal/m}^2 \cdot \text{h}$$

답 $406.45 \text{ kcal/m}^2 \cdot \text{h}$

06 강관 절단 시 가스 절단 방법 외 절단 방법 4가지를 쓰시오.

해답
① 파이프 커터로 절단
② 쇠톱으로 절단
③ 고속 숫돌 절단기로 절단
④ 동력용 나사절삭기(다이헤드식)로 절단

07 나관에서의 열손실이 5000 kcal/h, 보온 피복 후 열손실이 1000 kcal/h일 때 보온 효율(%)을 계산하시오.

해답 식 보온 효율 $= \left(\dfrac{5000 - 1000}{5000}\right) \times 100 = 80\%$

답 80%

참고 나관의 열손실 − 피복관의 열손실

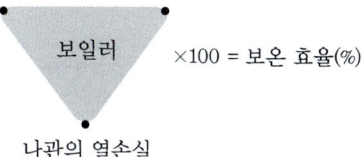

×100 = 보온 효율(%)

나관의 열손실

08 다음 ( ) 안에 맞은 알맞은 수치를 넣으시오.

증기 보일러 안전밸브 및 압력방출장치의 크기는 호칭지름 (가) A 이상으로 하여야 하지만 다만 최고사용압력이 0.1 MPa 이하인 경우에는 (나) A 이상으로 할 수 있다.

해답 가 : 25   나 : 20

09 자동제어 방식 중 인터록의 제어동작 5가지를 쓰시오.

해답
① 프리퍼지 인터록 ② 불착화 인터록 ③ 저연소 인터록
④ 저수위 인터록 ⑤ 압력초과 인터록

10 원심력 송풍기에서 풍량 조절 방법 3가지를 쓰시오.

해답
① 송풍기 회전수 조절에 의한 방법 ② 댐퍼 조절에 의한 방법
③ 흡입 베인의 개도에 의한 방법

2013 9월 1일 출제문제(필답형 주관식)

01 보온을 하지 않은 나관에서의 방사열량이 30000 kcal/m²·h이고 보온재로 보온을 하였을 때의 방사열량이 4500 kcal/m²·h일 때 보온 효율(%)을 계산하시오.

해답 식 보온 효율 = $\left(\dfrac{30000-4500}{30000}\right) \times 100 = 85\%$ 답 85%

참고 $\dfrac{\text{나관의 열손실} - \text{피복관의 열손실}}{\text{나관의 열손실}} \times 100 =$ 보온 효율(%)

02 어떤 가스 온수 보일러의 부하(열량)가 25600 kcal/h이고, 이 보일러의 효율이 80%일 때 가스 연료 소모량(Nm³/h)은 얼마인가? (단, 가스의 저위발열량은 10000 kcal/Nm³이다.)

해답 식 $\dfrac{25600}{x \times 10000} \times 100 = 80$에서 $x = \dfrac{25600 \times 100}{10000 \times 80} = 3.2\ \text{Nm}^3/\text{h}$ 답 3.2 Nm³/h

참고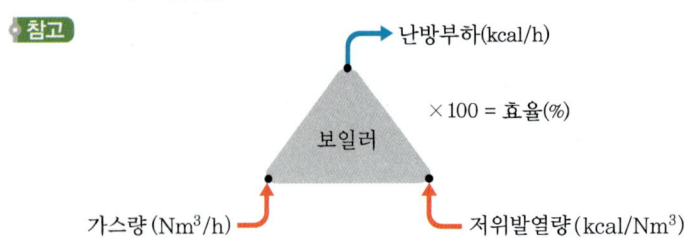

03 어떤 배관의 안지름이 20 mm이고 흐르는 유체의 유속이 1.5 m/s라면 관속을 흐르는 유량 (Nm³/h)은 얼마인지 계산하시오. (단, 답은 소수 둘째 자리에서 반올림할 것)

해답 식 유량 $= 0.785 \times 0.02^2 \times 1.5 \times 3600 = 1.7\ \text{Nm}^3/\text{h}$ 답 1.7 Nm³/h

참고 유량 = 유속 × 단면적

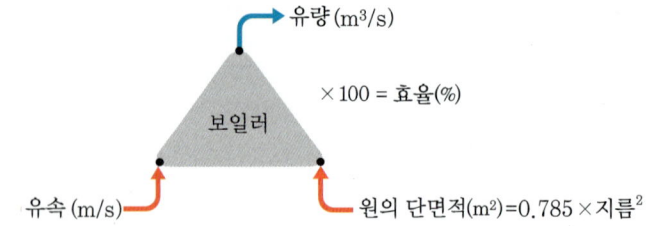

04 패널의 위치에 따른 복사난방(패널 히팅)의 종류 3가지를 쓰시오.

◆해답 ① 천장 패널 ② 벽 패널 ③ 바닥 패널

05 배수 펌프 설치 시 부속품을 [보기]에서 골라 순서대로 적으시오.

(①) → 게이트 밸브 → (②) → (③) → 펌프 → (④) → (⑤) → 게이트 밸브

[보기]
- 체크밸브
- 풋밸브
- 여과기
- 플렉시블 이음

◆해답 ① 풋밸브 ② 여과기 ③ 플렉시블 이음 ④ 플렉시블 이음 ⑤ 체크밸브

◆참고 ① 체크밸브 : 역류 방지
② 여과기 : 불순물 제거
③ 풋밸브 : 역류 방지
④ 플렉시블 이음 : 신축 작용(펌프의 입·출구에 설치)

06 플레이트(방사형) 송풍기의 특징 4가지를 쓰시오.

◆해답 ① 구조가 간단하고 플레이트 교체가 용이하다.
② 비교적 효율이 높다.
③ 대용량에 적합하다.
④ 연소가스에 의한 마모가 적다.
⑤ 흡입 송풍기로 많이 사용된다.

07 다음은 유류 연소용 온수 보일러의 팽창탱크 설치 시공에 대한 기준 설명이다. ( ) 안에 적당한 숫자 또는 용어를 넣으시오. (단, 팽창탱크가 보일러에 내장된 경우가 아니다.)

- 팽창탱크 용량은 보일러 및 배관 내의 보유수량이 200 L까지는 20 L, 보유수량이 200 L를 초과하는 경우 그 초과량 100 L마다 (가) L씩 가산한 용량 이상이어야 한다.
- 팽창관의 끝부분은 팽창탱크 바닥면보다 (나) mm 정도 높게 배관되어야 한다.
- 밀폐식의 경우 배관 계통 내의 압력이 제한 압력 이상으로 되면 자동적으로 과잉수를 배출시킬 수 있도록 (다)를 설치해야 한다.
- 온수 보일러에는 개방식 또는 밀폐식 팽창탱크가 있으며 개방식 팽창탱크는 방열면보다 (라) m 이상 높은 곳에 설치하여야 하며 온수 온도가 (마) ℃ 이상인 경우에는 밀폐식 팽창탱크를 설치해야 한다.

[해답] 가 : 10 나 : 25 다 : 방출밸브 라 : 1 마 : 100

08 다음 동합금 이음쇠에 대한 물음에 답하시오.
(1) 한쪽은 동관이 삽입되어 용접되도록 되어 있고 다른 쪽은 수나사로 되어 있어 강관 부속에 나사 이음이 되도록 되어 있는 이음쇠의 명칭은 무엇인가?
(2) 한쪽은 동관이 삽입되어 용접되도록 되어 있고 다른 쪽은 암나사로 되어 있어 강관의 수나사와 연결되도록 되어 있는 이음쇠의 명칭은 무엇인가?

[해답] (1) CM형 어댑터   (2) CF형 어댑터

09 오른쪽 그림과 같이 표시되는 이경 티의 규격을 쓰시오.

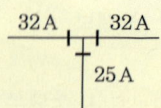

[해답] 32×32×25

10 다음 그림은 복관식 중력 순환 온수난방법의 개략도이다. AV, RV가 뜻하는 것은 무엇인지 쓰시오.

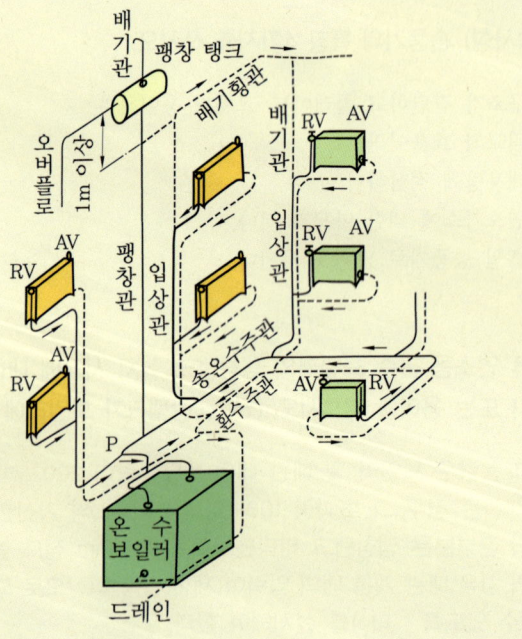

[해답] AV : 공기빼기 밸브(air vent valve), RV : 방열기 밸브(radiator valve)

2013 11월 23일 출제문제(필답형 주관식)

01 온수가 배관 내를 흐를 때 관 내부와 마찰을 일으켜 압력손실을 가져오게 되는데, 이러한 손실을 줄이기 위하여 다음 각각을 어떻게 해야 하는지 간단히 쓰시오.
(1) 굽힘 개소 :
(2) 관경 :
(3) 배관 길이 :
(4) 유속 :
(5) 유체 점도 :

해답 (1) 굽힘 개소 : 굽힘 개소를 적게 한다.
(2) 관경 : 관경을 크게 한다.
(3) 배관 길이 : 배관 길이를 짧게 한다.
(4) 유속 : 유속을 느리게 한다.
(5) 유체 점도 : 유체의 점도를 낮게 한다.

02 방열기를 실내에 설치할 때에 외기에 접한 창문 아래에 설치한다. 그 이유를 2가지만 쓰시오.

해답 ① 복사난방 효과를 상승시키기 위하여
② 창문 가까이 냉기 하강 방지를 위하여

03 보일러 통풍 방법 중 강제 통풍의 종류를 3가지 쓰시오

해답 ① 압입 통풍 ② 흡입 통풍 ③ 평형 통풍
참고 강제 통풍의 종류
① 압입(가압) 통풍
② 흡입(유인) 통풍
③ 평형 통풍

04 실내 온도조절기(room thermostat)를 구조에 따라 분류하여 2가지만 쓰시오.

해답 ① 바이메탈 스위치식
② 다이어프램 팽창식

05 내경 20 mm인 관을 통하여 보일러에 시간당 250 L의 급수를 하는 경우 관내 급수의 유속은 몇 m/s인지 구하시오. (단, 급수 1 m³는 1000L이다.)

해답 **식** 유속 $=\dfrac{\frac{250}{3600 \times 1000}}{0.785 \times (0.02)^2} = 0.22$ m/s **답** 0.22 m/s

참고 유속 $= \dfrac{유량}{원의\ 단면적}$ 원의 단면적 $= \dfrac{\pi D^2}{4} = 0.785 D^2$

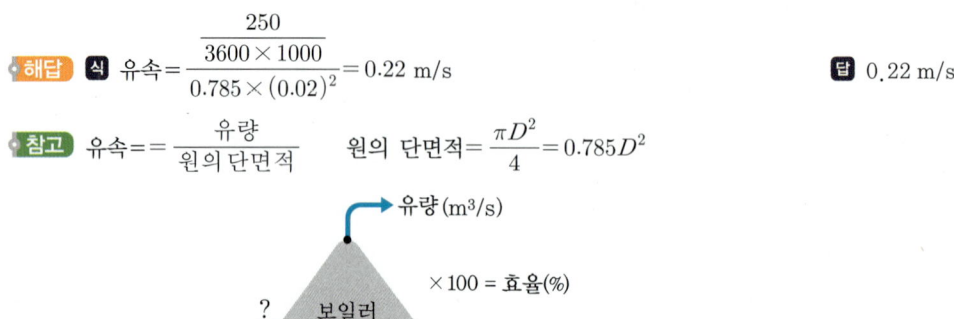

06 어떤 보일러 외부 표면으로부터 보일러실 내로 열전달이 되고 있다. 보일러 외부의 표면적이 40 m²이고, 온도가 80℃이며, 실내 온도가 20℃이면 열전달량은 몇 kcal/h인지 구하시오. (단, 보일러 외면과 실내 공기와의 열전달계수는 0.25 kcal/m²·h·℃이다.)

해답 **식** 열전달량 $= 0.25 \times 40 \times (80-20) = 600$ kcal/h   **답** 600 kcal/h

참고 난방부하 = 열전달계수 × 면적 × 온도차

07 다음은 방열기 주위의 신축 이음 배관으로 적용되는 스위블 이음에 대한 설명이다. (   )에 알맞은 내용을 아래에 기입하시오.

"스위블 이음은 최소한 (가)개 이상의 (나)를(을) 사용하여 이음부의 (다)를(을) 이용한 것으로 비교적 간편한 신축 이음 형태이다. 그러나 (라)가(이) 헐거워져 누수의 원인이 될 수 있고, 굴곡부에서 내부 유체의 (마) 강하를 가져온다."

해답 가 : 2, 나 : 엘보, 다 : 비틀림, 라 : 나사 이음부, 마 : 압력

08 용기 내의 어떤 가스의 압력이 6 kgf/cm², 체적 50 L, 온도 5℃였는데 이 가스가 단열상태로 상태 변화를 일으킨 후 압력이 6 kgf/cm², 온도가 35℃로 되었다면 체적은 몇 리터(L)인지 구하시오.

> **해답** 식 $\dfrac{50}{(5+273)} = \dfrac{x}{(35+273)}$ 에서 $x = \dfrac{(35+273)}{(5+273)} \times 50 = 55.40$ L   답 55.40 L
>
> **참고** 샤를의 법칙 : 가스의 압력이 일정할 때 체적은 온도에 비례한다.

09 배관 도면에 다음과 같은 표시 기호가 있을 때 기기의 명칭을 [보기]에서 골라 쓰시오.
(1) F.C.U   (2) CONV   (3) A.V

[보기]
• 팬코일 유닛   • 컨벡터   • 공기빼기 밸브   • 체크밸브

> **해답** (1) F.C.U : 팬코일 유닛
> (2) CONV : 컨벡터
> (3) A.V : 공기빼기 밸브

10 유체를 일정한 방향으로만 흐르게 하고 역류를 방지하는 데 사용하는 체크밸브를 구조에 따라 분류한 명칭 4가지를 쓰시오.

> **해답** ① 스윙형 체크밸브
> ② 리프트형 체크밸브
> ③ 볼형 체크밸브
> ④ 벤투리형 체크밸브
> ⑤ 스모렌스키형 체크밸브

2014년도 » 출제문제

2014 3월 23일 출제문제 (필답형 주관식)

01 [보기] 중 현열과 잠열을 동시에 가지는 것을 모두 골라 번호를 적으시오.

[보기]
① 창문의 창틀　② 실내의 형광등　③ 벽체
④ 사람의 인체열　⑤ 송풍기 덕트로 돌아오는 공기　⑥ 외기부하

해답 ④, ⑤, ⑥

참고 ① 고체(창문의 창틀, 벽체 등) 및 전기제품의 조명기구는 수분이 없으므로 현열만 가진다.
② 사람의 인체열, 덕트의 공기, 외기부하 등은 수분을 함유하고 있으므로 현열과 잠열을 동시에 가진다.

02 증기난방에서의 응축수 환수방식 3가지를 쓰시오.

해답 중력환수식, 기계환수식, 진공환수식

03 난방부하가 2250 kcal/h인 어떤 거실을 주철제 방열기로 온수난방하려고 한다. 방열기 1섹션(쪽)당 방열면적이 0.2 m²일 때 방열기의 소요 섹션수는 몇 개인지 구하시오. (단, 방열기의 방열량은 표준방열량으로 한다.)

해답 **식** $450 \times 0.2 \times 섹션수 = 2250$

섹션수 $= \dfrac{2250}{450 \times 0.2} = 25$쪽

답 25쪽

참고 섹션수 $= \dfrac{난방부하}{표준방열량 \times 면적}$

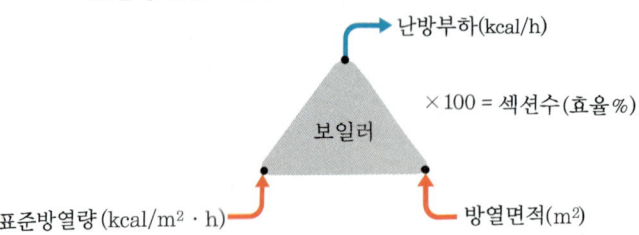

04 보일러 자동제어 중 (1) ACC (2) FWC (3) STC의 조작량이 아닌 제어량을 1가지씩 쓰시오.

해답 (1) ACC : 증기압력(또는 노내압력) (2) FWC : 보일러 수위 (3) STC : 증기온도

참고 보일러 자동제어(ABC)

종류와 약칭	제어량	조작량
증기온도제어(STC)	증기온도	전열량
급수제어(FWC)	보일러 수위	급수량
연소제어(ACC)	증기압력(노내 압력)	공기량, 연료량, 연소가스량

05 관의 결합방식 표시방법에서 나사 이음, 플랜지 이음, 소켓 이음, 유니언 이음을 각각 그림 기호로 도시하시오.

(1) 나사 이음 (2) 플랜지 이음
(3) 소켓 이음 (4) 유니언 이음

해답 (1) ─┼─ (2) ─╫─ (3) ─⊂─ (4) ─┤├─

06 온수온돌을 시공할 때 방열관의 병렬식 배관 방법 중 분리주관식과 인접주관식을 간단히 도시하시오.

(1) 분리주관식 (2) 인접주관식

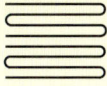
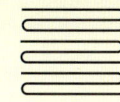

해답 (1) 분리주관식 : 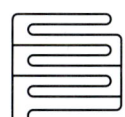 (2) 인접주관식 :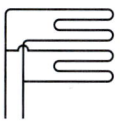

07 증기난방과 비교한 온수난방의 특징을 4가지만 쓰시오.

해답 ① 실내 쾌감도가 좋다.
② 동결의 우려가 없다.
③ 난방부하 변동에 따른 온도 조절이 용이하다.
④ 방열기 표면온도가 낮아 화상 우려가 적다.
⑤ 예열시간이 길다.
⑥ 시설비가 많이 든다.

08 밀폐식 팽창탱크의 수면에서 최고부의 방열기까지 높이는 12 m, 순환펌프의 양정은 10 m, 증기온도 105 ℃에서 증기의 압력은 1.23 kgf/cm² 일 때 밀폐식 팽창탱크의 필요 압력에 상당하는 수두압은 몇 mAq인가?

해답 **식** 수두압 $= 12 + 1.23 \times 10 + \frac{1}{2} \times 10 + 2 = 31.3$ mAq   **답** 31.3 mAq

참고 $H = h + h_1 + \frac{1}{2} \times h_p + 2$

여기서, H : 밀폐식 팽창탱크의 필요 압력(게이지압)에 상당하는 수두압(mAq)
h : 밀폐식 팽창탱크 내 수면에서 배관 최고부까지의 높이(m)
h_1 : 필요 온도에 대한 포화증기압(게이지압)에 상당하는 수두압(mAq)
h_p : 순환펌프의 양정(m)

09 주철제 5세주형 방열기의 높이가 650 mm, 쪽수가 24개, 방열기의 유입측 관경이 25 mm, 유출측 관경이 20 mm일 때, 아래 방열기 도시 기호를 완성하시오.

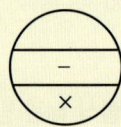

해답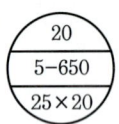

10 다음은 유류용 온수 보일러의 설치 개략도이다. 아래 각 부품에 맞는 번호를 개략도에서 찾아 쓰시오.

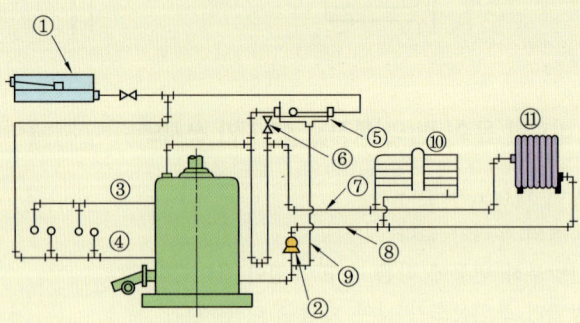

(1) 급탕용 온수공급관   (2) 난방용 온수환수관   (3) 급수탱크
(4) 팽창관   (5) 방열관

해답 (1) ③   (2) ⑧   (3) ①   (4) ⑨   (5) ⑩

2014 5월 25일 출제문제(필답형 주관식)

01 다음 도면과 같이 배관작업을 하고자 한다. 아래 표를 보고 품목별 소요수량을 기재하시오.

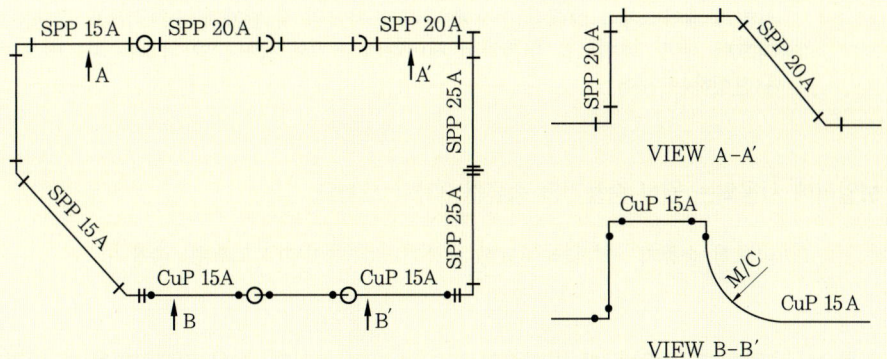

번호	품명	규격	수량
1	강 90° 이경 엘보	20 A×15 A	가
2	강 90° 엘보	15 A	나
3	강 45° 엘보	20 A	다
4	동 90° 엘보	15 A	라
5	동 CM 어댑터	15 A	마

해답 가 : 1개 나 : 1개 다 : 2개 라 : 3개 마 : 2개

02 주철관 이음법 중 소켓 이음에 대한 설명이다. (   ) 안에 알맞은 용어를 [보기]에서 골라 쓰시오.

"(가) 이음이라고도 하며, 주로 건축물의 배수·배관 및 (나)에 많이 사용된다. 주철관의 (다)쪽에 스피것(spigot)이 있는 쪽을 넣어 맞춘 다음, 얀을 단단히 꼬아 감고 정으로 박아 넣는다. 얀 삽입의 길이는 수도관의 경우에는 삽입 길이의 (라), 배수관의 경우에는 (마) 정도가 알맞다."

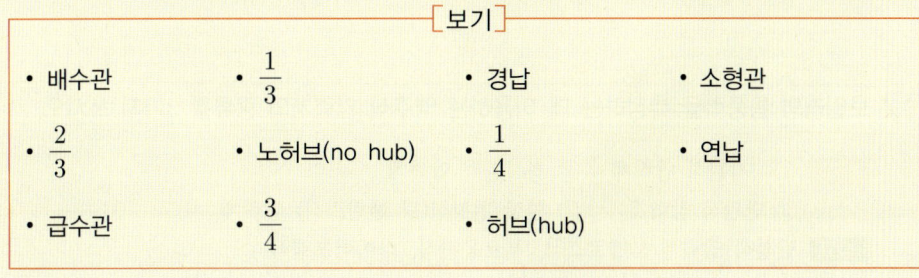

해답 가 : 연납 나 : 소형관 다 : 허브(hub) 라 : $\frac{1}{3}$ 마 : $\frac{2}{3}$

03 자동제어를 2가지로 구분하여 설명하시오.

해답 ① 시퀀스 제어 : 미리 정해진 순서에 따라서 제어의 각 단계가 순차적으로 진행되는 제어
② 피드백 제어 : 폐회로를 형성하여 제어량의 크기와 목표값의 비교를 피드백 신호에 의해 진행하는 제어

04 보일러에 사용되는 원심 송풍기의 종류를 3가지 쓰시오.

해답 ① 터보형 송풍기 ② 플레이트형 송풍기 ③ 다익형(시로코형) 송풍기

05 관을 보온 피복하지 않았을 때 방열량이 650 kcal/m²·h이고, 보온 피복하였을 때 방열량이 390 kcal/m²·h이라면, 이 보온재에 의한 보온 효율은 몇 %인지 계산하시오.

해답 식 보온 효율 $= \left(\dfrac{650-390}{650}\right) \times 100 = 40\,\%$ 답 40 %

참고 보온 효율 문제는 역삼각형 보일러로 풀면 된다.

06 사무실에 온수용 3세주 650 mm 주철제 방열기를 설치하고자 한다. 난방부하가 6750 kcal/h일 때 섹션수는 얼마가 되어야 하는가? (단, 방열기 방열량은 표준으로 하고 방열기의 섹션당 표면적은 0.15 m²이다.)

해답 식 섹션수 $= \dfrac{6750}{450 \times 0.15} = 100$ 개   답 100개

참고

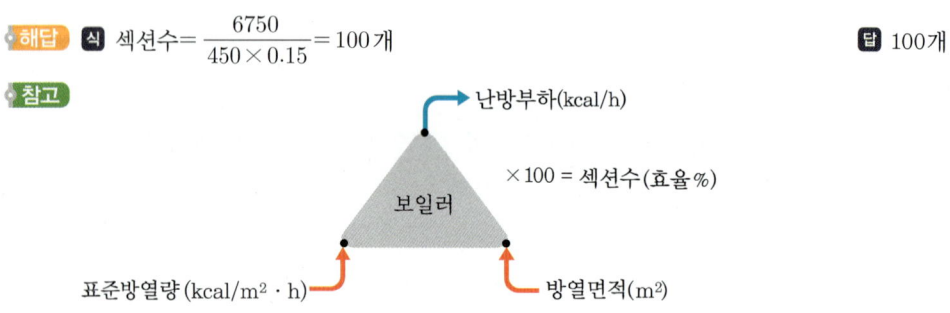

07 보일러의 통풍력을 측정하는 데 이용하는 액주식 압력계의 종류를 3가지 쓰시오.

해답 ① U자관식 압력계 ② 경사관식 압력계
③ 단관식 압력계 ④ 환상 천평식(링 밸런스식) 압력계

참고 탄성식 압력계 : 벨로스식, 부르동관식, 다이어프램식

08 다음은 강관과 비교한 동관의 특징을 설명한 것이다. ( ) 속의 말 중 옳은 것에 ◯ 표시하시오.

"동관은 강관에 비하여 유연성이 (크고, 작고), 유체 흐름에 대한 마찰저항이 (크다, 작다). 또한, 내식성이 (작으며, 크며), 열전도율이 (크고, 작고), 같은 호칭경으로 비교할 경우 무게가 (가볍다, 무겁다)."

해답 "동관은 강관에 비하여 유연성이 (㉠크고, 작고), 유체 흐름에 대한 마찰저항이 (크다, ㉠작다). 또한, 내식성이 (작으며, ㉠크며), 열전도율이 (㉠크고, 작고), 같은 호칭경으로 비교할 경우 무게가 (㉠가볍다, 무겁다)."

09 효율이 90 %인 보일러에 발열량이 11000 kcal/kg인 연료를 시간당 60 kg을 사용한다면 이 보일러의 유효열량(kcal/h)을 계산하시오.

해답 식 유효열량 = 11000 × 60 × 0.9 = 594000 kcal/h 답 594000 kcal/h

참고 유효열량 = 연료량 × 발열량 × 효율

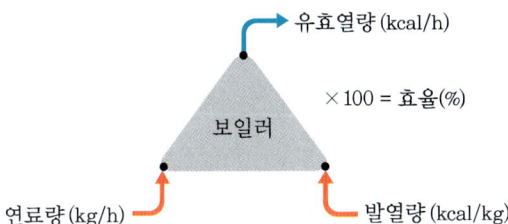

10 비동력 급수장치인 인젝터에 대한 작동 설명이다. 인젝터의 각 밸브 및 핸들을 작동 순서대로 번호를 쓰시오.

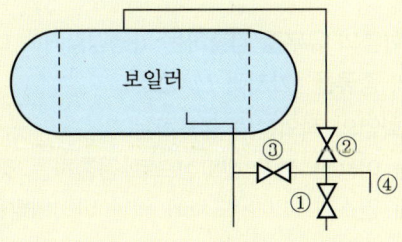

[보기]
① 급수밸브를 연다.   ② 증기밸브를 연다.
③ 출구정지밸브를 연다.   ④ 핸들을 연다.

해답 ③ → ① → ② → ④

2014 9월 14일 출제문제(필답형 주관식)

01 다음 설명에 맞는 밸브 명칭을 아래에 쓰시오.
(1) 유체를 한쪽 방향으로만 흐르게 하는 밸브로서 별도의 조작 없이 유체의 압력에 의해서 스스로 개폐되는 밸브
(2) 파이프의 횡단면과 평행하게 개폐되는 밸브로, 일명 게이트밸브라고도 하며, 유량 조절용으로는 부적합하고, 밸브를 완전히 열면 유체 흐름의 저항이 다른 밸브에 비하여 아주 작은 밸브
(3) 다른 밸브보다 리프트(lift)가 작아서 개폐 시간이 짧고, 누설의 염려가 적지만 밸브 내에서 유체의 흐름이 급격히 변경되므로 압력손실이 크고, 일명 스톱밸브라고도 하는 밸브

▶해답 (1) 체크밸브 (2) 슬루스밸브 (3) 글로브밸브

02 다음 도면은 온수 보일러의 배관 계통도이다. ①~⑤의 명칭을 쓰시오.

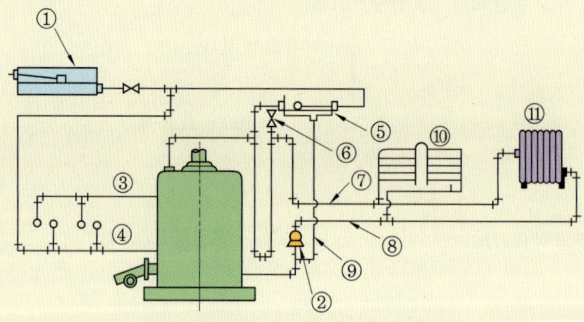

▶해답 ① 버너 ② 순환펌프 ③ 공기빼기 밸브 ④ 팽창탱크 ⑤ 방열기

03 다음은 보일러에서 화염의 유무를 검출하는 화염검출기에 대한 설명이다. 각각의 설명에 해당되는 화염검출기의 종류를 1가지씩 쓰시오.
(1) 광전관을 통해 화염의 적외선을 검출하는 것
(2) 화염의 이온화를 이용한 전기 전도성으로 검출하는 것
(3) 연도에 설치되어 연소가스의 온도차에 의한 바이메탈을 이용한 것

▶해답 (1) 플레임 아이 (2) 플레임 로드 (3) 스택 스위치

04 관을 회전시키거나 이음쇠를 죄거나 풀 때 사용하는 파이프 렌치의 종류를 2가지만 쓰시오.

▶해답 ① 보통형 파이프 렌치 ② 강력형 파이프 렌치 ③ 체인형 파이프 렌치

05 가정용 온수 보일러의 연돌 시공 시 자연 통풍력을 증대시킬 수 있는 방법을 3가지 쓰시오.

해답 ① 연돌의 단면적을 크게 한다.   ② 연돌의 높이를 높게 한다.
③ 연도의 길이를 짧게 한다.   ④ 연도의 굴곡부를 최소화한다.
⑤ 배기가스 온도를 높인다.

06 호칭 20 A 동관을 곡률 반지름 120 mm로 90° 벤딩할 때 굽힘부의 길이는 몇 mm인지 계산하시오.

해답 식 굽힘부 길이 $= 2 \times \pi \times 120 \times \dfrac{90}{360} = 188.50$ mm   답 188.50mm

참고 곡관부 길이 $= 2\pi r \times \dfrac{\theta}{360}$

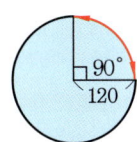

07 [보기]에 열거된 온수온돌 배관 작업 요소들을 시공 순서대로 그 번호를 아래에 쓰시오.

[보기]
① 골재 충진 작업   ② 기초 시공   ③ 배관 작업
④ 온수 보일러 설치   ⑤ 단열·보온처리   ⑥ 수압시험
⑦ 시멘트 모르타르 바르기 ⑧ 방수처리   ⑨ 받침재 설치

② → (가) → ⑤ → (나) → (다) → ④ → (라) → (마) → ⑦

해답 (가) ⑧ (나) ⑨ (다) ③ (라) ⑥ (마) ①

08 동관을 작업할 때 티분기관(돌출형) 이음부를 성형하려고 한다. 이때 필요한 공구를 5가지만 쓰시오.

해답 ① 동관 커터 ② 리머 ③ 사이징 툴 ④ 익스팬터(확관기) ⑤ 동관 벤딩기
⑥ 플레어링 툴 세트 ⑦ 자

09 두께 300 mm인 벽돌의 열전도율이 0.03 kcal/m·h·℃이고, 내벽의 온도가 300℃, 외벽의 온도가 30℃이다. 이 벽 1 m²를 통하여 전달되는 열량은 몇 kcal/h인지 계산하시오.

해답 식 전달열량 $= \dfrac{0.03 \times 1 \times (300-30)}{0.3} = 27$ kcal/h   답 27kcal/h

참고 열전도율이 나오는 문제는 삼각형으로 푸는데 이때 꼭 두께로 나누어야만 열전달량이 나온다.

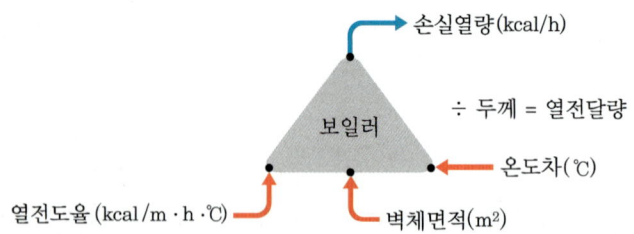

10 호칭지름 15 A 일반배관용 탄소 강관과 90° 엘보 2개를 그림과 같이 나사 이음할 때 실제 강관의 절단길이는 몇 mm인지 계산하시오. (단, 엘보의 끝단에서 엘보 중심까지의 길이는 27 mm이고, 엘보의 나사 물림부 길이는 11 mm이다.)

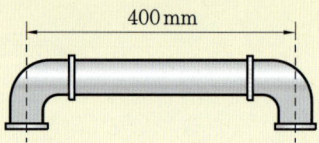

해답 식 절단길이 = $400 - 2(27 - 11) = 368$ mm   답 368 mm

참고 공간 길이$(s) = A - a = 16$

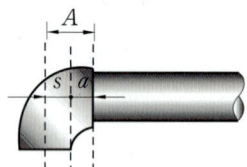

2014 11월 22일 출제문제 (필답형 주관식)

01 다음 각 ( ) 안에 알맞은 용어를 쓰시오.

원심력에 의하여 양수되는 원심식 펌프로써 안내날개가 없는 것을 (가) 펌프라고 하며, 안내날개가 있는 것을 (나) 펌프라고 한다.

해답 가 : 벌류트   나 : 터빈

참고 펌프의 종류
- 회전식(원심식) 펌프 : 터빈 펌프, 벌류트 펌프
- 왕복동식 펌프 : 워싱턴 펌프, 위어 펌프, 플런저 펌프

02 다음 그림은 2회로식 온수 보일러의 단면도이다. 각 화살표(가~마)가 지시하는 부위의 명칭을 아래 [보기]에서 선택하여 그 번호를 쓰시오.

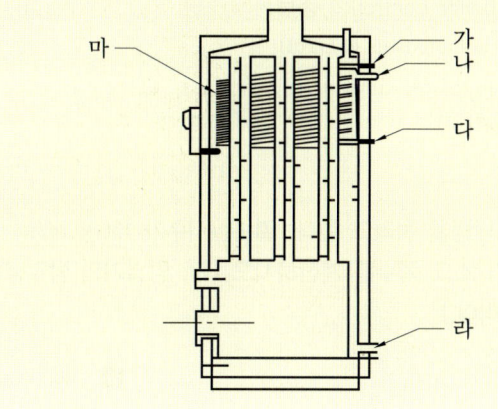

[보기]
① 급탕수 입구
② 급탕수 출구
③ 난방수 출구
④ 난방수 환수구
⑤ 간접가열 코일(2회로 코일)
⑥ 버너 부착구
⑦ 연소용 공기 주입구

해답 가 : ②   나 : ③   다 : ①
       라 : ④   마 : ⑤

03 다음은 온수 온돌의 시공 순서이다. 순서에 맞게 ( ) 안에 알맞은 작업명을 아래 [보기]에서 골라 쓰시오.

배관기초 → (가) → 단열처리 → 받침재 설치 → (나) → 공기방출기 설치 → (다) → 팽창탱크 설치 → 굴뚝 설치 → (라) → 온수 순환시험 및 경사 조정 → (마) → 시멘트 모르타르 바르기 → 양생 건조 작업

[보기]
• 배관작업   • 수압시험   • 방수처리   • 골재 충진작업   • 보일러 설치

해답 가 : 방수처리   나 : 배관작업   다 : 보일러 설치
       라 : 수압시험   마 : 골재 충진작업

04 온수 보일러에서 보온 시공을 하기 전 열손실이 10000 kcal/h, 보온 시공을 한 후 손실열량이 2000 kcal/h라면 보온 효율은 몇 %인지 계산하시오.

해답 식 $\left(\dfrac{10000-2000}{10000}\right)\times 100 = 80\,\%$ 답 80 %

05 보일러의 자동제어장치(ABC)에서 다음 약어들의 명칭을 한글로 쓰시오.
(1) ACC   (2) FWC   (3) STC

- 해답 (1) ACC : 자동연소제어
  (2) FWC : 급수제어
  (3) STC : 증기온도제어
- 참고 보일러 자동제어(ABC : automatic boiler control)의 종류
  ① 자동연소제어(ACC : automatic combustion control)
  ② 증기온도제어(STC : steam temperature control)
  ③ 급수제어(FWC : feed water control)

06 난방 면적이 120 m²인 사무실에 온수로 난방을 하려고 한다. 열손실지수가 150 kcal/m²·h 일 때 (1) 난방부하(kcal/h)와 (2) 방열기 소요 쪽수를 계산하시오. (단, 방열기의 방열량은 표준으로 하고, 쪽당 방열면적은 0.2 m²이다.)

- 해답 (1) 식 난방부하 $= 150 \times 120 = 18000$ kcal/h   답 18000 kcal/h
  (2) 식 쪽수 $= \dfrac{18000}{450 \times 0.2} = 200$쪽   답 200쪽
- 참고 섹션수 $= \dfrac{난방부하}{표준방열량 \times 면적}$

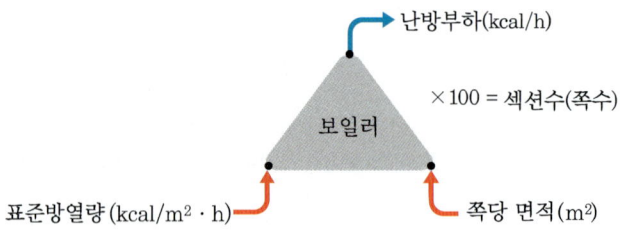

07 관의 높이 표시 기호에서 BOP·EL 100에서 BOP·EL의 뜻은 무엇인가?

- 해답 관의 외경 밑면과 기준선과의 높이를 표시하는 것이다.
- 참고 ① TOP(top of pipe) : 관의 윗면을 기준으로 표시한다.
  ② GL(ground line) : 지면을 기준으로 표시한다.
  ③ BOP(bottom of pipe) : 관의 밑면을 기준으로 표시한다.
  ④ EL(elevation line) : 기준선에 의해 높이를 표시한다.

08 프로판(C_3H_8) 1 kmol 연소 시 (1) 이론 산소(O_2)량과 (2) 탄산가스(CO_2) 발생량(Nm³)을 계산하시오. (단, $C_3H_8 + 5O_2 \rightarrow 3CO_2 + 4H_2O + 24370$ kcal/Nm³)

- 해답 (1) 식 이론 산소(O_2)량 $= 5 \times 22.4 = 112$ Nm³   답 112 Nm³
  (2) 식 탄산가스(CO_2)량 $= 3 \times 22.4 = 67.2$ Nm³   답 67.2 Nm³
- 참고 C_3H_8 + $5O_2$ → $3CO_2$ + $4H_2O$
  1 kmol   5×22.4Nm³   3×22.4Nm³
  1 kmol O_2 [Nm³] CO_2 [Nm³]

09 [보기 1]은 보온재의 구비 조건을 적은 것이다. (   ) 안에 적당한 용어 또는 단어를 [보기 2]에서 선택하여 찾아 쓰시오.

[보기 1]
- (①)이 작고 (②)이 커야 한다. → [보온능력, 열전도율]
- 어느 정도 (③) 강도를 가져야 한다. → [화학적, 기계적]
- 가볍고 비중이 (④) 한다. → [커야, 작아야, 같아야]
- 흡습성이나 흡수성이 (⑤) 한다. → [커야, 작아야, 같아야]

해답 ① 열전도율 ② 보온능력 ③ 기계적 ④ 작아야 ⑤ 작아야

10 다음은 온수 보일러 팽창탱크와 팽창관의 설치 시 주의 사항이다. 각 (   ) 안에 가장 알맞은 수치나 용어를 아래 [보기]에서 찾아 쓰시오.

- 개방식 팽창탱크는 최고부위 방열기의 높이보다 (가)m 이상 높게 설치한다.
- 팽창탱크의 재료는 (나)℃의 온수에도 충분히 견딜 수 있어야 한다.
- 팽창관의 끝부분은 팽창탱크 바닥면보다 (다)mm 정도 높게 배관되어야 한다.
- 개방식 팽창탱크에는 물의 팽창 등에 대비하여 인체, 보일러 및 관련 부품에 위해가 발생되지 않도록 (라)을(를) 설치해야 한다.
- 밀폐식의 경우 배관 계통 내의 압력이 제한압력 이상으로 되면 자동적으로 과잉수를 배출시킬 수 있도록 (마)을(를) 설치해야 한다.

[보기]
- 0.1 • 1 • 25 • 100 • 300 • 방출밸브 • 일수관

해답 가 : 1 나 : 100 다 : 25 라 : 일수관 마 : 방출밸브

2015년도 >>> 출제문제

2015 3월 15일 출제문제 (필답형 주관식)

01 다음과 같은 조건에서 오일버너의 연료소비량은 몇 kg/h인지 계산하시오.

- 연료의 발열량 : 10000 kcal/kg
- 보일러 효율 : 85 %
- 보일러 정격출력 : 20400 kcal/h
- 연료의 비중 무시

해답 **식** 연료소비량 = $\dfrac{20400}{10000 \times 0.85}$ = 2.4 kg/h   **답** 2.4 kg/h

참고 연료소비량(kg/h) = $\dfrac{\text{정격출력}}{\text{효율} \times \text{연료의 발열량}}$

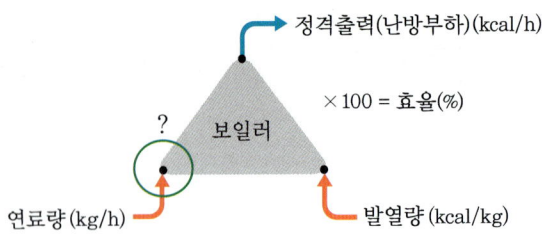

02 다음 동관의 접합 방법과 관련된 설명의 ( )에 알맞은 용어를 아래에 쓰시오.

"기계의 점검, 보수 또는 관을 분해할 경우를 대비한 접합 방법은 (가) 접합이며, 용접 접합은 (나) 현상을 이용한 것으로 연납 용접과 경납 용접으로 나눌 수 있다. 이 중 용접 강도가 큰 것은 (다) 용접이며, 경납 용접의 용접재는 (라), (마)가(이) 사용된다."

해답 가 : 플레어(압축)   나 : 모세관   다 : 경납
라 : 은납   마 : 황동납

03 두께 10 cm, 면적 10 m²인 벽돌로 된 벽이 있다. 실내외측 벽 표면의 온도차가 20℃일 때, 이 벽을 통하여 손실되는 열량은 몇 kcal/h인지 계산하시오. (단, 이 벽의 열전도율은 0.8 kcal/m·h·℃이다.)

해답 **식** 손실열량 = $\dfrac{0.8 \times 20 \times 10}{0.1}$ = 1600 kcal/h   **답** 1600 kcal/h

참고 열전도율이 나오는 문제는 삼각형 보일러로 푸는데 이때 손실열량(kcal/h)을 구하려면 두께로 나눠주어야 한다.

04 보일러 강제 통풍 방식에 대한 다음 설명에서 ( ) 안에 들어갈 알맞은 말을 아래에 쓰시오.

"연소용 공기를 송풍기로 연소실 앞에서 연소실로 밀어 넣는 통풍 방식을 (가) 통풍이라고 하고, 연도에 배풍기를 설치하고 배기가스를 유인하여 연돌로 빨아내는 방식을 (나) 통풍이라고 하며, 송풍기와 배풍기를 함께 사용하는 방식을 (다) 통풍이라고 한다."

해답 가 : 압입(가압)   나 : 흡입(유인)   다 : 평형

05 동관을 두께별 및 재질별로 분류한 다음의 ( ) 안에 알맞은 말을 쓰시오.
(1) 두께별 : K형, (①)형, (②)형
(2) 재질별 : 연질, (③)질, (④)질, (⑤)질

해답 ① L ② M ③ 반연 ④ 반경 ⑤ 경
참고 두께 순서 : K형 > L형 > M형

06 어떤 실내의 난방부하가 5400 kcal/h이고, 온수방열기의 1섹션당 표면적이 0.24 m²일 때 방열기의 소요 쪽수를 구하시오. (단, 방열기의 방열량은 표준방열량으로 계산한다.)

해답 **식** 쪽수(섹션수) = $\dfrac{5400}{450 \times 0.24}$ = 50쪽   **답** 50쪽

참고 삼각형 보일러를 이용하여 소요 쪽수를 구한다.

07 다음은 보일러의 유류연소 버너에 대한 설명이다. 각각 어떤 형식의 버너인지 쓰시오.
(1) 유압펌프를 이용하여 연료유 자체에 압력을 가하여 노즐로 분무시키는 버너
(2) 고속으로 회전하는 원추형 컵에 연료를 투입시켜 컵의 원심력에 의하여 연료를 비산 무화시키는 버너
(3) 저압이나 고압의 공기 또는 증기를 분사시켜 연료를 무화하는 버너

해답 (1) 압력(유압) 분무식 버너
     (2) 회전식(로터리) 버너
     (3) 기류식 버너

08 온수 보일러의 정격출력 계산 시에 고려되는 부하의 종류를 3가지만 쓰시오.

해답 ① 난방부하 ② 급탕부하 ③ 배관부하
참고 ① 정격출력 = 난방부하+급탕부하+배관부하+예열부하
② 상용출력 = 난방부하+급탕부하+배관부하

09 보일러가 연속 운전되는 동안 증기의 부하가 변하면 수위 변동이 발생한다. 이때 일정 수위를 유지하기 위해 설치하는 수위제어 검출 방식의 종류를 3가지만 쓰시오.

해답 ① 1요소식(단요소식) ② 2요소식 ③ 3요소식

10 다음은 어떤 도면에 표시된 알루미늄 방열기 도시 기호이다. 아래 사항은 각각 무엇을 표시하는지 쓰시오.

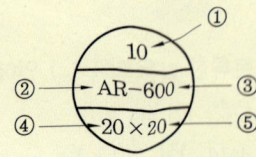

해답 ① 섹션수(쪽수) ② 방열기 종별 ③ 방열기 치수
④ 유입측 관경 ⑤ 유출측 관경

2015 5월 23일 출제문제(필답형 주관식)

01 유류 보일러의 자동장치 점화는 전원스위치를 넣고 전환스위치를 모두 자동으로 설정한 후 기동스위치를 넣으면 송풍기 가동→(가)→(나)→(다)→주버너 착화의 순으로 시퀀스가 진행되고 자동적으로 착화한다. [보기]에서 골라 그 번호를 순서에 맞게 쓰시오.

[보기]
① 프리퍼지   ② 점화용 버너 착화   ③ 연료펌프 기동

해답 가 : ① 나 : ② 다 : ③

02 방의 온수난방에서 실내온도를 20℃로 유지하려고 하는 데 열량이 시간당 30000 kcal가 소요된다고 한다. 이때 송수온수의 온도가 80℃이고, 환수온수의 온도가 15℃라면 온수의 순환량은 약 몇 kg/h인지 계산하시오. (단, 온수의 비열은 0.997 kcal/kg·℃이다.)

해답 식 온수순환량 = $\dfrac{30000}{0.997 \times (80-15)}$ = 462.93 kg/h   답 462.93 kg/h

> **참고**

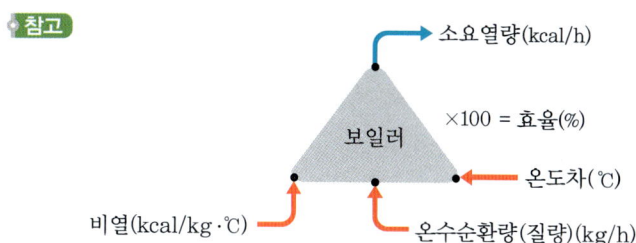

03 보일러의 강제 통풍 방식인 압입통풍 및 흡입통풍에 있어서 송풍기의 설치 위치는 각각 어디인지 쓰시오.

> **해답** ① 압입통풍 : 연소실 입구
> ② 흡입통풍 : 연도 끝 부분

04 감압밸브를 밸브의 작동방법에 따라 분류할 때 종류 3가지를 쓰시오.

> **해답** ① 벨로스식 ② 피스톤식 ③ 다이어프램식

05 보일러의 자동제어장치(ABC)에서 다음 약어들의 명칭을 한글로 쓰시오.
(1) ACC (2) FWC (3) STC

> **해답** (1) ACC : 연소제어(자동연소제어)
> (2) FWC : 급수제어
> (3) STC : 증기온도제어

06 연돌 출구에서 평균온도가 200℃인 연소가스가 시간당 300 Nm³ 흐르고 있다. 이 연돌의 연소가스 유속을 4 m/s로 유지하기 위해서는 연돌의 상부 단면적은 몇 m²로 하여야 하는지 계산하시오. (단, 노내압과 대기압은 같다.)

> **해답** **식** 연돌의 상부 단면적 $= \dfrac{300 \times (1 + 0.0037 \times 200)}{3600 \times 4} = 0.04 \text{ m}^2$ **답** 0.04 m²
>
> **참고** F : 연돌의 상부 단면적(m²), G_a : 배기가스량(Nm³/h)
> t_g : 배기가스의 온도(℃), V : 배기가스의 유속(m/s)
> P : 노내압력(mmHg)
>
> (1) 압력이 일정한 경우 : $F = \dfrac{G_a \times (1 + 0.0037 t_g)}{3600 \times V} [\text{m}^2]$
>
> (2) 배기가스 압력이 적용된 경우 : $F = \dfrac{G_a \times (1 + 0.0037 t_g) \times 760/P}{3600 \times V} [\text{m}^2]$

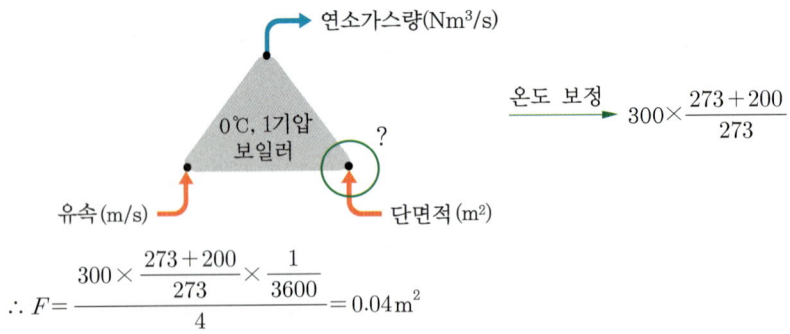

$$\therefore F = \frac{300 \times \frac{273+200}{273} \times \frac{1}{3600}}{4} = 0.04 \, \text{m}^2$$

07 호칭지름 20 A의 강관을 곡률반경 200 mm, 90°로 구부릴 때 곡선부의 길이는 몇 mm인지 계산하시오.

해답 식 곡선부의 길이 $= 2 \times \pi \times 200 \times \frac{90}{360} = 314.16 \, \text{mm}$

답 314.16 mm

08 콤비네이션 릴레이에 대한 설명이다. ( ) 안에 알맞은 용어를 아래에 쓰시오.

"콤비네이션 릴레이는 버너의 주안전 제어장치로 고온 차단, 저온 (가), (나)펌프 회로가 한 개의 제어기로 만들어진 것이며, 내부에 Hi, Lo 설정기가 장치되어 있다. Lo 온도 이상이면 (다)가(이) 계속 작동되고, Hi 온도에 이르면 (라)가(이) 작동을 정지한다."

해답 가 : 점화   나 : 순환   다 : 순환펌프   라 : 버너

09 열전달 형태와 그와 관련된 법칙을 나열한 것이다. 서로 관계있는 것끼리 연결하시오.

(1) 전도 •   • (가) 푸리에(Fourier)의 법칙
(2) 대류 •   • (나) 스테판 – 볼츠만(Stefan–Boltzmann)의 법칙
(3) 복사 •   • (다) 뉴턴(Newton)의 법칙

해답 (1)–(가), (2)–(다), (3)–(나)

10 온수 온돌 시공기준에서 온수 온돌은 바탕층, 방수층, 단열층, 축열층, 방열관, 미장 마감층으로 구성된다. ( ) 안에 알맞은 내용을 쓰시오.

바탕층은 콘크리트로 설치할 때 시멘트 : 모래 : 자갈의 배합비는 (①) 비율로 하며, 그 두께는 (②) mm 이상으로 한다.

해답 ① 1 : 3 : 6   ② 30

> **참고** ① 축열층의 두께는 40 mm 이상 70 mm 이하이어야 한다.
> ② 방열관은 호칭지름이 15 mm 이상인 것으로 하고 관의 간격은 150 mm 이상 400 mm 이하로 한다.
> ③ 방수층은 주변 벽면의 10 cm 높이까지 방수처리가 되도록 해야 한다.
> ④ 미장 마감층의 두께는 방열관의 윗표면에서 15 mm 이상 25 mm 이하를 유지해야 한다.

2015 9월 6일 출제문제(필답형 주관식)

01 방열기의 입구온도가 90℃, 출구온도가 72℃, 방열계수가 7 kcal/m²·h·℃이고 실내온도가 18℃일 때, 이 방열기의 방열량은 몇 kcal/m²·h인지 계산하시오.

> **해답** 식 방열량 $= 7 \times \left(\dfrac{90+72}{2} - 18 \right) = 441$ kcal/m²·h 답 441 kcal/m²·h
>
> **참고** 방열기 방열량 = 방열계수 × 온도차

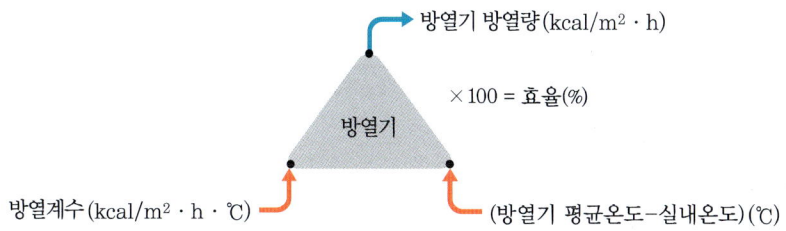

02 다음은 팽창탱크에 연결되는 관에 대한 설명이다. 각 설명에 해당하는 관의 명칭을 아래 [보기]에서 골라 쓰시오.
(1) 팽창탱크 내의 물이 일정 수위보다 더 올라갈 때 그 물을 배출하는 관
(2) 보일러와 팽창탱크를 연결하며 밸브나 체크밸브를 설치하지 않는 관
(3) 팽창탱크 내에 물을 공급해 주는 관
(4) 팽창탱크 내의 물을 완전히 빼내기 위하여 설치하는 관

┌─────────────── 보기 ───────────────┐
• 팽창관 • 오버플로관 • 압축공기관 • 급수관 • 배기관 • 배수관 • 회수관

> **해답** (1) 오버플로관 (2) 팽창관 (3) 급수관 (4) 배수관

03 강관 공작용 기계에서 동력나사절삭기의 종류 3가지를 쓰시오.

> **해답** ① 오스터식 ② 호브식 ③ 다이헤드식

04 높이가 650 mm, 쪽수(섹션수)가 20인 5세주 방열기를 설치하고자 한다. 도면에 나타낼 도시 기호를 아래 그림에 표시하시오. (단, 유입 관경은 25 A, 유출 관경은 20 A이다.)

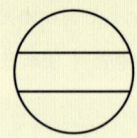

● 해답
```
    20
   5-650
   25×20
```

05 다음은 강관의 굽힘 가공에 대한 설명이다. ( ) 안에 알맞은 용어를 쓰시오.

"강관의 굽힘 가공에 사용되는 파이프 벤딩 머신은 센터 포머, 엔드 포머, 램실린더, 유압 펌프 등으로 구성된 이동식 현장용인 (가)식과, 공장에서 동일 모양으로 다량의 강관을 벤딩할 때 사용되는 (나)식으로 구분된다."

● 해답   가 : 램   나 : 로터리

06 보일러 배관작업 시 같은 지름의 강관을 직선으로 연결할 때 사용할 수 있는 강관 이음쇠의 종류를 3가지만 쓰시오.

● 해답 ① 니플(nipple)   ② 유니언(union)   ③ 소켓(socket)

07 난방 방식은 크게 개별식 난방과 중앙식 난방으로 나눌 수 있다. 중앙식 난방법의 종류 3가지를 쓰시오.

● 해답 ① 직접 난방법   ② 간접 난방법   ③ 복사 난방법

08 하수관 등에서 발생한 유해가스나 악취 등이 실내로 들어오는 것을 방지하기 위해 설치하는 트랩의 종류를 5가지만 쓰시오.

● 해답 ① P 트랩   ② S 트랩   ③ U 트랩   ④ 그리스 트랩   ⑤ 벨 트랩   ⑥ 드럼 트랩
● 참고 ① P 트랩 : 벽체 내 입상관에 부착하여 사용한다.
        ② S 트랩 : 소변기, 세면기 등에 부착하여 바닥 밑의 횡주 배수관에 연결하여 사용한다.
        ③ U 트랩 : 옥내 배수관에서 옥외 배수관으로 연결되는 부분에 설치하여 가스의 역류를 방지한다.
        ④ 그리스 트랩 : 조리대에서 생성된 지방류를 제거한다.

⑤ 벨 트랩 : 건물 바닥의 배수에 사용한다.
⑥ 드럼 트랩 : 싱크의 배수 트랩으로 사용한다.

09 16℃의 물이 들어가 96℃의 물로 되는 온수 보일러가 있다. 보일러의 개방식 팽창탱크 크기 (L)를 구하시오. (단, 방열기 출구의 온수 밀도 ρ_r = 0.99897 kg/L, 방열기 입구의 온수 밀도 ρ_f = 0.96122 kg/L, 전수량은 1500 L, 안전율 α = 2이다.)

해답 **식** 팽창탱크 크기 = $\left(\dfrac{1}{0.96122} - \dfrac{1}{0.99897}\right) \times 1500 \times 2 = 117.94\,\text{L}$ **답** 117.94 L

10 5 ton/h인 수관식 보일러에서 연돌로 배출되는 배기가스량이 9100 Nm³/h이고, 연돌로 배출되는 배기가스 온도는 250℃이다. 이때 굴뚝의 상부 최소단면적이 0.7 m²일 경우 배기가스 유속은 몇 m/s인가?

해답 **식** 상부 단면적 = $\dfrac{\text{배기가스량} \times (1 + 0.0037 \times \text{배기가스 온도})}{3600 \times \text{유속}}$

$0.7 = \dfrac{9100 \times (1 + 0.0037 \times 250)}{3600 \times \text{유속}}$

∴ 유속 = 6.9 m/s   **답** 6.9 m/s

참고

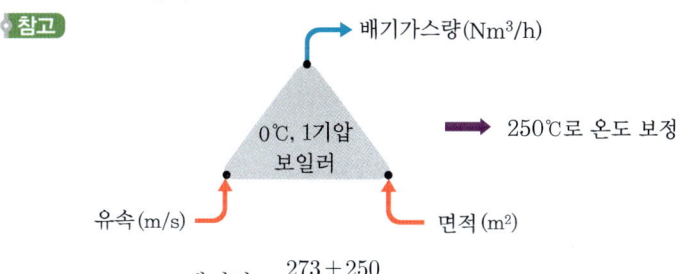

∴ 유속 = $\dfrac{\text{배기량} \times \dfrac{273 + 250}{273}}{\text{면적}}$ = 24904.76 m/h = 6.9 m/s

2015 11월 21일 출제문제 (필답형 주관식)

01 자동제어의 신호 전달 방식을 공기압식, 유압식, 전기식으로 분류할 때 전기식 신호 전달 방식의 장점을 3가지만 쓰시오.

해답 ① 원거리 전송이 용이하다. ② 신호 전달에 시간 지연이 없다.
③ 복잡한 신호에 용이하다. ④ 배관 설비가 용이하다.

참고 전기식 신호 전달 방식의 단점
① 고온 다습한 곳은 곤란하다.
② 보수 및 취급에 기술을 필요로 한다.
③ 조작속도가 빠른 비례 조작부를 만들기 곤란하다.

02 금속질 보온 피복재이며 금속 특유의 반사 특성을 이용하여 보온 효과를 얻을 수 있는 것으로 가장 대표적인 것은 무엇인가?

해답 알루미늄박

참고 알루미늄박은 판(板) 또는 박(泊)을 사용하여 공기층을 중첩시킨 것으로, 금속 특유의 반사 특성을 이용하여 보온 효과를 얻을 수 있다.

03 급탕량이 3000 kg/h, 난방용 온수 공급량이 1280 kg/h인 온수 보일러의 연료(경유) 소모량이 18 kg/h이었다. 이 보일러의 효율은 몇 %인지 계산하시오. (단, 급탕용 급수의 보일러 입구온도는 20℃, 급탕 공급온도는 60℃, 난방용 온수 공급온도는 70℃, 환수온도는 40℃, 경유의 저위발열량은 10000 kcal/kg, 물의 평균비열은 1 kcal/kg·℃이다.)

해답 식 보일러 효율 = $\dfrac{1280 \times 1 \times (70-40) + 3000 \times 1 \times (60-20)}{18 \times 10000} \times 100 = 88\%$ 답 88 %

참고 온수 보일러 효율(%) = $\dfrac{\text{열출력}}{\text{연료량} \times \text{발열량}} \times 100$

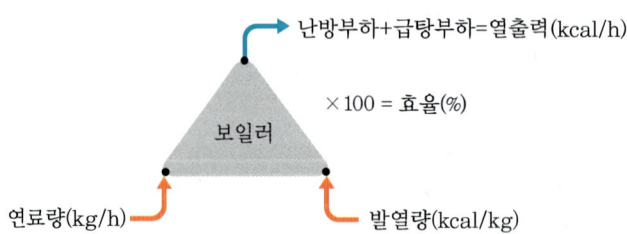

04 보일러에 사용되는 화염 검출기의 종류를 크게 나누어 3가지만 쓰시오.

해답 ① 플레임 아이 ② 플레임 로드 ③ 스택 스위치

05 다음 설명은 각각 어떤 난방법인지 쓰시오.
(1) 지하실 등 특정 장소에서 공기를 가열하고, 이 공기를 덕트(duct)를 통해서 각 방에 보내어 난방하는 방법
(2) 방을 형성하고 있는 벽, 바닥, 천장 등에 패널을 매입하고 여기에서 나오는 열에 의해 난방하는 방법

해답 (1) 간접 난방법   (2) 복사 난방법

06 복관 중력순환식 온수 난방에서 송수온도가 88℃이고, 환수온도가 72℃이다. 난방부하가 8100 kcal/h인 거실의 온도를 일정하게 유지하려고 할 때 다음 물음에 답하시오.
   (1) 방열기로 거실을 난방할 때 필요한 온수순환량은 몇 kg/h인지 계산하시오. (단, 온수의 평균비열은 1.0 kcal/kg·℃로 한다.)
   (2) 거실의 난방을 주철제 방열기로 할 경우 방열기의 표준 섹션수는 몇 개인가? (단, 1섹션당 방열면적은 0.36 m²이며, 표준방열량으로 계산한다.)

해답 (1) 식 온수순환량 $= \dfrac{8100}{1 \times (88-72)} = 506.25 \text{ kg/h}$ 답 506.25 kg/h

(2) 식 섹션수 $= \dfrac{8100}{450 \times 0.36} = 50$ 개   답 50개

참고 (1) 온수순환량 $= \dfrac{\text{난방부하}}{\text{비열} \times \text{온도차}}$

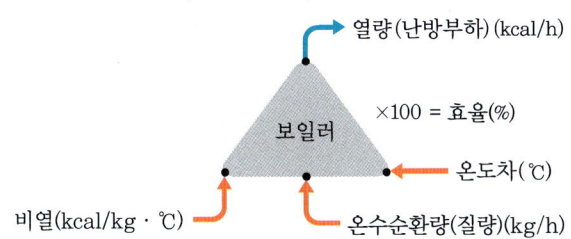

(2) 섹션수 $= \dfrac{\text{난방부하}}{\text{표준방열량} \times \text{방열면적}}$

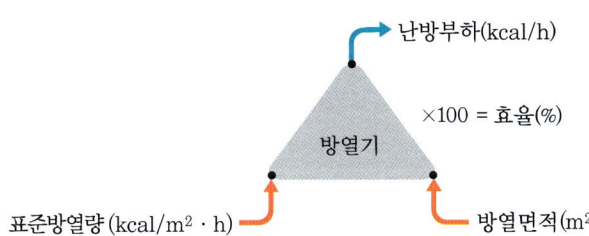

07 어떤 사무실에 설치된 온수방열기의 상당방열면적(EDR)이 7.5 m²이었다. 난방부하는 몇 kcal/h인지 계산하시오.

해답 식 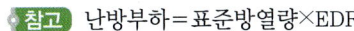 난방부하 $= 450 \times 7.5 = 3375 \text{ kcal/h}$ 답 3375 kcal/h
참고 난방부하 $=$ 표준방열량 $\times$ EDR

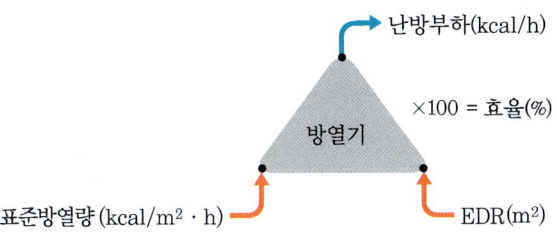

※ 방열기 표준방열량
• 증기 : 650 kcal/m²·h
• 온수 : 450 kcal/m²·h

08 아래 그림은 스테인리스 강관 배관 시공법을 도시한 것이다. 청동주물 본체 이음쇠에 스테인리스 강관을 삽입하고, 동합금제 링을 캡 너트로 조여 접속하는 방식의 결합법은 무엇인가?

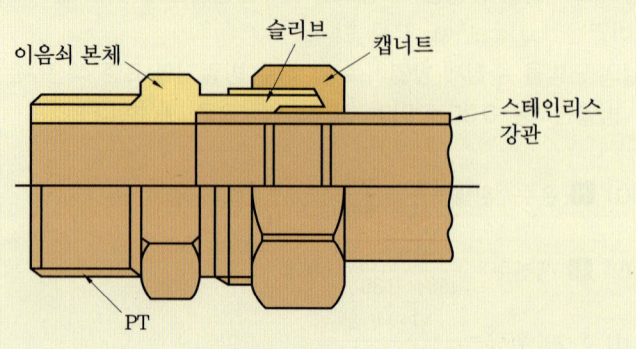

▶해답 MR 조인트(메커니컬 리스트레인트 조인트)

09 난방용 방열기의 종류를 형상에 따라 크게 나눌 때 3가지만 쓰시오.

▶해답 ① 주형 방열기 ② 벽걸이형 방열기 ③ 대류 방열기 ④ 길드 방열기

10 보일러 연소 시에 통풍력 손실이 되는 원인 3가지를 쓰시오.

▶해답 ① 연돌이 낮을 때   ② 연돌 상부 단면적이 좁을 때
　　　③ 외기 온도가 높을 때　④ 배기가스의 온도가 낮을 때
　　　⑤ 연도의 길이가 길 때　⑥ 연도의 굴곡부가 많을 때

11 동관용 공구로써 압축 이음을 하고자 할 때 관끝을 나팔형으로 만드는 데 사용되는 공구는 무엇인가?

▶해답 플레어링 툴 세트

2016년도 >>> 출제문제

2016 3월 13일 출제문제(필답형 주관식)

01 다음 (   ) 안에 적합한 용어를 써넣으시오.

> 정해진 순서에 따라 제어단계를 순차적으로 진행하는 (가) 제어,
> 결과에 따라 출력을 가감하여 결과에 맞도록 수정하는 (나) 제어

해답 가 : 시퀀스   나 : 피드백

02 반지름이 80 mm인 25 A 강관을 90°로 굽힐 때, 굽힘부의 강관 길이는 몇 mm인지 계산하시오.

해답 식 굽힘부 길이 $= 2 \times 3.14 \times 80 \times \dfrac{90}{360} = 125.66$ mm   답 125.66 mm

참고 굽힘부 길이 $= 2\pi r \times \dfrac{90}{360}$

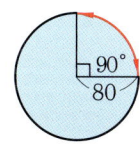

03 기체 연료의 연소장치에서 확산형 가스버너의 형태 2가지를 쓰시오.

해답 ① 포트형 버너 ② 선회형 버너 ③ 방사형 버너
참고 예혼합형 가스버너 : 고압 버너, 저압 버너, 송풍 버너

04 강관의 나사식 가단주철제 관이음쇠에 대한 설명이다. 다음 물음에 답하시오.
(1) 동일 직경의 관을 직선으로 연결할 때 사용되는 이음쇠 3가지를 쓰시오.
(2) 관 끝을 막을 때 사용되는 이음쇠 2가지를 쓰시오.

해답 (1) ① 소켓 ② 유니언 ③ 플랜지 ④ 니플
         (2) ① 캡 ② 플러그 ③ 막힘 플랜지

05 다음 [조건]을 참고하여 아래 [보기]와 같은 벽체의 열관류율은 몇 kcal/m²·h·℃인지 계산하시오.

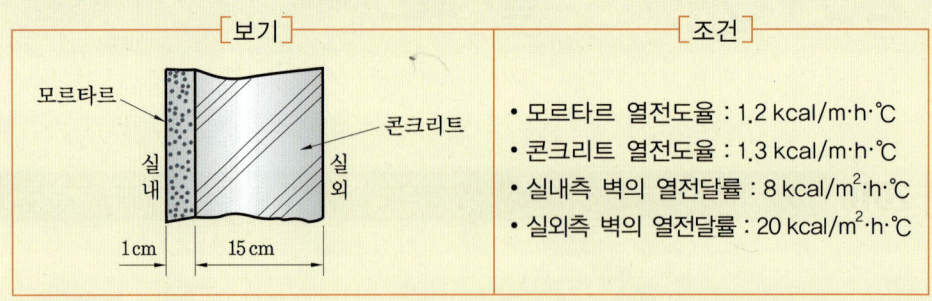

해답 식 열관류율 = $\dfrac{1}{\dfrac{1}{8}+\dfrac{1}{20}+\dfrac{0.15}{1.3}+\dfrac{0.01}{1.2}}$ = 3.35 kcal/m²·h·℃   답 3.35 kcal/m²·h·℃

06 효율 80 %인 보일러에서 발열량 10000 kcal/kg인 연료를 시간당 3.2 kg으로 연소시키면 보일러에서 발생하는 유효열량은 몇 kcal/h인지 계산하시오.

해답 식 유효열량 = (3.2 × 10000) × 0.8 = 25600 kcal/h   답 25600 kcal/h
참고 유효열량 = 연료량 × 발열량 × 효율

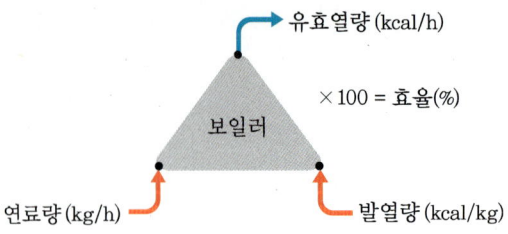

07 다음은 온수 보일러 순환펌프 주위 바이패스 배관을 나타낸 것이다. 아래 물음에 답하시오.

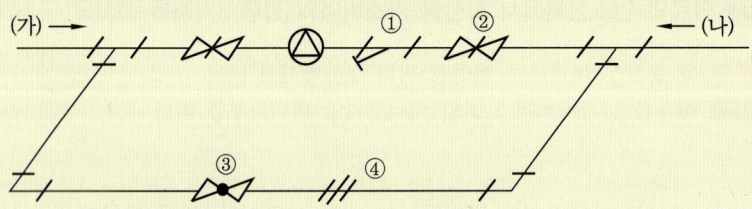

(1) 부품 ①~④의 명칭을 쓰시오.
(2) 온수의 흐름 방향은 "가"와 "나" 중 어느 것인가?

해답 (1) ① 여과기(스트레이너) ② 슬루스(게이트)밸브 ③ 글로브밸브 ④ 유니언
(2) (나)

08 다음 설명에 해당되는 보일러 화염검출기의 종류를 [보기]에서 골라 쓰시오.

[보기]
- 플레임 로드
- 스택 스위치
- 콤비네이션 릴레이
- 플레임 아이
- 아쿠아 스탯

(1) 화염이 발광체이므로 화염 중의 적외선이나 자외선을 광전관 등으로 검출하여 화염의 유무를 판단하는 것
(2) 화염의 이온화를 이용하는 것으로 이온화되면 전기 전도성을 갖게 되고, 따라서 화염의 유무를 전류 흐름과 연관시켜 검출하는 것으로 주로 가스버너에 적용되는 것
(3) 보일러 연도에 설치되고 배기가스 열에 의하여 작동하는 바이메탈을 이용하여 화염을 검출하며, 주로 소용량 보일러에 사용되는 것

해답 (1) 플레임 아이 (2) 플레임 로드 (3) 스택 스위치

09 다음 보일러 설비에 해당되는 기기 및 부속명을 [보기]에서 골라 각각 2개씩 적으시오.

[보기]
- 점화장치 · 인젝터 · 과열기 · 분연장치 · 급수내관 · 절탄기 · 방폭문 · 안전변

(1) 급수장치   (2) 연소장치
(3) 폐열회수장치   (4) 안전장치

해답 (1) 인젝터, 급수내관   (2) 점화장치, 분연장치
       (3) 과열기, 절탄기   (4) 방폭문, 안전변

10 송풍기를 사용하는 강제 통풍 시 통풍력을 조절하는 방법 3가지를 쓰시오.

해답 ① 송풍기의 회전수 조절 ② 흡입 베인의 개도 조절 ③ 댐퍼 조절
참고 흡입 베인의 개도를 조절하는 방법이 가장 효율이 좋으며 제작비도 싸다.

2016 5월 21일 출제문제(필답형 주관식)

01 보일러의 연돌로 배출되는 폐열 또는 여열을 이용하여 보일러의 효율을 향상시키기 위한 장치의 종류를 4가지 쓰시오.

해답 ① 과열기 ② 재열기 ③ 절탄기 ④ 공기예열기

02 보일러 연소장치에서 (1) 고체 연료의 연소방식 3가지와 (2) 연소공기의 공급방식에 따른 기체 연료 연소방식 2가지를 각각 쓰시오.

해답 (1) 고체 연료의 연소방식
  ① 화격자 연소방식
  ② 미분탄 연소방식
  ③ 유동층 연소방식
(2) 연소공기의 공급방식에 따른 기체 연료의 연소방식
  ① 확산 연소방식
  ② 예혼합 연소방식

참고 액체 연료의 연소방식
  ① 기화 연소방식
  ② 무화 연소방식

03 방열기 배관을 역환수관식(reverse return) 방법으로 시공하고자 한다. 아래 그림에서 각 방열기와 환수배관(HWR) 사이의 배관 라인을 연결하여 도면을 완성하시오.

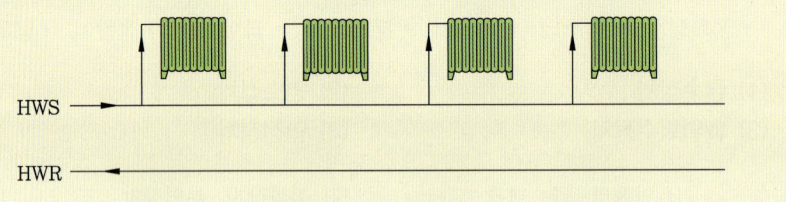

해답

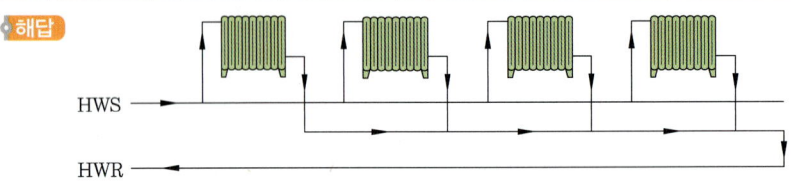

참고 HWS : 온수공급 HWR : 온수환수

04 다음은 발열량을 측정하기 위한 열량계와 연료의 종류를 나열한 것이다. 서로 관계있는 것끼리 연결하시오.

① 봄베 열량계   (가) 기체 연료 및 기화하기 쉬운 액체 연료
② 융커스식 열량계   (나) 고체 연료 및 점도가 큰 액체 연료

해답 ①-(나) ②-(가)
참고 기체 연료 열량계 : 시그마 열량계

05 어떤 주택의 난방부하가 30000 kcal/h, 급탕부하가 20000 kcal/h, 배관부하가 20 %, 예열부하가 25 %인 경우, 보일러 정격출력(kcal/h)을 계산하시오. (단, 경유 연소 온수 보일러이다.)

해답 식 정격출력 = $(30000 + 20000) \times 1.2 \times 1.25 = 75000$ kcal/h 답 75000 kcal/h

참고 정격출력(kcal/h) = $\dfrac{(난방부하 + 급탕부하)(1+\alpha)\beta}{K}$

여기서, α : 배관부하, β : 예열부하(시동부하), K : 출력저하계수

---

06 보일러 통풍장치에 사용하는 송풍기의 종류를 3가지만 쓰시오.

해답 ① 터보형 송풍기 ② 플레이트형 송풍기 ③ 다익형(시로코형) 송풍기

---

07 온수 보일러 급탕량이 2.5 ton/h이고 난방용 온수공급량이 1.5 ton/h인 보일러에서 경유 소모량이 18 kg/h일 때, 다음의 [조건]을 참고하여 이 보일러 효율(%)을 계산하시오.

[조건]
- 급탕수의 입구온도 : 20℃
- 급탕 공급온도 : 60℃
- 난방용 송수온도 : 65℃
- 환수온도 : 40℃
- 경유의 저위발열량 : 10500 kcal/kg
- 물의 평균비열 : 1 kcal/kg·℃

해답 식 보일러 효율 = $\dfrac{(2500 \times 40 \times 1) + (1500 \times 25 \times 1)}{18 \times 10500} \times 100\% = 72.75\%$ 답 72.75 %

참고 난방부하 + 급탕부하 = 정격출력(kcal/h)

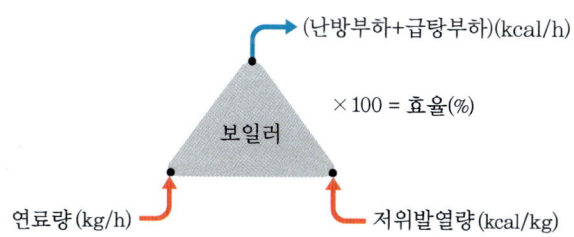

---

08 강관, 동관 등을 파이프 커터 등으로 절단하면 절단면의 관 내부에 거스러미(burr)가 생겨 유체 흐름을 방해하므로 거스러미를 반드시 제거해야 하는데, 이때 사용되는 공구 명칭을 쓰시오.

해답 파이프 리머

09 온수난방의 시공법에서 배관방법 중 편심 이음에 대한 물음에 답하시오.
   (1) 온수관의 수평배관에서 올림기울기로 배관할 때에는 관의 어느 면과 맞추어 접속하는가?
   (2) 온수관의 수평배관에서 내림기울기로 배관할 때에는 관의 어느 면과 맞추어 접속하는가?

   해답 (1) 윗면   (2) 아랫면

10 보온재의 종류 중 유기질 보온재는 일반적으로 낮은 온도에 사용되고, 무기질 보온재는 상대적으로 높은 온도의 물체에 사용된다. 다음 보온재에서 유기질인 경우 "유", 무기질인 경우에는 "무"자를 (   ) 안에 쓰시오.

   ① 우모 펠트 : (   )   ② 글라스 울 : (   )   ③ 암면 : (   )
   ④ 탄화코르크 : (   )   ⑤ 규조토 : (   )

   해답 ① 유 ② 무 ③ 무 ④ 유 ⑤ 무

11 피드백 자동제어 회로에서 기본 제어장치의 4개부를 쓰시오.

   해답 ① 설정부 ② 조절부 ③ 조작부 ④ 검출부

2016 8월 28일 출제문제 (필답형 주관식)

01 다음 그림은 가정용 온수 보일러의 계통도이다. ①~⑤의 명칭을 쓰시오.

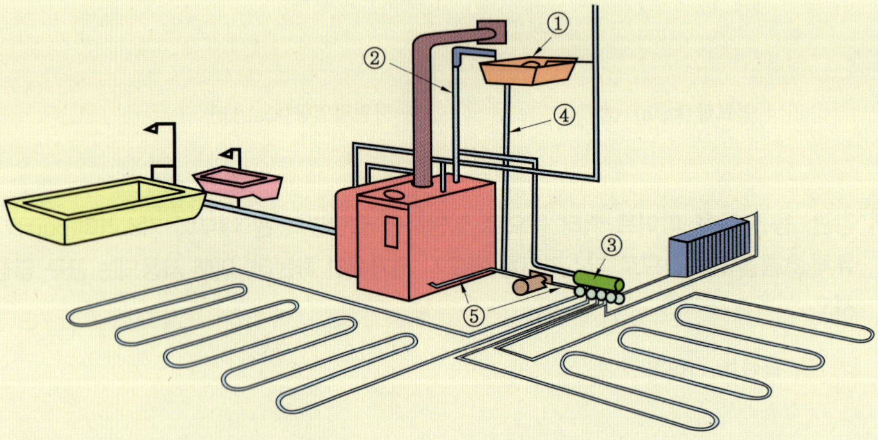

   해답 ① 팽창탱크 ② 방출관 ③ 온수헤드(온수난방분배기) ④ 팽창관 ⑤ 환수배관

02 어떤 콘크리트 벽체의 두께가 20 cm일 때, 이 벽체의 열관류율을 구하시오. (단, 벽체의 열전도도 λ =1.41 kcal/m·h·℃, 실내의 열전달계수 α_1 = 8.06 kcal/m²·h·℃, 실외의 열전달계수 α_2 = 20.0 kcal/m²·h·℃이다.)

해답 식 열관류율 $K = \dfrac{1}{\dfrac{1}{\alpha_1} + \dfrac{b}{\lambda} + \dfrac{1}{\alpha_2}} = \dfrac{1}{\dfrac{1}{8.06} + \dfrac{0.2}{1.41} + \dfrac{1}{20.0}} = 3.17 \text{ kcal/m}^2 \cdot \text{h} \cdot ℃$

여기서, b : 벽체의 두께

답 3.17 kcal/m²·h·℃

03 다음은 보일러 버너의 화염 여부를 검출하는 화염검출기 종류를 열거한 것이다. 각 검출기의 원리를 아래 [보기]에서 찾아 그 번호를 쓰시오.
(1) 플레임 아이   (2) 플레임 로드   (3) 스택 스위치

[보기]
① 화염의 이온화를 이용하여 전기 전도성으로 작동
② 광전관을 통해 화염의 적외선을 검출하여 작동
③ 연도에 설치되어 가스 온도차에 의한 바이메탈을 이용

해답 (1) ② (2) ① (3) ③

04 다음 [보기]의 내용은 난방배관에 대해 설명한 것이다. (   ) 안에 들어갈 알맞은 말을 써넣으시오.

[보기]
• 집단주택 등 소속구내의 각 건물 혹은 시가지에서 특정지역 전부에 걸쳐 특정의 보일러에서 열매체를 보내 전체를 난방하는 일종의 중앙식 난방법은 (①) 난방법이다.
• 응축수 환수법에 따라 증기난방법을 분류하면 중력환수식, 기계환수식, (②)으로 나눌 수 있다.
• 보통 고온수식 난방은 (③)℃ 이상의 고온수를 사용하며, 밀폐식 팽창탱크를 설치한다.

해답 ① 지역 ② 진공환수식 ③ 100

05 수직형 벽걸이 주철제 방열기 5쪽(섹션)을 조합한 것으로 유입관의 지름이 25 mm이고, 유출관 지름이 20 mm인 경우 다음의 방열기 도시 기호 안에 그 기호 및 숫자를 기재하시오.

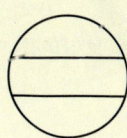

해답

06 다음의 설명은 보일러의 각각 어떤 장치에 대한 설명인지 쓰시오.
   (1) 보일러 파열사고의 방지, 보충수의 공급 및 장치 내 공기를 제거하는 기능을 갖고 있는 장치
   (2) 순환수 장치 내에 침입한 공기를 수동으로 외부로 방출하기 위한 장치(부속품)

   해답 (1) 팽창탱크   (2) 공기빼기 밸브(에어 벤트 밸브)

07 보일러 철의 무게가 1 ton, 물의 양이 250 kg, 보일러수의 처음 온도가 10℃이며, 난방 송수 온도가 80℃이다. 철의 비열이 0.12 kcal/kg·℃, 물의 비열이 1 kcal/kg·℃일 때 예열부하(kcal)를 계산하시오.

   해답 식 예열부하 = $1000 \times 0.12 \times 70 + 250 \times 1 \times 70 = 25900$ kcal   답 25900 kcal

08 보일러 액체 연료 연소장치인 버너의 종류를 3가지만 쓰시오.

   해답 ① 유압분무식 버너   ② 회전분무식 버너   ③ 기류식 버너

09 연도 내의 연소가스 온도, 연돌 단면적, 연돌의 높이와 통풍작용의 관계를 각각 설명한 것으로 적절한 것을 고르시오.
   (1) 연소가스 온도가 높을수록 통풍력은 (증가 / 감소)한다.
   (2) 연돌의 단면적이 클수록 통풍력은 (증가 / 감소)한다.
   (3) 연돌의 높이가 높을수록 통풍력은 (증가 / 감소)한다.

   해답 (1) 증가   (2) 증가   (3) 증가

10 난방부하에서 보온 효율이 80 %일 때 보온관의 열손실, 즉 배관부하가 4000 kcal/h이다. 보온 피복을 하지 않은 나관(裸管)이라면 시간당 손실열량(kcal/h)을 계산하시오.

   해답 식 $0.8 = \dfrac{(x-4000)}{x}$에서 $x = \dfrac{4000}{0.2} = 20000$ kcal/h   답 20000 kcal/h

   참고 나관의 손실열량은 역삼각형 보일러를 이용하여 구한다.

2016 11월 26일 출제문제(필답형 주관식)

01 비례동작(P)의 비례감도가 4인 경우 비례대는 몇 %인지 구하시오.

● 해답 식 비례대 $= \dfrac{1}{비례감도} \times 100\% = \dfrac{1}{4} \times 100\% = 25\%$ 답 25 %

02 다음 화염검출기 중 가스 연료에 사용할 수 있는 검출기를 3가지 골라 답란에 번호로 쓰시오.

① CdS 셀　　　　② PbS 셀　　　　③ 적외선 광전관
④ 자외선 광전관　⑤ 플레임 로드

● 해답 ②, ④, ⑤

03 기체 연료의 특징을 5가지 쓰시오.

● 해답 ① 자동제어 연소에 적합하다.
② 적은 과잉공기로 완전 연소할 수 있으며 연소효율이 높다.
③ 매연이나 회분 등이 없어 청결하다.
④ 저장이나 취급에 위험성이 크며 장소를 많이 차지한다.
⑤ 누설 시 화재 및 폭발의 위험성이 크다.
⑥ 시설비, 유지비가 많이 든다.

04 가로 3 m, 세로 3 m, 두께 200 mm인 평면 벽이 있다. 벽 양면의 온도차가 30℃이고, 벽의 열전도율이 1.2 kcal/m·h·℃일 때, 30분간 이 벽을 통과하는 열량(kcal)을 계산하시오.

● 해답 식 통과열량 $= \dfrac{1.2 \times 9 \times 30}{0.2 \times 2} = 810$ kcal   답 810 kcal

참고 문제 중 열전도율이 나오면 산가형 보일러로 풀고 꼭 두께로 나누어준다. 이 문제에서 2로 나누어준 이유는 30분 열량을 구하기 때문이다.

05 동관 작업용 공구를 5가지만 쓰시오. (단, 측정용 공구는 제외한다.)

● 해답 ① 튜브 커터　② 튜브 벤더　③ 익스팬더　④ 토치 램프
⑤ 사이징 툴　⑥ 리머　⑦ 플레어링 툴 세트

06 온수난방 설비 분류 중 순환방식에 대한 분류 2가지를 쓰고, 각각에 대해 설명하시오.

해답 ① 중력순환식 : 온수의 온도차에 의한 비중력차로 순환시키는 방식
② 강제순환식 : 순환펌프를 사용하여 온수를 순환시키는 방식

07 신호 전달방식의 종류에는 공기압식, 유압식, 전기식이 있다. 이 중 전기식의 특징 2가지를 쓰시오.

해답 ① 전송에 신호 전달 지연이 없다.
② 전송 거리가 길다.
③ 복잡한 신호에 용이하다.
④ 고온·다습한 곳은 곤란하다.
⑤ 보수 및 취급에 기술을 요한다.

08 1일(24시간) 온수순환량이 6000 kg이 필요한 건물의 급수온도가 20℃이고, 급탕온도가 60℃이다. 온수 비열이 0.998 kcal/kg·℃인 경우, 이 건물의 난방부하(kcal/h)를 계산하시오.

해답 식 난방부하 = $\dfrac{6000 \times 40 \times 0.998}{24}$ = 9980 kcal/h   답 9980 kcal/h

참고 난방부하 = 비열 × 질량 × 온도차

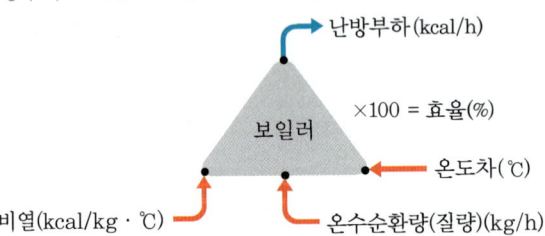

09 다음은 개방식 팽창탱크의 배관 도면이다. ①~⑤의 관 명칭을 쓰시오.

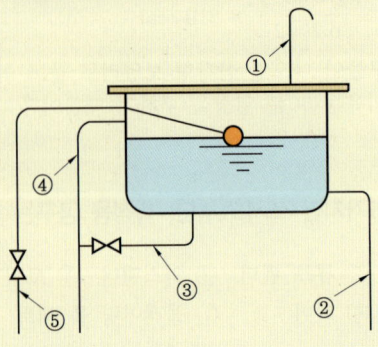

해답 ① 배기관(통기관) ② 팽창관 ③ 배수관 ④ 오버플로관 ⑤ 급수관

10 원심식 송풍기의 풍량 조절 방법 3가지를 쓰시오.

해답 ① 송풍기 회전수 조절
② 흡입 베인의 개도 조절
③ 댐퍼의 조절

11 다음은 강철제 보일러 시공 시 수압시험 요령을 설명한 것이다. ( ) 안에 알맞은 숫자를 쓰시오.

> 최고사용압력이 0.43 MPa 이하 보일러의 압력시험은 그 최고사용압력의 (①)배의 압력으로 한다. 다만, 그 시험압력이 (②)MPa 미만일 경우는 0.2 MPa 압력으로 하고, 공기를 빼고 물을 채운 후 천천히 압력을 가하여 규정된 시험 수압에 도달한 후 (③)분이 경과된 후 검사를 실시하여 검사가 끝날 때까지 그 상태를 유지한다.

해답 ① 2 ② 0.2 ③ 30

2017년도 » 출제문제

2017 3월 11일 출제문제(필답형 주관식)

01 배관 작업에 응용할 수 있는 방식(防蝕) 방법의 종류를 3가지만 쓰시오.

해답 ① 전기 방식법 ② 금속 피복법 ③ 비금속 피복법

02 다음 각 ( ) 안에 알맞은 용어를 쓰시오.

> 원심력에 의하여 양수되는 원심식 펌프로서 안내날개가 없는 것을 (가) 펌프라고 하며, 안내날개가 있는 것을 (나) 펌프라고 한다.

해답 가 : 벌류트 나 : 터빈
참고 회전식 펌프
  • 터빈 펌프 : 고속 · 고양정 펌프
  • 벌류트 펌프 : 저속 · 저양정 펌프

03 보일러 연소장치 중 액체 연료장치인 중유 버너의 종류 5가지만 쓰시오.

해답 ① 유압 분무식(압력 분무식) 버너
  ② 회전 분무식(로터리식) 버너
  ③ 고압 기류식(고압 증기 공기 분무식) 버너
  ④ 저압 기류식(저압 공기 분무식) 버너
  ⑤ 건 타입식 버너

04 강철제 가스용 온수 보일러의 전열면적이 12 m²이고, 보일러의 최고사용압력이 0.25 MPa일 때, 수압시험압력(MPa)은 얼마로 해야 하는지 쓰시오.

해답 **식** 수압시험압력=0.25×2=0.5 MPa   **답** 0.5 MPa
참고 소형 온수 보일러(전열면적이 14 m² 이하, 최고사용압력이 0.35 MPa 이하)의 수압시험압력은 최고사용압력의 2배의 압력으로 한다. 다만, 시험압력이 0.2 MPa 미만인 경우에는 0.2 MPa로 한다.

05 어떤 온수 보일러에서 연돌의 통풍력을 계산하려고 한다. 굴뚝의 높이가 5 m이고 외기의 비중량은 1.3 kg/m³이며 연소가스의 비중량은 0.8 kg/m³이었다. 이 보일러의 통풍력(mmAq)을 계산하시오.

해답 **식** 통풍력 = $(1.3 - 0.8) \times 5 = 2.5$ mmAq **답** 2.5 mmAq

참고 통풍력 = 비중량차 × 높이(kg/m² = mmH₂O = mmAq)

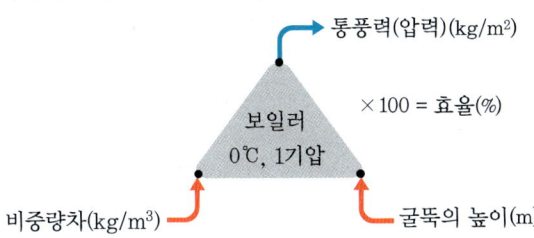

06 어떤 주택의 거실에 시간당 필요한 공급 열량이 6300 kcal/h이고, 5세주형 주철제 온수 방열기를 설치하려고 한다. 필요한 방열기 쪽수는 몇 개인지 구하시오. (단, 방열기 1쪽당 방열면적은 0.28 m²이고, 방열기의 방열량은 표준방열량으로 계산한다.)

해답 **식** 쪽수 = $\dfrac{\text{난방부하}}{\text{표준방열량} \times \text{면적}} = \dfrac{6300}{450 \times 0.28} = 50$ 개 **답** 50개

07 아래 [조건]을 이용하여 연소공기의 현열(kcal/kg)을 계산하시오.

[조건]
- O_2 : 6.7 %, CO : 0.13 %, CO_2 : 11.8 %
- 보일러 최고 압력(상용) : 5 kg/cm²
- 실내온도 : 25℃
- 공기 비열 : 0.31 kcal/Nm³·℃
- 보일러 최대 연속증발량 : 500 kg/h
- 외기온도 : 20℃
- 이론 연소 공기량 : 10.709 Nm³/kg
- 공기비(m) : 1.47

해답 **식** 현열 = $10.709 \times 1.47 \times 0.31 \times (25 - 20) = 24.4$ kcal/kg **답** 24.4 kcal/kg

참고 현열 = 비열 × 공기량 × 온도차 × 공기비

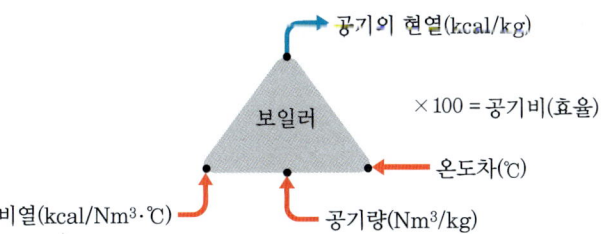

08 동관 접합 방식의 종류를 3가지만 쓰시오.

해답 ① 납땜 접합 ② 플레어 접합(압축 접합) ③ 용접 접합

09 자동제어에서 신호 전송 방법 2가지를 쓰시오.

해답 ① 공기식 ② 전기식 ③ 유압식

10 프로판 가스의 연소 화학식에서 알맞은 수를 쓰시오.

$$C_3H_8 + (\ 가\ )O_2 \rightarrow 3CO_2 + (\ 나\ )H_2O + 24370\ kcal/Nm^3$$

해답 가 : 5   나 : 4

참고 탄화수소 연료의 완전 연소 반응식

$$C_mH_n + \left(m + \frac{n}{4}\right)O_2 \rightarrow mCO_2 + \frac{n}{2}H_2O$$

11 온수 순환펌프의 나사 이음 바이패스(by-pass) 배관도를 아래의 부속을 사용하여 사각형 안에 도시하고, 유체 흐름 방향을 화살표로 표시하시오.

[사용 부속]

펌프(ⓟ) : 1개, 게이트밸브(⋈) : 2개, 글로브밸브(⋈) : 1개

스트레이너(⊻) : 1개, 유니언(╫) : 3개, 티 : 2개, 엘보 : 2개

해답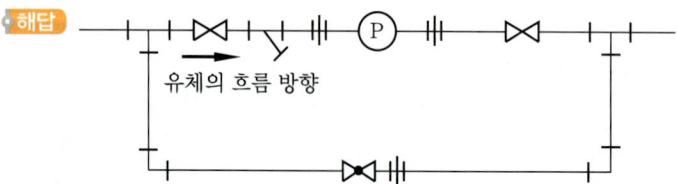

유체의 흐름 방향

참고 바이패스 배관 사용법
① 평상시 게이트밸브를 열어 놓은 상태에서 글로브밸브를 닫고 사용한다.
② 스트레이너 청소 및 펌프 고장 시 게이트밸브를 닫고 글로브밸브를 열어 사용한다.

2017 5월 20일 출제문제(필답형 주관식)

01 보일러에 부착되는 안정장치의 종류를 5가지만 쓰시오.

해답 ① 화염검출기   ② 고저수위 경보장치   ③ 증기압력 제한기 및 조절기
      ④ 안전밸브   ⑤ 방폭문   ⑥ 가용전(가용마개)

02 다음 그림은 연소가스 흐름 방향에 따른 과열기의 형태이다. 각각 어떤 형식의 과열기인지 쓰시오.

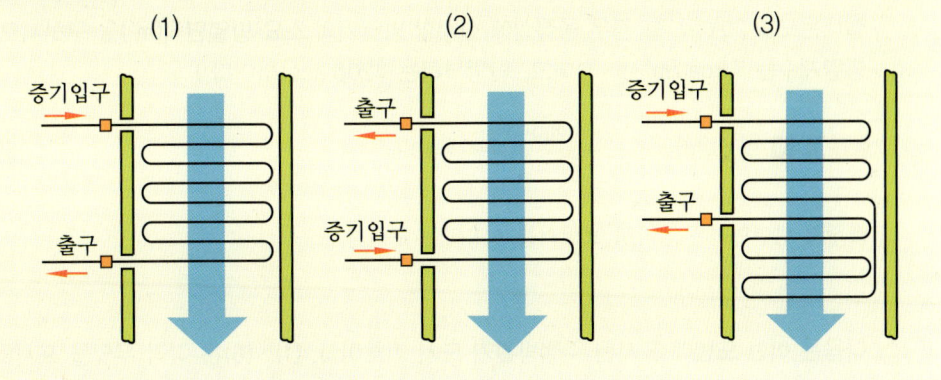

해답 (1) 병류식   (2) 향류식   (3) 혼류식

03 보온재의 구비 조건을 5가지만 쓰시오.

해답 ① 열전도율이 작을 것
      ② 최고사용온도(안전온도)가 적정할 것
      ③ 흡수성 및 흡습성이 작을 것
      ④ 밀도 및 비중량이 작을 것
      ⑤ 기계적 강도가 있을 것
      ⑥ 가격이 저렴할 것

04 유류 연소 온수 보일러의 정격출력(부하)이 49000 kcal/h이고, 보일러 효율이 80 %인 경우 1시간당 연료소비량(kg/h)을 계산하시오. (단, 연료의 발열량은 9800 kcal/kg이다.)

해답 식 연료소비량 = $\dfrac{49000}{9800 \times 0.8}$ = 6.25 kg/h   답 6.25 kg/h

> **참고** 연료소비량(kg/h) = $\dfrac{난방부하}{발열량 \times 효율}$

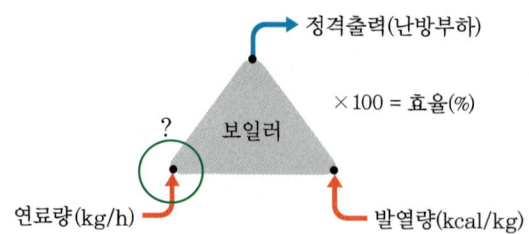

05 상향 공급식 중력 순환의 온수난방에서 송수의 온도가 90℃이고, 환수의 온도가 70℃이다. 실내온도를 20℃로 할 경우 응접실에 설치할 방열기의 소요 방열면적(m²)을 구하시오. (단, 방열계수는 7 kcal/m²·h·℃이고, 난방부하는 4200 kcal/h이다.)

> **해답** 식 방열면적 = $\dfrac{4200}{\left(\dfrac{90+70}{2} - 20\right) \times 7} = 10 \text{ m}^2$ 답 10 m²

> **참고** 방열면적은 삼각형 보일러를 이용하여 구한다.

06 다음은 어떤 도면에 표시된 주철방열기 도시 기호이다. (1)~(6)은 각각 무엇을 표시하는지 쓰시오.

(1) 18 :　　　　(2) 5 :
(3) 650 :　　　(4) 25 :
(5) 20 :　　　　(6) 3 :

> **해답** (1) 18 : 섹션수(쪽수)　　(2) 5 : 5세주형
> 　　　(3) 650 : 방열기 높이　　(4) 25 : 유입 관경
> 　　　(5) 20 : 유출 관경　　　(6) 3 : 방열기 대수

07 어느 건물의 외기에 접한 벽체 면적이 64 m²인 사무실에 4.8 m² 면적의 유리 창문을 4개소 설치할 경우 이 벽체를 통한 손실열량(kcal/h)을 구하시오. (단, 실내온도는 20℃, 외기온도 -8℃, 벽체의 열관류율은 0.53 kcal/m²·h·℃이며, 이 건물은 동향으로 위치하고 있다. 이때 건물의 방위계수는 1.1을 적용하고, 유리 창문을 통한 손실열량은 제외한다.)

> **해답** 식 손실열량 = 0.53 × (64 − 4.8 × 4) × {20 − (−8)} × 1.1 = 731.32 kcal/h　답 731.32 kcal/h
> **참고** 손실열량 = 열관류율 × 면적 × 온도차 × 방위계수

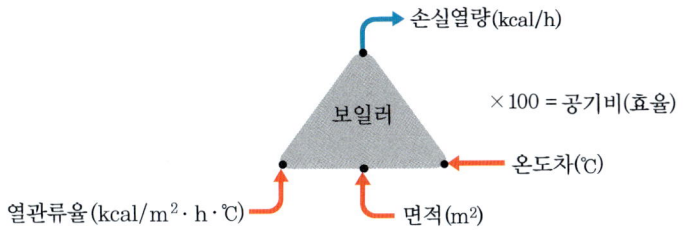

08 가스용 강철제 소형 온수 보일러의 수압시험압력에 대한 설명이다. ( )에 들어갈 알맞은 용어 또는 숫자를 쓰시오.

> 보일러의 최고사용압력이 0.43 MPa 이하일 때에는 그 (①)의 (②)배로 한다. 다만, 그 시험압력이 (③) MPa 미만인 경우에는 (④) MPa로 한다.

해답 ① 최고사용압력   ② 2   ③ 0.2   ④ 0.2

09 다음은 온수 보일러의 난방 계통도이다. ①~③의 부품의 명칭과 ⓐ, ⓑ 관의 명칭을 쓰시오.

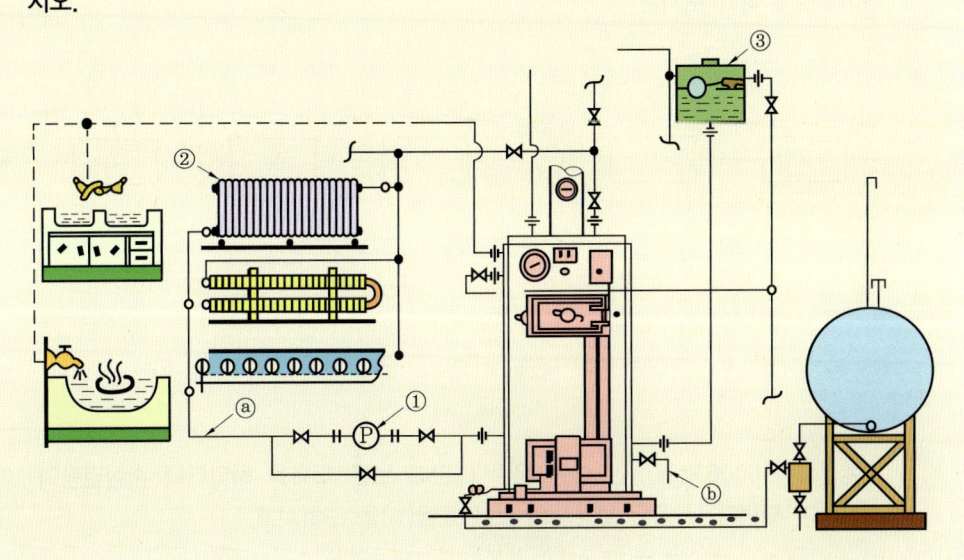

해답 ① 온수순환펌프   ② 방열기   ③ 팽창탱크
　　　ⓐ 난방환수관(HWR)   ⓑ 배수관(퇴수관)

10 다음은 송풍기에서의 상사법칙에 관한 설명이다. 각각 ( ) 안에 들어갈 내용을 쓰시오.

(①)은(는) 송풍기 회전수에 비례하며, (②)은(는) 송풍기 회전수의 제곱에 비례하고, (③)은(는) 송풍기 회전수의 세제곱에 비례한다.

해답 ① 풍량 ② 풍압 ③ 동력

2017 9월 9일 출제문제 (필답형 주관식)

01 지름이 같은 강관을 직선 연결할 때 사용하는 이음쇠 종류 2가지를 쓰시오.

해답 ① 플랜지 ② 유니언 ③ 니플 ④ 소켓

02 다음 그림은 보일러 자동 피드백 제어의 회로 구성을 나타낸 것이다. ①~⑤에 해당하는 제어요소를 각각 쓰시오.

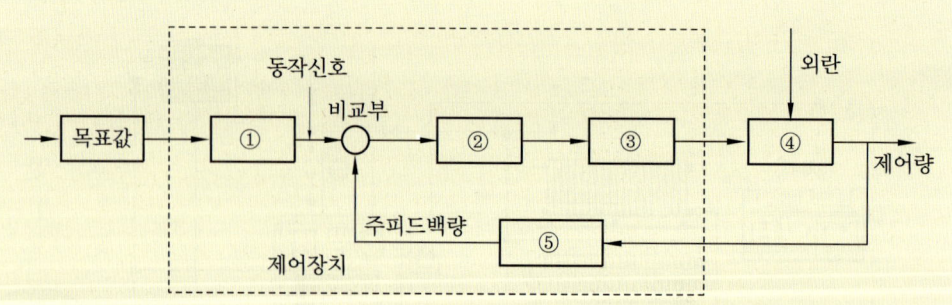

해답 ① 설정부 ② 조절부 ③ 조작부 ④ 제어대상 ⑤ 검출부

03 열손실량이 5000 kcal/h인 어떤 온수 배관에 보온 피복을 하였더니 손실열량이 1000 kcal/h가 되었다. 시공된 보온재의 보온 효율(%)을 구하시오.

해답 식 보온 효율 $= \dfrac{5000 - 1000}{5000} \times 100 = 80\%$ 답 80%

참고 나관 손실열량 − 피복 손실열량

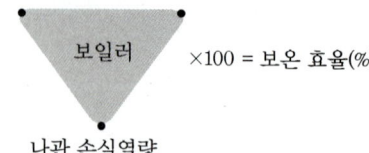

×100 = 보온 효율(%)

나관 손실열량

04 10°C의 물이 길이 25 m의 동관 내에서 물의 온도가 90°C로 상승한 경우 동관의 팽창길이 (mm)를 계산하시오. (단, 동관의 선팽창계수는 0.000018 mm/mm·°C이고, 동관의 온도는 동관 내 물의 온도와 일치한다.)

해답 식 팽창길이 = 0.000018 × 25000 × 80 = 36 mm   답 36 mm

참고

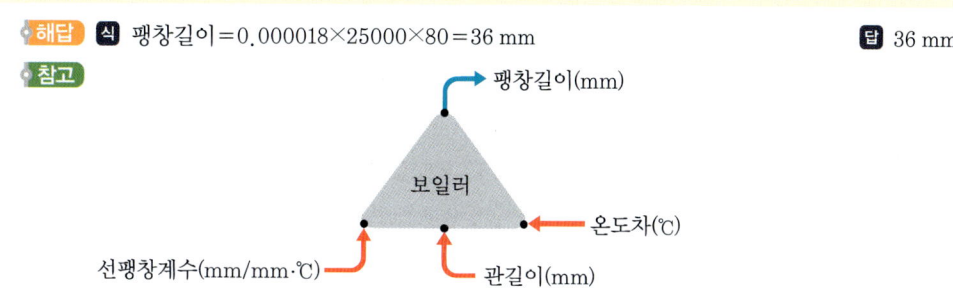

05 배관 치수 기입법에 대한 설명이다. 알맞은 표시 기호를 쓰시오.
(1) 지름이 다른 관의 높이를 나타낼 때 적용되며 관 외경의 아랫면까지를 기준으로 표시
(2) 포장된 지표면을 기준으로 배관장치의 높이를 표시
(3) 1층의 바닥면을 기준으로 하여 높이를 표시

해답 (1) BOP   (2) GL   (3) FL
참고 ① BOP : bottom of pipe ② GL : ground line ③ FL : floor line

06 (1)~(5)의 설명을 읽고 내용에 알맞은 장치의 명칭을 쓰시오.
(1) 고압수관 보일러에서 기수 드럼에 부착하여 송수관을 통하여 상승하는 증기 중에 혼입된 수분을 분리하기 위한 내부의 부속기구
(2) 둥근 보일러 동 내부의 증기 취출구에 부착하여 송기 시 비수 발생을 막고 캐리오버 현상을 방지하기 위한 다수의 구멍이 많이 뚫린 횡관을 설치한 것
(3) 주증기밸브에서 나온 증기를 잠시 저장한 후 각 소요처에 증기량을 조절하여 보내주는 설비
(4) 여분의 발생증기를 일시 저장하는 기구이며 잉여분의 저축한 증기를 과부하 시에 방출하여 증기의 부족량을 보충하는 기구
(5) 증기계통이나 증기관 방열기 등에서 고인 응축수를 연속 자동으로 외부로 배출시키는 기구

해답 (1) 기수분리기   (2) 비수방지관   (3) 증기헤더
     (4) 증기축열기   (5) 증기트랩

07 어느 주택에서 온수 보일러를 설치하기 위해 부하를 측정한 결과 다음과 같은 결과를 얻었다. 이 주택에 설치해야 할 온수 보일러의 정격용량(kW)을 구하시오.

- 난방부하 : 10000 kcal/h
- 배관부하 : 4000 kcal/h
- 증발률 : 20 kg/m²·h
- 급탕부하 : 8500 kcal/h
- 시동부하 : 2500 kcal/h
- 급탕량 : 4500 L/h

해답 식 정격용량 $= \dfrac{10000+8500+4000+2500}{860} = 29.07\,\text{kW}$ 답 29.07 kW

참고 여기서, 정격출력＝난방부하＋급탕부하＋배관부하＋시동부하
$1\,\text{kW}=102\,\text{kg}\cdot\text{m/s}=860\,\text{kcal/h}$

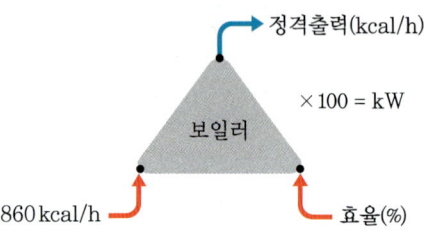

08 보일러의 급수제어방식(FWC : feed water control) 중 급수제어를 위한 3요소식의 필요요소 3가지를 쓰시오.

해답 ① 수위 ② 증기유량 ③ 급수량

09 다음 그림은 어떤 온수 보일러의 계통도이다. ①～⑤의 명칭을 각각 쓰시오.

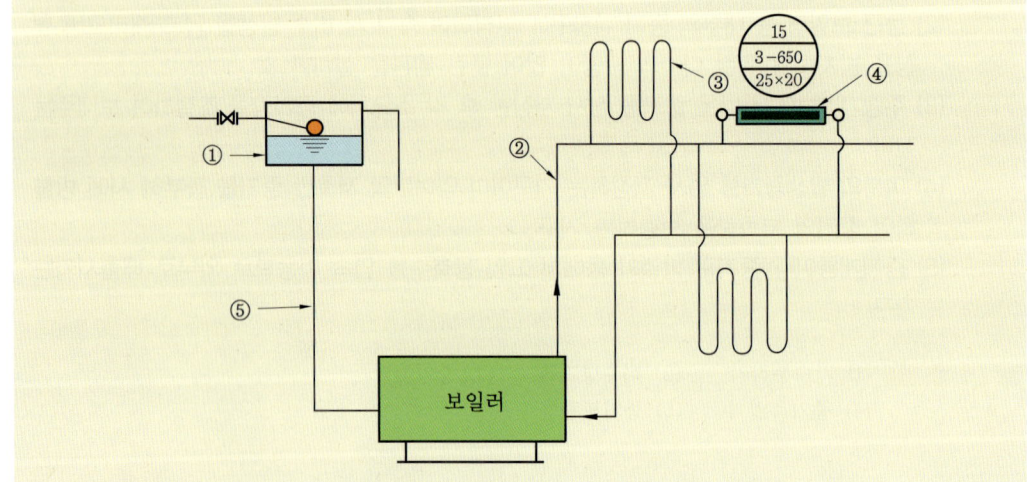

해답 ① 팽창탱크 ② 온수공급관(HWS) ③ 방열관
④ 방열기 ⑤ 팽창관

10 동관의 연납(soldering) 이음 작업 시 필요한 공구를 5가지만 쓰시오. (단, 재료의 준비 단계에서부터 작업의 완성 단계까지 필요한 공구이며, 측정공구는 제외한다.)

해답 ① 플레어링 툴 세트 ② 동관 벤더 ③ 동관 커터 ④ 토치 램프 ⑤ 사이징 툴

11 증기난방과 비교하여 온수난방의 장점을 5가지만 쓰시오.

해답 ① 소규모 주택에 적합하다.
② 난방부하 변동에 따른 방열량 조절이 용이하다.
③ 냉각시간이 오래 걸리고 야간 동결의 우려가 적다.
④ 취급이 용이하고 화상의 우려가 적다.
⑤ 실내의 쾌감도가 좋다.

2017 11월 25일 출제문제(필답형 주관식)

01 호칭지름 20A의 강관을 곡률반지름 100 mm로 90° 굽힘할 때 곡관부의 길이(mm)를 구하시오.

해답 식 곡관부 길이 $= 2\pi R \times \dfrac{\theta}{360} = 2 \times 3.14 \times 100 \times \dfrac{90}{360} = 157\,\text{mm}$ 답 157 mm

참고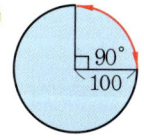

02 다음 보온재를 무기질 보온재와 유기질 보온재로 구분하시오. (무기질 보온재인 경우 "무", 유기질 보온재인 경우 "유"자를 쓰시오.)

(1) 규조토 :   (2) 탄산마그네슘 :   (3) 글라스 울 :
(4) 우모 펠트 :   (5) 세라믹 파이버 :

해답 (1) 규조토 : 무   (2) 탄산마그네슘 : 무   (3) 글라스 울 : 무
(4) 우모 펠트 : 유   (5) 세라믹 파이버 : 무

03 난방부하가 15300 kcal/h인 주택에 효율 85 %인 가스 보일러로 난방하는 경우 시간당 소요되는 가스의 양(Nm³/h)을 구하시오. (단, 가스의 저위발열량은 6000 kcal/Nm³이다.)

해답 **식** 가스의 양 = $\dfrac{난방부하}{효율 \times 저위발열량} = \dfrac{15300}{0.85 \times 6000} = 3\ Nm^3/h$ **답** $3\ Nm^3/h$

참고

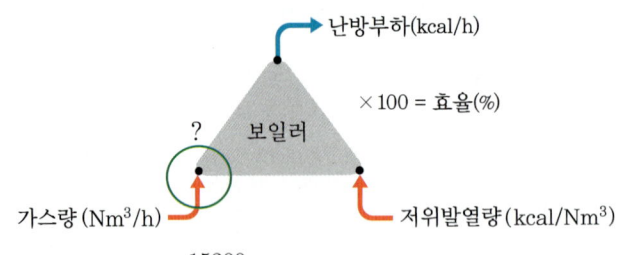

∴ 가스의 양 = $\dfrac{15300}{0.85 \times 6000} = 3\ Nm^3/h$

04
아래 그림과 같이 지름 20 A인 강관을 2개의 45° 엘보로 결합하고자 한다. 관의 실제 길이는 몇 mm로 절단해야 하는지 구하시오. (단, 엘보의 나사 물림부 길이는 15 mm이고, 엘보 중심에서 끝단까지의 길이는 25 mm이다.)

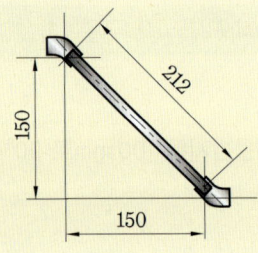

해답 **식** 절단길이 = 212 − {(25−15)×2} = 192 mm   **답** 192 mm

05
다음은 보일러의 설치 검사 기준에 따른 급수밸브의 크기에 관한 설명이다. ( ) 안에 알맞은 내용을 쓰시오.

> 급수밸브 및 체크밸브의 크기는 전열면적 10 m^2 이하의 보일러에서는 호칭 (①) 이상, 10 m^2를 초과하는 보일러에서는 호칭 (②) 이상이어야 한다.

해답 ① 15A ② 20A

06
보일러에서 보염장치의 설치목적을 5가지만 쓰시오.

해답 ① 화염의 안정을 도모한다. ② 확실한 착화가 되도록 한다.
③ 연료와 공기의 혼합성을 좋게 한다. ④ 국부적인 과열을 방지한다.
⑤ 화염의 형상을 조절한다.

07 증기난방과 비교한 온수난방의 특징을 5가지만 쓰시오.

> 해답 ① 예열시간이 길다. ② 방열량의 조절이 쉽다.
> ③ 동결의 위험이 적다. ④ 방열면적이 넓고 화상의 위험이 적다.
> ⑤ 건축물의 높이에 제한을 받는다.

08 자연순환식 온수배관은 온수의 밀도차에 의해 생기는 순환력을 이용하므로 배관(마찰)저항을 가능한 최소화해야 한다. 주로 저항이 많이 발생하는 배관 부위 3곳을 쓰시오.

> 해답 ① 엘보가 설치된 부위 ② 티가 설치된 부위 ③ 플랜지가 설치된 부위
> ④ 밸브가 설치된 부위 ⑤ 유니언이 설치된 부위 ⑥ 벤드가 설치된 부위
> ⑦ 리듀서가 설치된 부위

09 다음과 같은 방열기 도시 기호를 보고 해당하는 내용을 쓰시오.

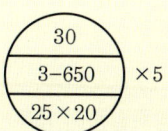

(1) 방열기의 종별 (2) 방열기 1조(組)당 쪽(section) 수
(3) 방열기 높이 (4) 방열기 유입 관경
(5) 시공에 소요되는 방열기의 총 쪽(section) 수

> 해답 (1) 3세주형 방열기 (2) 30쪽
> (3) 650 mm (4) 25A
> (5) 30×5=150쪽

10 내화물의 기본 제조공정 5단계를 순서에 맞게 쓰시오.

> 해답 ① 분쇄 → ② 혼련 → ③ 성형 → ④ 건조 → ⑤ 소성
>
> 참고 내화물 : 내열성이 기준이 되는 비금속 무기재료(난용성물질)
> ① 분쇄 : 표면적 증가, 이물질 분리, 균일한 혼합을 목적으로 한다.
> ② 혼련 : 배토의 성형에 필요한 가소성을 부여함과 동시에 입자 간의 간격, 기포를 없애기 위함이다.
> ③ 성형 : 혼련된 원료로 소정의 형상과 치수를 형성하는 것으로, 연리법, 경리법, 반건식 성형법, 슬립주입법이 있다.
> ④ 건조 : 성형물의 안전한 강도를 유지하기 위함이고, 소성상 급격히 발산하는 자유 수분 등에 따른 변형 및 균열을 방지하기 위함이다.
> ⑤ 소성 : 건조된 것을 열적으로 안정된 조직이 되게 하기 위하여 소결시켜 결합조직을 만드는 것이며 소성 시 균열이나 변형이 생기지 않게 온도를 서서히 올려 진행한다.

2018년도 >>> 출제문제

2018 3월 10일 출제문제(필답형 주관식)

01 다음은 보일러 강제 통풍 방식에 대한 설명으로 ( ) 안에 들어갈 용어를 각각 쓰시오.

> 연소용 공기를 송풍기로 연소실 앞에서 연소실로 밀어 넣는 통풍방식을 (①)통풍이라고 하고, 연도에 배풍기를 설치하고 배기가스를 유인하여 연돌로 빨아내는 방식을 (②)통풍이라고 하며, 송풍기와 배풍기를 함께 사용하는 방식을 (③)통풍이라고 한다.

해답 ① 압입 ② 흡입 ③ 평형

02 보일러 증발량 1300 kg/h의 상당증발량이 1500 kg/h일 때, 사용연료가 150 kg/h이고, 비중이 0.8 kg/L이면 상당증발배수를 구하시오.

해답 **식** 환산증발배수 $= \dfrac{G_e(\text{매시 환산증발량})[\text{kg/h}]}{G_f(\text{매시 연료소모량})[\text{kg/h}]} = \dfrac{1500}{150} = 10\,\text{kg/kg}$ **답** 10 kg/kg

참고 매시 환산증발량＝상당증발량

03 어느 건물의 단위 면적당 평균 열손실 지수가 125 kcal/m²·h이고, 열손실 면적이 52 m²이면, 시간당 손실열량(kcal/h)을 구하시오.

해답 **식** 손실열량＝125×52＝6500 kcal/h **답** 6500 kcal/h

참고

보일러 → 손실열량(kcal/h)

×100 ＝ 효율(%)

열손실 지수(kcal/m²·h) 면적(m²)

04 배관 도면에 다음과 같은 표시 기호가 있을 때 기기의 명칭을 [보기]에서 골라 쓰시오.
(1) F.C.U   (2) CONV   (3) A.V

[보기]
• 팬코일 유닛   • 컨벡터   • 공기빼기 밸브   • 체크밸브

해답 (1) 팬코일 유닛   (2) 컨벡터   (3) 공기빼기 밸브

05 다음 난방장치에 대하여 난방 송수주관에서 ①, ②, ③을 거쳐 환수주관으로 이르기까지의 배관을 완성(연결)하시오.

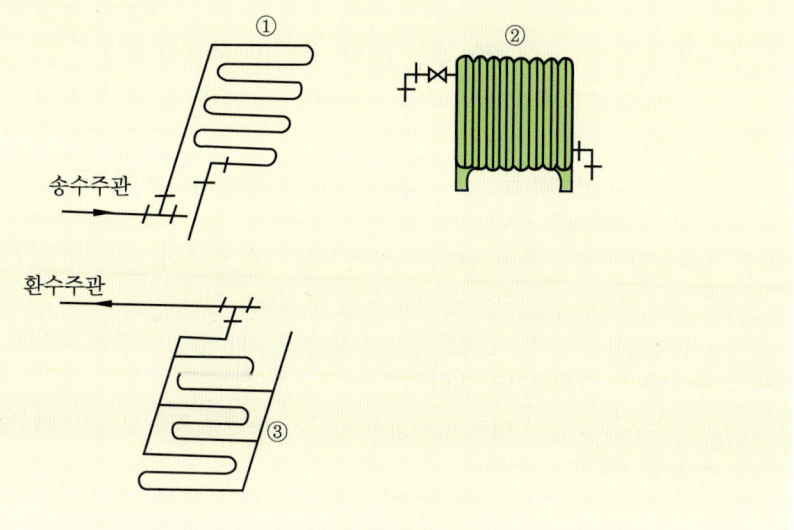

해답

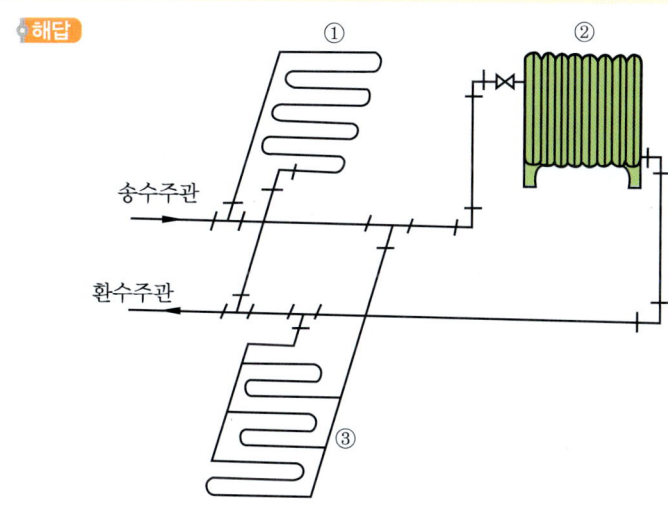

06 온수 방열기의 전 방열면적이 150 m², 온수 급탕량 50 kg/h인 경우 설치해야 할 온수 보일러의 용량(정격출력)(kcal/h)을 구하시오. (단, 급수온도 : 15℃, 출탕온도 : 75℃, 배관부하(α) : 0.25, 예열부하(β) : 1.2, 출력저하계수(k) : 1.1, 방열기 방열량 : 450 kcal/m²·h, 물의 비열 : 1 kcal/kg·℃이다.)

해답 **식** ① 난방부하＝150×450＝67500 kcal/h
② 급탕부하＝50×1×(75－15)＝3000 kcal/h
③ 정격출력＝$\dfrac{(67500+3000)(1+0.25)\times 1.2}{1.1}$＝96136.36 kcal/h

답 96136.36 kcal/h

07 보일러 운전과 조작 등에 관한 용어를 [보기]에서 골라 답란에 각각 쓰시오.
(1) 보일러를 점화할 때는 점화 순서에 따라 해야 하며, 연소가스 폭발 및 (①)에 주의해야 한다.
(2) 보일러 운전이 끝난 후, 노내와 연도에 있는 가연성 가스를 송풍기로 취출시키는 것을 (②)(이)라고 한다.
(3) 보일러 용수 중의 용해물이나 고형물, 유지분 등에 의해 보일러수가 증기에 혼입되어 증기관으로 운반되는 현상을 (③)(이)라고 한다.
(4) 보일러 점화 전, 댐퍼를 열고 노내와 연도에 있는 가연성 가스를 송풍기로 취출시키는 것을 (④)(이)라고 한다.
(5) 관수의 격렬한 비등에 의하여 기포가 수면을 교란시키며 물방울이 비산하는 현상을 (⑤)(이)라고 한다

[보기]
- 프라이밍
- 역화
- 캐리오버
- 프리퍼지
- 포밍
- 포스트퍼지

해답 ① 역화 ② 포스트퍼지 ③ 캐리오버
④ 프리퍼지 ⑤ 프라이밍

08 통풍력을 증가시키는 요인 5가지를 쓰시오.

해답 ① 연돌이 높을수록 증가한다.
② 배기가스의 온도가 높을수록 증가한다.
③ 연돌의 단면적이 클수록 증가한다.
④ 외기의 온도가 낮을수록 증가한다.
⑤ 공기의 습도가 낮을수록 증가한다.
⑥ 연도의 길이를 짧을수록, 굴곡수가 적을수록 증가한다.

09 연돌의 높이가 50 m, 배기가스의 평균온도가 200℃, 외기온도가 25℃, 표준상태에서 대기의 비중량이 1.29 kg/Nm³, 가스의 비중량이 1.34 kg/m³이다. 이 경우 이론 통풍력(mmH₂O)을 구하시오.

해답 **식** 이론 통풍력$(Z) = 273H\left(\dfrac{\gamma_a}{T_a} - \dfrac{\gamma_g}{T_g}\right)[\text{mmH}_2\text{O}]$

$= 273 \times 50 \left(\dfrac{1.29}{273+25} - \dfrac{1.34}{273+200}\right) = 20.42 \,\text{mmH}_2\text{O}$

답 20.42 mmH₂O

10 실제 공기량과 이론 공기량의 비를 공기비라 한다. 공기비가 적정 공기비보다 적을 때 발생되는 현상 3가지를 쓰시오.

해답 ① 불완전 연소되기 쉽다.
② 미연소에 의한 열손실이 증가한다.
③ 미연소 가스로 인한 역화의 위험성이 있다.

11 보일러 자동제어에 이용되는 신호전달 방식 3가지를 쓰시오.

해답 ① 공기압식 ② 유압식 ③ 전기식

2018 5월 26일 출제문제(필답형 주관식)

01 자연 통풍방식의 보일러에서 연돌의 통풍력을 증가시키기 위한 방법을 5가지 쓰시오.

해답 ① 연돌의 높이를 높인다.   ② 배기가스의 온도를 높인다.
③ 외기가스의 온도를 낮춘다.   ④ 연도의 굴곡부를 줄인다.
⑤ 연돌 상부의 단면적을 크게 한다.

02 난방 면적이 120 m²인 사무실에 온수로 난방을 하려고 한다. 열손실지수가 150 kcal/m²·h일 때 (1) 난방부하(kcal/h)와 (2) 방열기 소요 쪽수를 계산하시오. (단, 방열기의 방열량은 표준으로 하고, 쪽당 방열면적은 0.2 m²이다.)

해답 (1) **식** 난방부하 $= 150 \times 120 = 18000 \,\text{kcal/h}$ **답** 18000 kcal/h

(2) **식** 방열기 쪽수 $= \dfrac{18000}{450 \times 0.2} = 200 \,\text{쪽}$ **답** 200쪽

참고 문제에서 효율이 주어지지 않으면 효율을 100%로 보면 된다.
(1) 난방부하＝열손실지수×난방면적

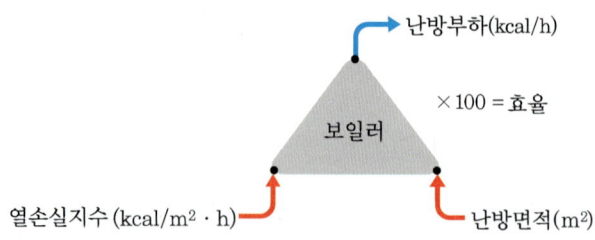

(2) 방열기 쪽수 ＝ $\dfrac{난방부하}{표준방열량 \times 면적}$

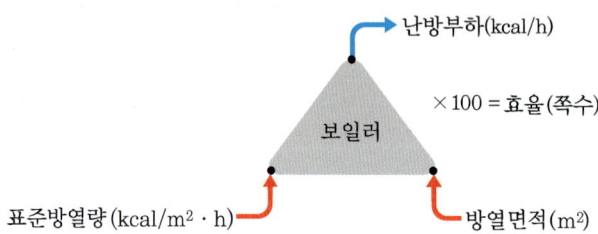

03 배관계에 걸리는 하중을 위에서 걸어 당겨 지지하는 장치인 행어의 종류를 3가지만 쓰시오.

해답 ① 콘스턴트 행어 ② 스프링 행어 ③ 리지드 행어

04 온수난방에서 보일러, 방열기 및 배관 등의 장치 내에 있는 전수량(全水量)이 1000 kg이고, 전철량(全鐵量)이 4000 kg일 때, 이 난방장치를 예열하는 데 필요한 예열부하(kcal)를 구하시오. (단, 물의 비열 1 kcal/kg·℃, 철의 비열 0.12 kcal/kg·℃, 운전 시의 온도의 평균온도 80℃, 운전개시 전의 물의 온도 5℃이다.)

해답 식 예열부하＝1000×1×(80−5)＋4000×0.12×(80−5)＝111000 kcal   답 111000 kcal

05 용기 내의 어떤 가스의 압력이 6 kgf/cm², 체적 50 L, 온도 5℃였는데, 이 가스가 상태변화를 일으킨 후 압력이 6 kgf/cm², 온도가 35℃로 변화된 경우, 체적(L)을 구하시오.

해답 식 $\dfrac{50}{(273+5)} = \dfrac{V_2}{(273+35)}$
∴ $V_2 = 55.40$ L   답 55.40 L

06 다음 보일러 시공 작업도면을 보고, A-A'의 단면도를 그리시오. (단, 단면도의 높이는 170 mm로 하고, 각 부속 사이의 관경 및 치수도 기입하시오.)

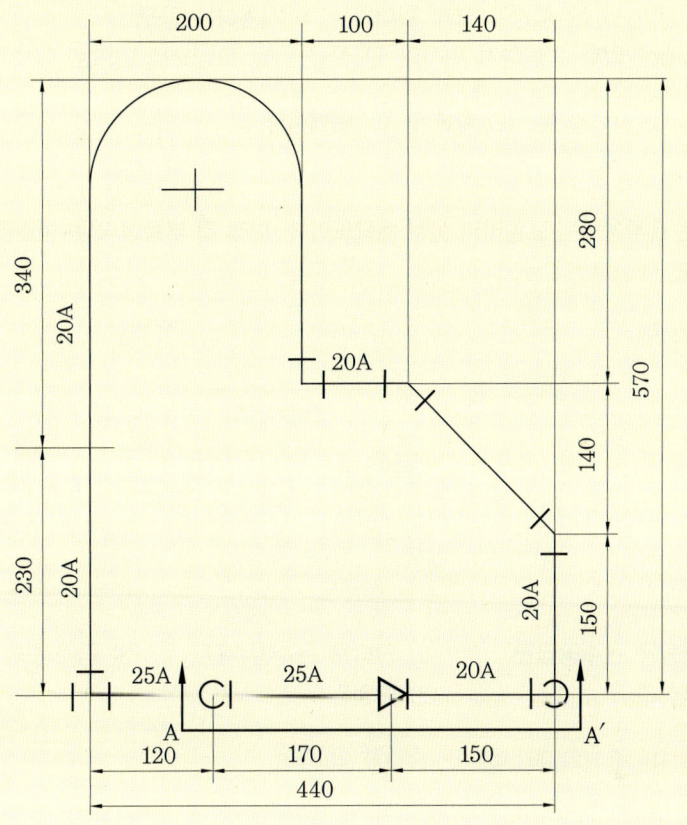

해답

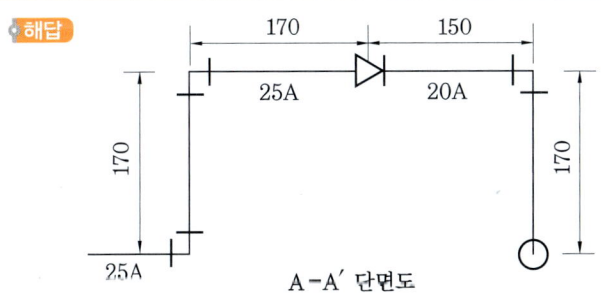

A-A' 단면도

07 다음 자동제어 방식에 맞는 용어를 쓰시오.
(1) 보일러의 기본 제어로 제어량과 결과치의 비교로 정정 동작을 하는 제어
(2) 구비 조건에 맞지 않을 때 작동정지를 시키는 제어
(3) 점화나 소화과정과 같이 미리 정해진 순서 단계를 순차적으로 진행하는 제어

해답 (1) 피드백 제어 (2) 인터록 제어 (3) 시퀀스 제어

08 다음 동관 작업 시 사용되는 공구 명칭을 각각 쓰시오.
(1) 동관의 끝 부분을 원형으로 정형하는 공구
(2) 동관의 관 끝 직경을 크게 확대하는 데 사용하는 공구
(3) 동관을 압축 이음하기 위하여 관 끝을 나팔 모양으로 만드는 데 사용하는 공구

> **해답** (1) 사이징 툴 (2) 확관기 (3) 플레어링 툴

09 다음은 유류용 온수보일러의 설치 개략도이다. 아래 각 부품에 맞는 번호를 개략도에서 찾아 쓰시오.

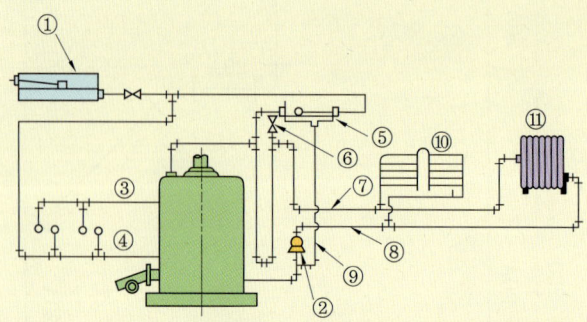

(1) 급탕용 온수공급관 (2) 난방용 온수환수관 (3) 급수탱크
(4) 팽창관 (5) 방열관

> **해답** (1) ③ (2) ⑧ (3) ① (4) ⑨ (5) ⑩

10 증기난방과 비교한 온수난방의 특징 5가지만 쓰시오.

> **해답**
> ① 난방부하에 따른 온도 조절이 쉽다.
> ② 실내 쾌감도가 좋다.
> ③ 열용량이 커 동결의 우려가 적다.
> ④ 보일러의 취급이 용이하다.
> ⑤ 보일러 표면온도가 낮아 화상의 염려가 없다.

11 다음 온수난방 방식에 대한 설명으로서 (가)~(마)에 알맞은 용어를 각각 쓰시오.

> 온수난방 방식은 분류 방법에 따라 여러 가지가 있는데 온수의 온도에 따라 분류하면 저온수 난방과 (가) 난방이 있으며, 온수의 순환 방법에 따라 (나)식과 (다)식으로 구분할 수 있으며, 온수의 공급 방향에 따라 (라)식과 (마)식이 있다.

> **해답** (가) 고온수 (나) 중력(자연)순환 (다) 강제순환
> (라) 상향순환 (마) 하향순환

2018 8월 25일 출제문제(필답형 주관식)

01 난방 방식은 크게 개별식 난방과 중앙식 난방으로 나눌 수 있다. 그 중 중앙식 난방법의 정의를 쓰고, 중앙식 난방법의 종류 3가지를 쓰시오.

> **해답** (1) 정의 : 건물의 지하실 등 일정한 장소에 보일러를 설치하여 배관으로 사용처에 공급하는 방식
> (2) 종류 : ① 직접 난방법 ② 간접 난방법 ③ 복사 난방법

02 관을 보온 피복하지 않았을 때 방열량이 650 kcal/m²·h이고, 보온 피복하였을 때 방열량이 390 kcal/m²·h일 때, 이 보온재에 의한 보온 효율(%)을 구하시오.

> **해답** 식 보온 효율 $= \left(\dfrac{650 - 390}{650}\right) \times 100 = 40\,\%$ 답 40 %
>
> **참고** 나관의 방열량 − 보온관의 방열량

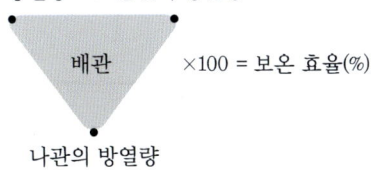

×100 = 보온 효율(%)

03 온수 보일러를 설치한 후 가동 전에 온수 보일러 설치·시공 기준에 따라 적합 여부를 확인해야 할 항목을 5가지 쓰시오.

> **해답** ① 수압 및 안전장치
> ② 보일러의 연소 및 성능 검사
> ③ 연소 계통의 누설 상태 검사
> ④ 순환펌프에 의한 온수 순환 시험
> ⑤ 자동 제어에 의한 작동 검사
> ⑥ 보온 상태

04 수동 롤러(로터리)형으로 강관을 180° 굽힘 작업하였는데 강관의 탄성 때문에 벤딩이 약간 펴지는 현상이 발생하였다. 이를 고려하여 굽힘 각도 180°보다 3~5°를 더 구부려 작업하는데, 이렇게 벤딩이 펴지는 현상을 무엇이라고 하는지 쓰시오.

> **해답** 스프링 백

05 다음에 주어진 배관 부속품 및 기호를 이용하여 유체의 흐름 방향을 고려하여 유량계의 바이패스(by-pass) 회로 배관을 완성하시오.

- 유량계(F₁) : 1개
- 밸브(⋈) : 3개
- 스트레이너(⋎) : 1개
- 유니언 : 3개
- 엘보 : 2개
- 티 : 2개

해답

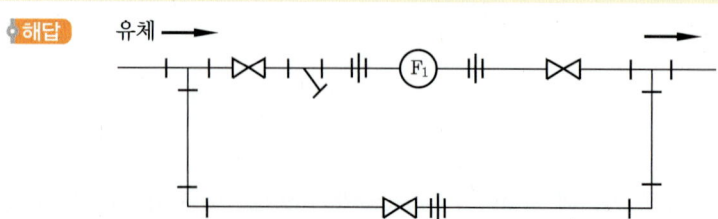

06 배관 시공 시 관을 배열해 놓고 수평을 맞출 필요가 있을 때 사용하는 측정기의 명칭을 쓰시오.

해답 수평계

07 연소가스의 속도가 4 m/s이고, 가스의 양이 16 m³/s일 때 굴뚝의 지름(m)을 구하시오.

해답 식 $Q = AV = \dfrac{\pi d^2}{4} V$, $d^2 = \dfrac{4Q}{\pi V}$

$\therefore d = \sqrt{\dfrac{4Q}{\pi V}} = \sqrt{\dfrac{4 \times 16}{3.14 \times 4}} = 2.26$ m

답 2.26 m

참고

- 가스의 양(m³/s)
- 배관
- ×100 = 효율(%)
- 연소가스의 속도(m/s)
- 배관의 단면적(m²)

08 보일러 자동제어 중에서 인터록의 종류 3가지를 쓰고, 각각에 대하여 설명하시오.

해답 ① 저수위 인터록 : 수위가 소정의 수위 이하일 때 전자밸브를 닫아서 연소를 저지한다.
② 압력 초과 인터록 : 증기 압력이 소정의 압력을 초과할 때 전자밸브를 닫아서 연소를 저지한다.
③ 저연소 인터록 : 유량 조절 밸브가 저연소 상태로 되지 않으면 전자밸브를 열지 않아서 점화를 저지한다.
④ 프리퍼지 인터록 : 송풍기가 작동하지 않으면 전자밸브를 열지 않아서 점화를 저지한다.

⑤ 불착화 인터록 : 연료를 분사한 후 소정의 시간이 경과하여도 착화를 볼 수 없을 때 전자밸브를 닫아 연소를 저지한다.

09 가동하기 전 보일러수의 온도가 20℃이고, 운전 시의 온수 온도가 80℃이다. 보일러 철의 무게가 0.8 ton, 철의 비열이 0.12 kcal/kg·℃일 때 철만 가열하는 데 필요한 예열부하 (kcal)를 구하시오.

해답 식 $Q = GC\Delta t = 800 \times 0.12 \times (80-20) = 5760$ kcal   답 5760 kcal

참고
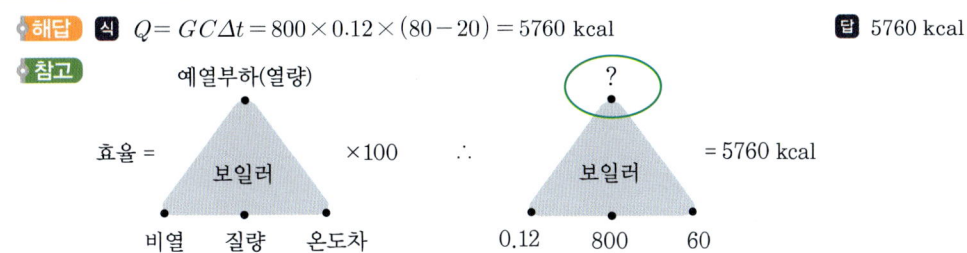

10 다음 파이프 관의 각 이음 기호를 도시하시오.
(1) 나사 이음   (2) 플랜지 이음   (3) 유니언 이음

해답 (1) 나사 이음 : ─┼─   (2) 플랜지 이음 : ─╫─   (3) 유니언 이음 : ─╫─

11 어떤 장치 내의 물을 가열하여 온도를 높이는 경우 물의 팽창량(L)을 구하는 식에 대하여 아래 기호를 사용하여 나타내시오. (단, V : 가열 전 장치 내 전수량(L), ρ_1 : 가열 후 물(온수)의 밀도(kg/L), ρ_2 : 가열 전 물(온수)의 밀도(kg/L)이다.)

해답 물의 팽창량(L) = $V \times \left(\dfrac{1}{\rho_1} - \dfrac{1}{\rho_2}\right)$

2018 11월 24일 출제문제(필답형 주관식)

01 회전식 버너의 점화가 안 될 때 원인을 5가지만 쓰시오.

해답 ① 기름의 점도 과대
② 1차 공급 공기의 풍압 과대
③ 기름 내에 수분 함량이 많을 때
④ 연료 공급 상태 불량 및 여과기 폐쇄
⑤ 프리퍼지가 충분하지 못할 때

02 중력순환식 온수난방을 위한 배관 설계를 하고자 한다. 보일러에서 최원단 방열기까지의 배관 직선길이가 100 m이고 순환수두는 200 mmAq일 때 배관의 마찰손실(mmAq/m)을 구하시오. (단, 국부저항에 의한 상당길이는 직선길이의 50 %로 한다.)

해답 식 $\dfrac{200}{100+150} = 1.33$ mmAq/m 답 1.33 mmAq/m

03 지역난방(district heating system)에 대하여 설명하시오.

해답 어떤 일정 지역 내의 한 장소에 보일러실을 설치하여 증기 또는 온수를 공급하는 난방방식이다.

참고 지역난방의 특징
① 개별 난방방식에 비해 열효율이 향상되고, 유지/보수 비용이 절감된다.
② 각 건물에 보일러실이 불필요하므로 건물의 이용도가 증대된다.
③ 설비의 고도화에 따른 도시 매연이 감소한다.

04 난방배관 시공 시 증기주관에서 입하관을 분기할 때의 이상적인 배관 시공도를 그리시오. (단, 사용 이음쇠는 티 1개, 90° 엘보 3개이다.)

증기주관 ─────────────

해답

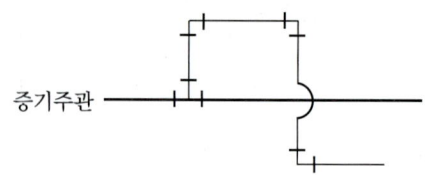

05 온수 보일러의 순환펌프 설치 방법에 대한 설명이다. (   ) 안에 알맞은 말을 [보기]에서 골라 써 넣으시오.

[보기]
• 송수주관   • 최대   • 온수공급관   • 여과기   • 수평
• 바이패스   • 최소   • 트랩   • 환수주관   • 수직

순환펌프에는 하향식 구조 및 자연 순환이 곤란한 구조를 제외하고는 (①)회로를 설치해야 하며, 펌프와 전원콘센트 간의 거리는 가능한 한 (②)(으)로 하고, 누전 등의 위험이 없어야 하며, 순환펌프의 모터 부분을 (③)(으)로 설치한다. 또한 흡입 측에는 (④)을(를) 설치해야 하며, (⑤)에 설치한다.

해답 ① 바이패스 ② 최소 ③ 수평 ④ 여과기 ⑤ 환수주관

06 보일러 재료의 강도가 부족한 부분 또는 변형이 쉬운 부분에 설치하여 강도 증가와 변형 방지를 위한 것이 버팀(스테이)이다. 아래 각 특징에 맞는 버팀의 명칭을 [보기]에서 골라 쓰시오.

[보기]
- 경사 스테이
- 관 스테이
- 나사 스테이
- 도그 스테이
- 거싯 스테이
- 막대 스테이

(1) 스코치 보일러의 간격이 좁은 두 개의 나란한 경판을 보강하는 스테이
(2) 동체판과 경판 또는 관판에 연강봉을 경사지게 부착하여 경판을 보강하는 스테이
(3) 연관보일러에 있어서 연관의 팽창에 따른 관판이나 경판의 팽출에 대한 보강재로서 총 연관의 30 %가 스테이이며, 연관 역할을 동시에 하는 스테이
(4) 평 경판이나 접시형 경판에 사용하며 강판과 동판 또는 관판이나 동판의 지지 보강대로서 판에 접속되는 부분이 큰 스테이
(5) 진동 충격 등에 따른 동체의 눌림 방지 목적으로 화실 천장의 압궤 방지를 위한 가로버팀이며, 관판이나 경판 양쪽을 보강하는 스테이

해답 (1) 나사 스테이 (2) 경사 스테이 (3) 관 스테이
(4) 거싯 스테이 (5) 막대 스테이

07 보일러의 실제 증발량이 1000 kg/h이고 발생증기의 엔탈피는 619 kcal/kg, 급수 엔탈피는 80 kcal/kg일 때 이 보일러의 상당증발량(환산증발량, kg/h)을 구하시오.

해답 식 $\dfrac{1000 \times (619-80)}{539} = 1000 \text{ kg/h}$ 답 1000 kg/h

08 어떤 거실의 방열기 상당방열면적이 12 m²이다. 온수난방일 때 난방부하(kcal/h)를 구하시오. (단, 방열기의 방열량은 표준방열량으로 한다.)

해답 식 $450 \times 12 = 5400 \text{ kcal/h}$ 답 5400 kcal/h
참고 난방부하 = 표준방열량 × EDR

※ 방열기 표준방열량
- 증기 : 650 kcal/m²·h
- 온수 : 450 kcal/m²·h

09 5 ton/h인 수관식 보일러에서 연돌로 배출되는 배기 가스량이 9100 Nm³/h이고, 연돌로 배출되는 배기가스 온도는 250℃이다. 이때 연돌의 상부 최소단면적이 0.7 m²일 경우 배기가스 유속(m/s)을 구하시오.

해답 **식** 유속 $= \dfrac{9100 \times (1 + 0.0037 \times 250)}{3600 \times 0.7} = 6.95$ m/s   **답** 6.95 m/s

참고

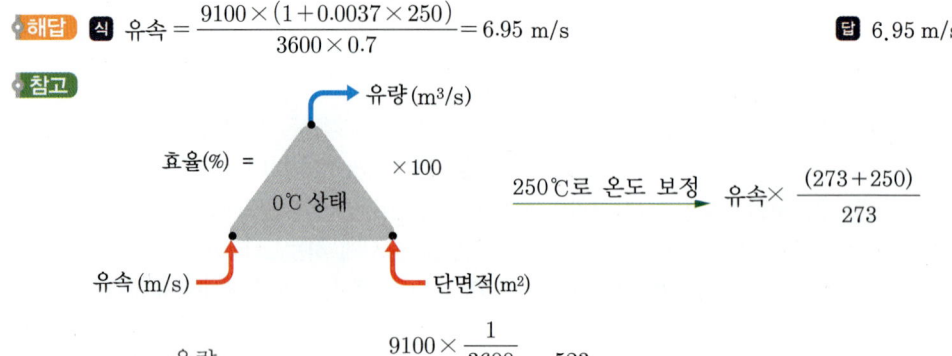

$\therefore$ 유속 $= \dfrac{\text{유량}}{\text{단면적}} \times \text{온도 보정} = \dfrac{9100 \times \dfrac{1}{3600}}{0.7} \times \dfrac{523}{273} = 6.92$ m/s

10 온수가 배관 내에 흐를 때 관 내부와 마찰을 일으켜 압력손실을 가져오게 되는데, 이러한 손실을 줄이기 위하여 다음 각 요소를 어떻게 해야 하는지 쓰시오.
(1) 굽힘 개소   (2) 관경   (3) 배관 길이
(4) 유속   (5) 유체 점도

해답 (1) 굽힘 개소 : 적게 한다.   (2) 관경 : 크게 한다.
(3) 배관 길이 : 짧게 한다.   (4) 유속 : 느리게 한다.
(5) 유체 점도 : 낮게 한다.

부록

작업형 실기시험

작업형 실기시험 수험자 유의사항

■ **시험시간 : 3시간 20분**

1. **요구사항** : 지급된 재료를 이용하여 도면과 같이 강관 및 동관의 조립 작업을 하시오.
2. **수험자 유의사항**
   ① 수험자가 지참한 공구와 지정된 시설만을 사용하며, 안전수칙을 준수해야 한다.
   ② 재료의 재지급은 허용되지 않으며, 도면은 작업이 완료된 후 작품과 동시에 제출한다.
   ③ 동관의 접합은 가스 용접으로 한다.
   ④ 관을 절단할 때는 파이프 커터, 튜브 커터 또는 쇠톱을 사용하여 절단한 후 확공기나 원형줄로 파이프 내의 거스러미를 제거해야 한다.
   ⑤ 시험 종료 후 작품의 수압 시험 시 누수 여부를 감독위원으로부터 확인받아야 한다.
   ⑥ 지급된 재료 중 이음쇠 부속품이 불량인 경우에는 교환이 가능하나, 조립 중 무리한 힘을 가하여 파손된 경우에는 교환할 수 없다.
   ⑦ 다음 사항에 해당하는 작품은 미완성 또는 오작품으로 채점 대상에서 제외한다.
   ㈎ 미완성 작품
   - 시험시간(3시간 20분)을 초과한 작품
   ㈏ 오작품
   ㉮ 도면치수 중 부분치수가 ±15 mm(전체길이는 가로, 세로 ±30 mm) 이상 차이나는 작품
   ㉯ 수압 시험 시 0.3 MPa(3 kgf/cm^2) 미만에서 누수가 되는 작품
   ㉰ 평행도가 30 mm 이상 차이나는 작품
   ㉱ 외관 및 기능도가 극히 불량한 작품
   ㉲ 도면과 상이하게 조립된 작품

작업형 실기시험 수험자 지참 준비물

번호	재료명	규격	단위	수량	비고
1	강철자	1000 mm	EA	1	
2	걸레	면	장	1	약간
3	고무 해머	경질	EA	1	
4	동관 벤더	20 A	대	1	지참 희망자에 한함
5	동관 벤더	15 A	대	1	지참 희망자에 한함
6	멍키 스패너	250~300 mm	EA	1	
7	보안경	가스 용접용	EA	1	
8	쇠톱	300	EA	1	톱날 포함
9	신발(안전화)	작업화	족	1	
10	와이어 브러시	300 mm	EA	1	
11	줄(반원, 평, 둥근)	종목(250~300)	각	1	
12	직각자	400×600	EA	1	
13	튜브 커터	동관 절단용	EA	1	
14	파이프 렌치	300~350 mm	EA	1	
15	파이프 리머	15 A~25 A	EA	1	
16	파이프 커터	15 A~50 A	EA	1	
17	해머(철제)	500 g	EA	1	
18	흑색 또는 청색 필기구 (연필, 굵은 사인펜 제외)	사무용	EA	1	

비고 동력나사절삭기는 시험장에 비치되어 있으며, 나사절삭을 위해 수험자 본인이 지참한 경우 개인장비 사용이 가능합니다. 단, 동력나사절삭기의 배관 커터 기능은 사용하실 수 없으며, 관 절단 시 수험자가 지참한 수동공구(수동 파이프 커터, 튜브 커터, 쇠톱 등)를 사용하여야 합니다.

작업형 실기시험 채점 기준표

주요항목	세부항목	항목별 채점 방법					배점
치수 정밀도	부분길이 치수 8개소 8개소×3점=24점	각 측정 개소마다 최대오차를 측정					24
		오차 (mm)	3 이하	3 초과 4 이하	4 초과 5 이하	기타	
		배점	3	2	1	0	
외관	강관의 외관 : 강관 표면의 흠집이나 일그러진 곳의 개소를 점검	결함 개소	1개소 이하	2개소	3개소	4개소 이상	3
		배점	3	2	1	0	
	동관의 외관 : 표면에 공구 등의 흠집이나 일그러진 개소를 점검	결함 개소	없음	1개소	2개소	3개소 이상	3
		배점	3	2	1	0	
조립 상태	강관의 조립 상태 : 잔류 나사산이 없거나 3산 이상인 곳을 점검	결함 개소	2개소 이하	3~4 개소	5~6 개소	기타	3
		배점	3	2	1	0	
	동관의 조립 상태 : 용접부 폭 및 상태를 점검	비드 폭이 균일하고 상태가 양호하면 2점, 이음쇠 표면까지 납땜한 자국(덧땜자국)이 있거나, 상태가 불량한 경우 등 기타 0점					2
수압	수압 시험	각 단계에서 최소 1분 이상 수압을 건 상태에서 누수 여부를 점검					9
		수압 (kgf/cm^2)	9 이상	9 미만 6 이상	6 미만 3 이상		
		배점	9	6	3		
평행도	평행도 : 작품을 정반 위에 올려놓고 평면도 상에서 평행도 오차가 가장 큰 곳을 측정	오차 (mm)	10 이하	10 초과 20 이하	20 초과		3
		배점	3	1	0		
안전 관리	작업 복장 상태, 공구 등 정리정돈 상태, 안전 보호구 착용 여부, 안전 수칙 준수 여부						3

작업형 실기시험 공개 도면 ①

| 자격종목 | 에너지관리기능사 | 과제명 | 강관 및 동관 조립 | 척도 | N.S |

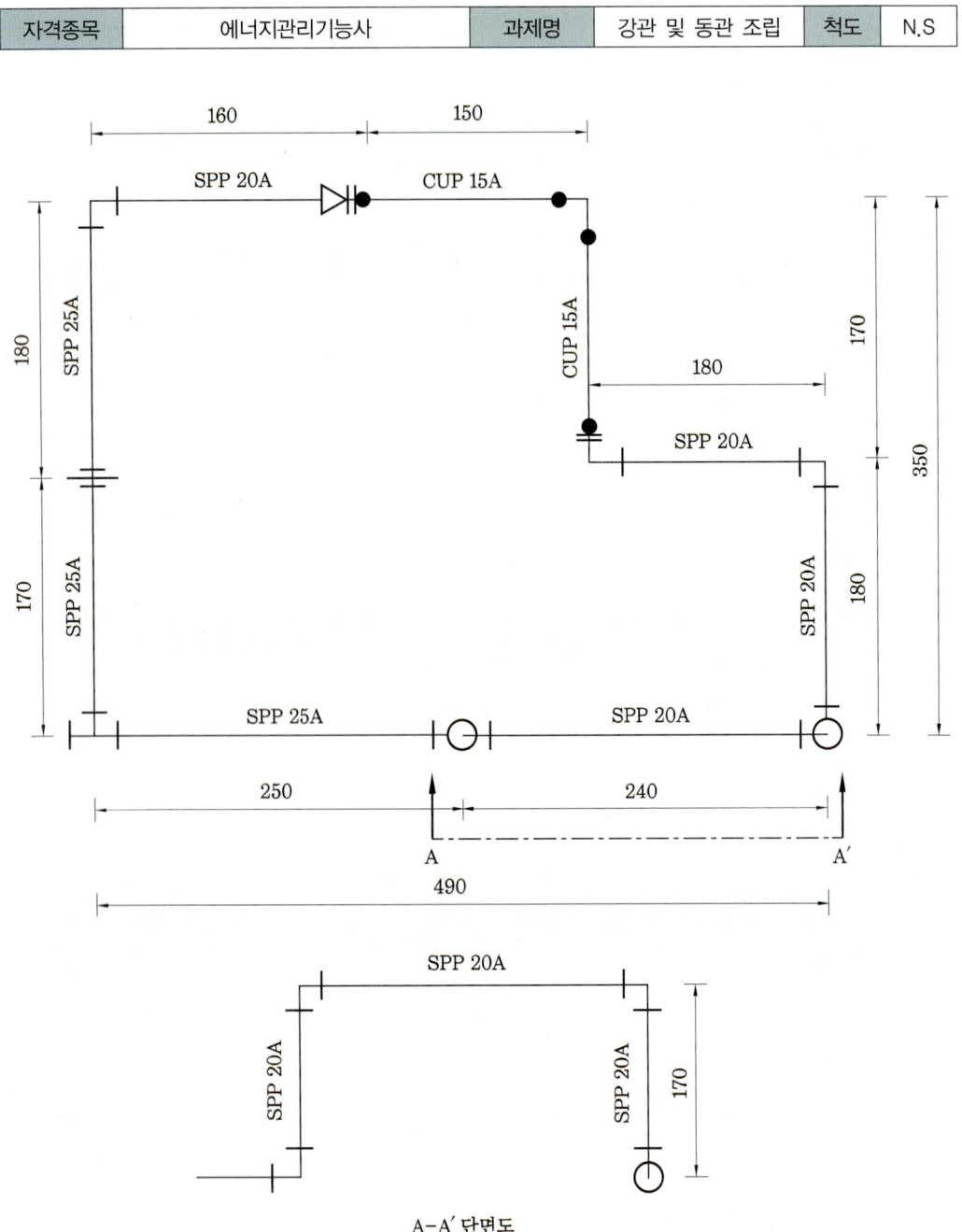

A-A' 단면도

작업형 실기시험 완성 작품 ①

| 자격종목 | 에너지관리기능사 | 과제명 | 강관 및 동관 조립 | 척도 | N.S |

작업형 실기시험 공개 도면 ②

| 자격종목 | 에너지관리기능사 | 과제명 | 강관 및 동관 조립 | 척도 | N.S |

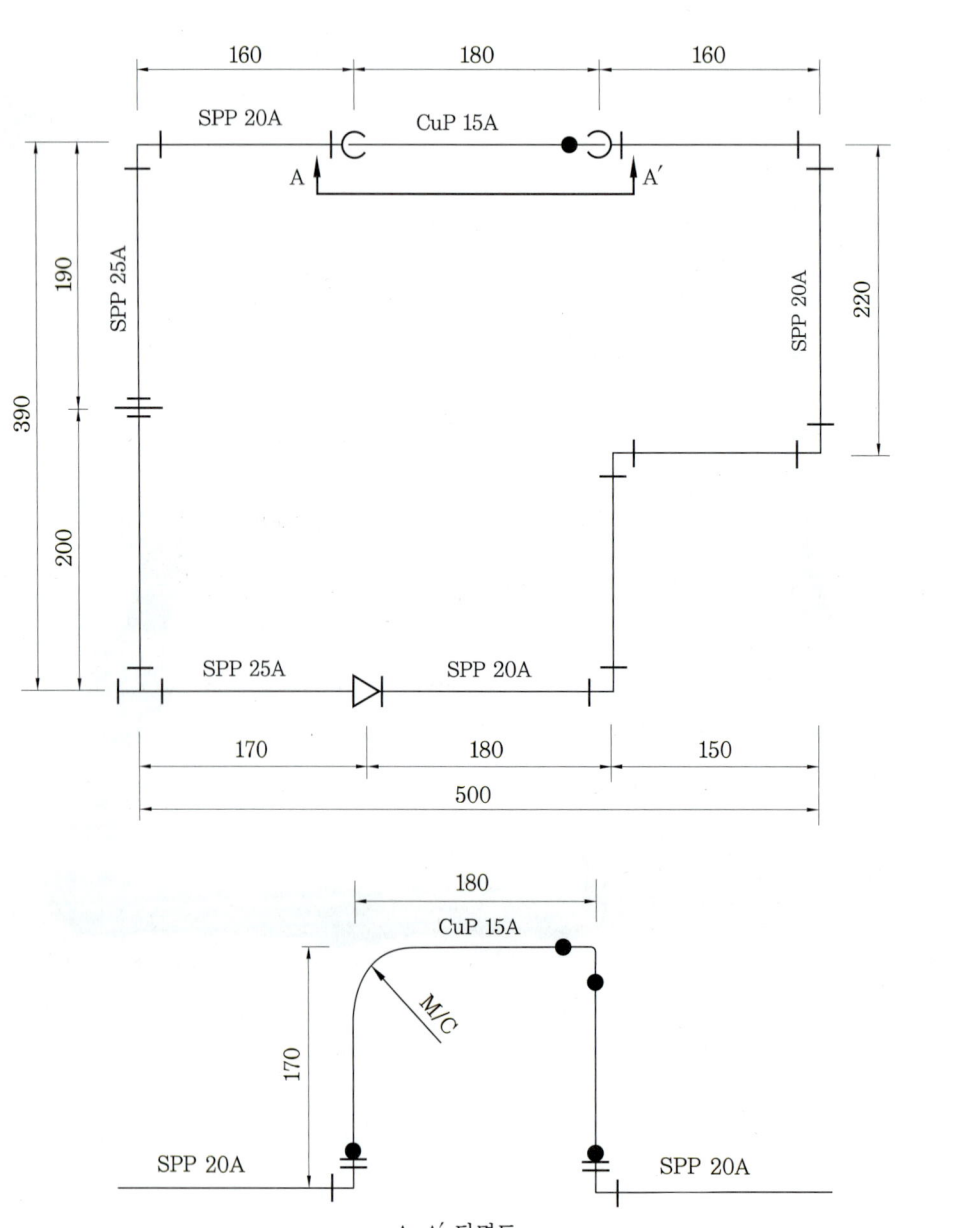

A-A' 단면도

작업형 실기시험 완성 작품 ②

| 자격종목 | 에너지관리기능사 | 과제명 | 강관 및 동관 조립 | 척도 | N.S |

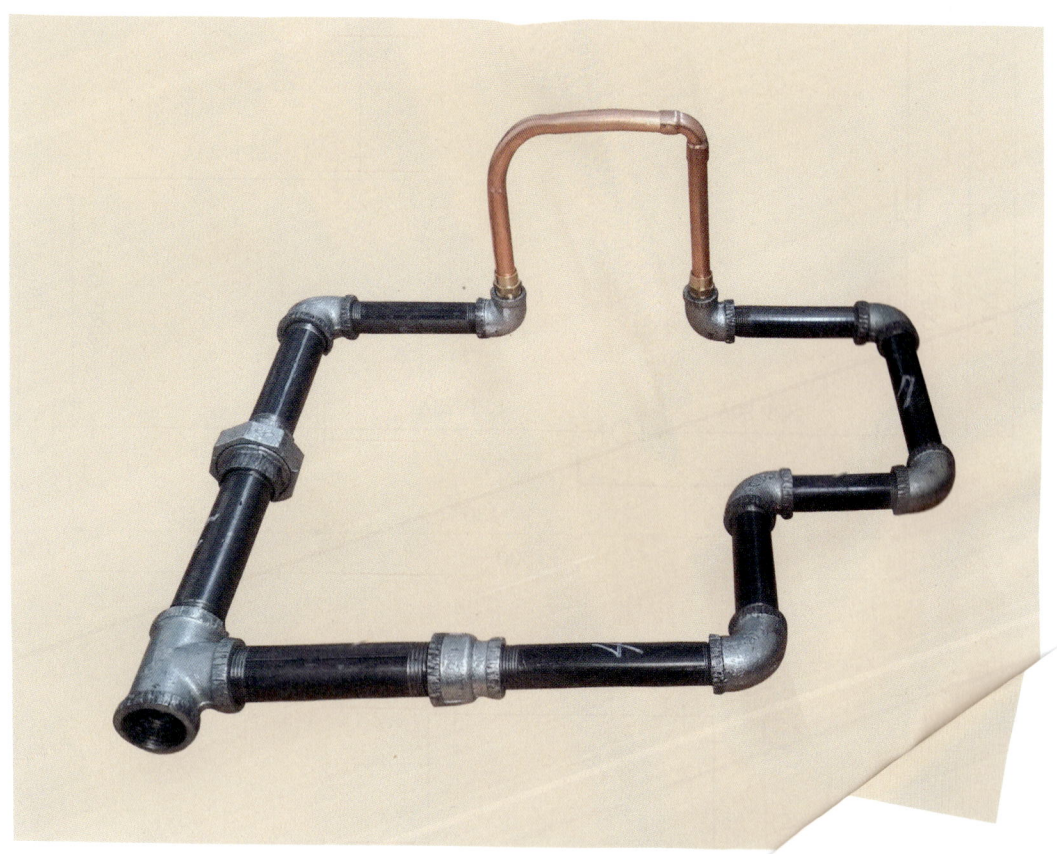

282 부록

작업형 실기시험 공개 도면 ③

| 자격종목 | 에너지관리기능사 | 과제명 | 강관 및 동관 조립 | 척도 | N.S |

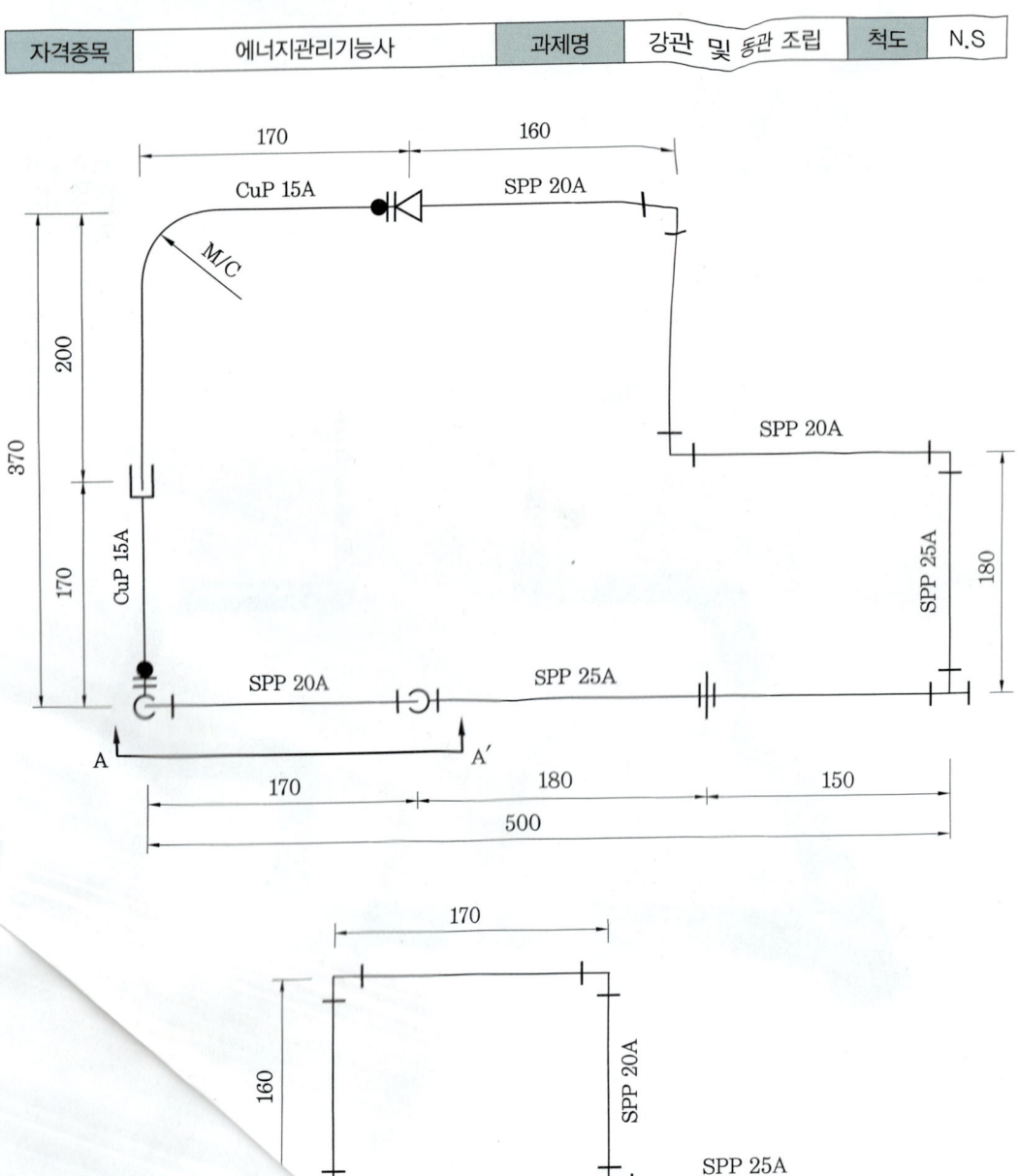

A-A' 단면도

작업형 실기시험 완성 작품 ③

| 자격종목 | 에너지관리기능사 | 과제명 | 강관 및 동관 조립 | 척도 | N.S |

작업형 실기시험 공개 도면 ④

| 자격종목 | 에너지관리기능사 | 과제명 | 강관 및 동관 조립 | 척도 | N.S |

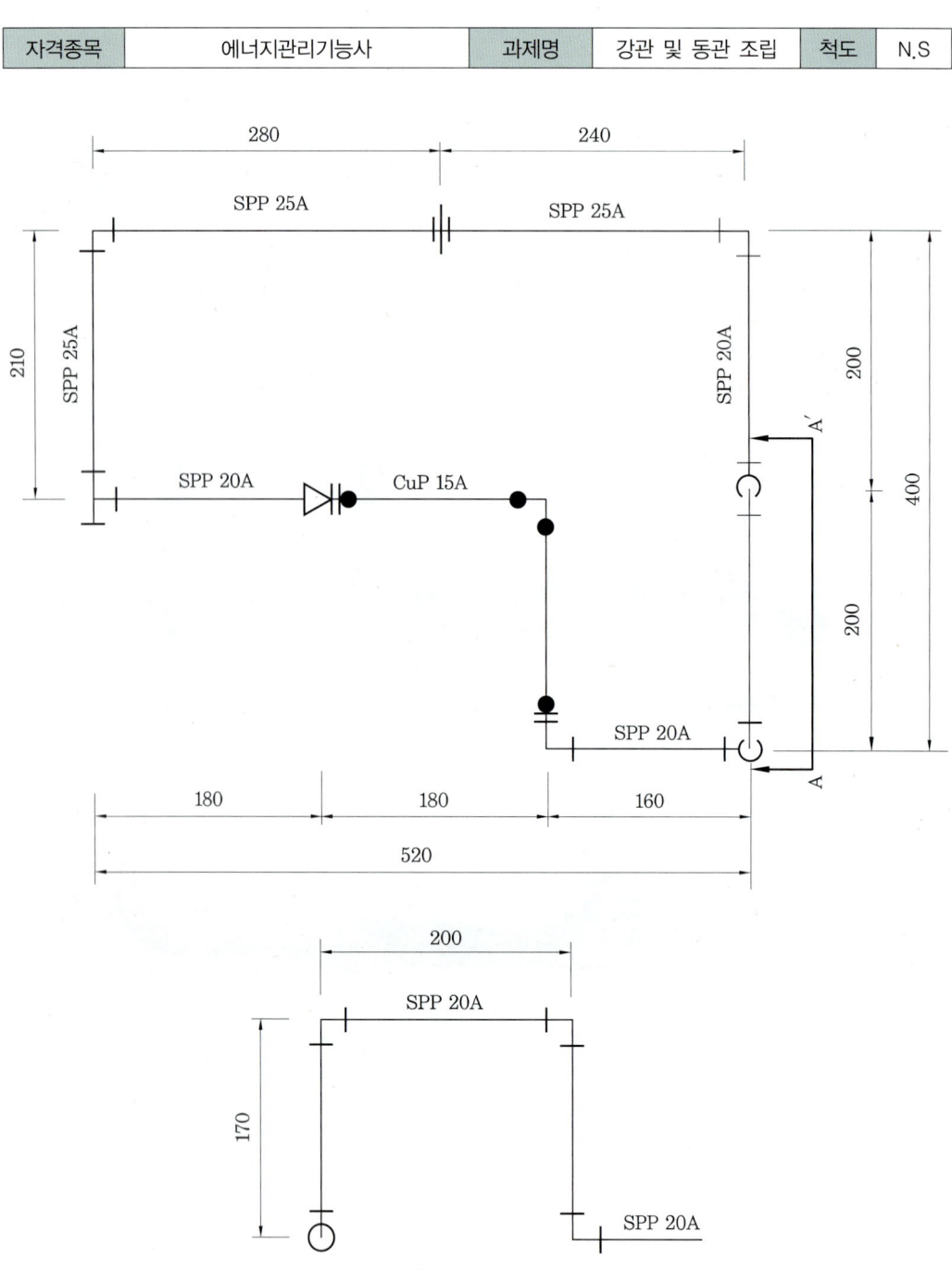

작업형 실기시험 완성 작품 ④

| 자격종목 | 에너지관리기능사 | 과제명 | 강관 및 동관 조립 | 척도 | N.S |

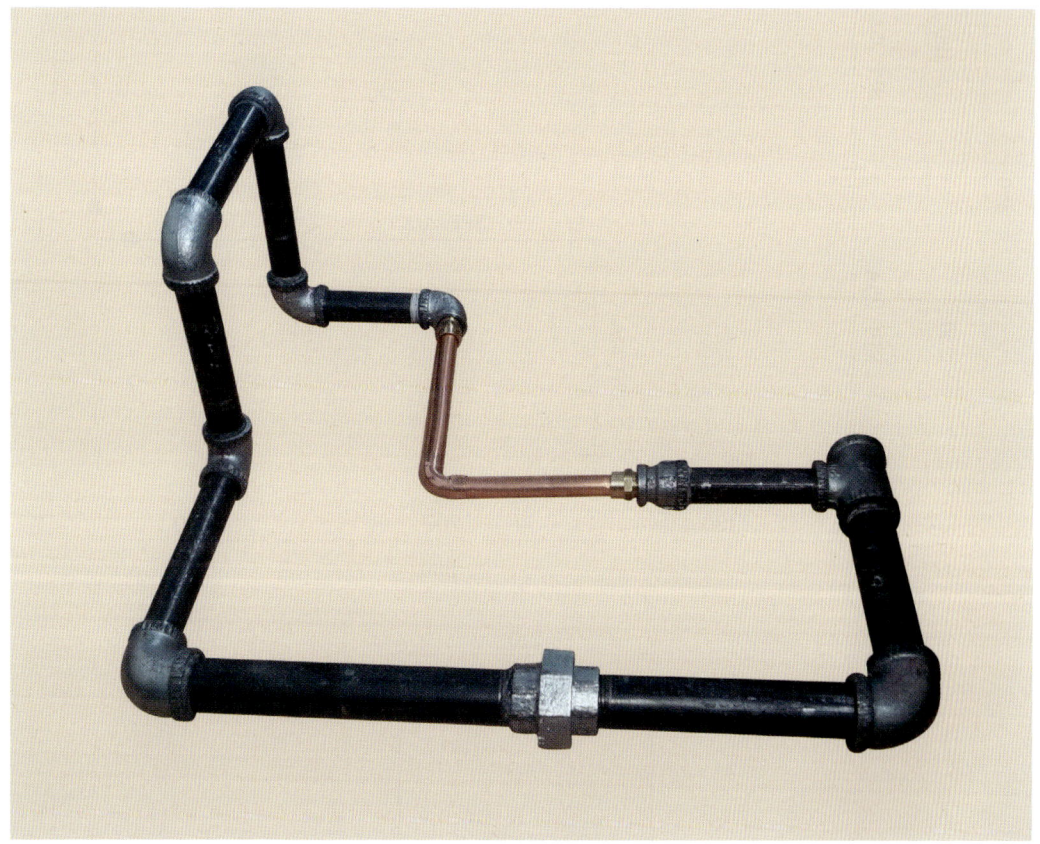

작업형 실기시험 공개 도면 ⑤

| 자격종목 | 에너지관리기능사 | 과제명 | 강관 및 동관 조립 | 척도 | N.S |

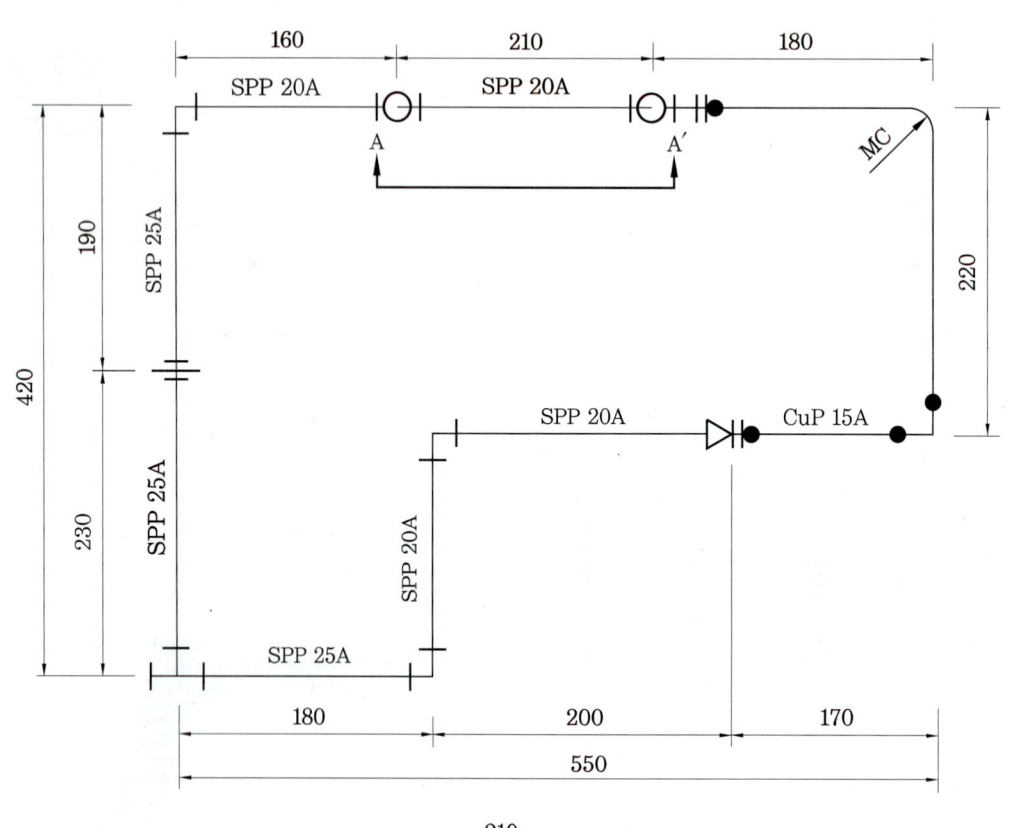

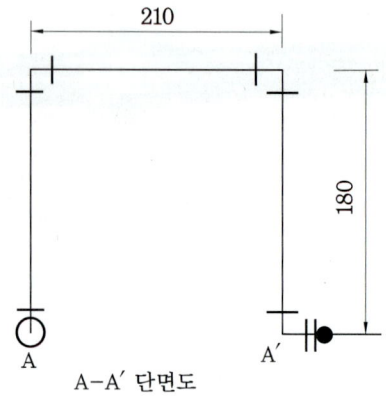

A-A' 단면도

작업형 실기시험 완성 작품 ⑤

| 자격종목 | 에너지관리기능사 | 과제명 | 강관 및 동관 조립 | 척도 | N.S |

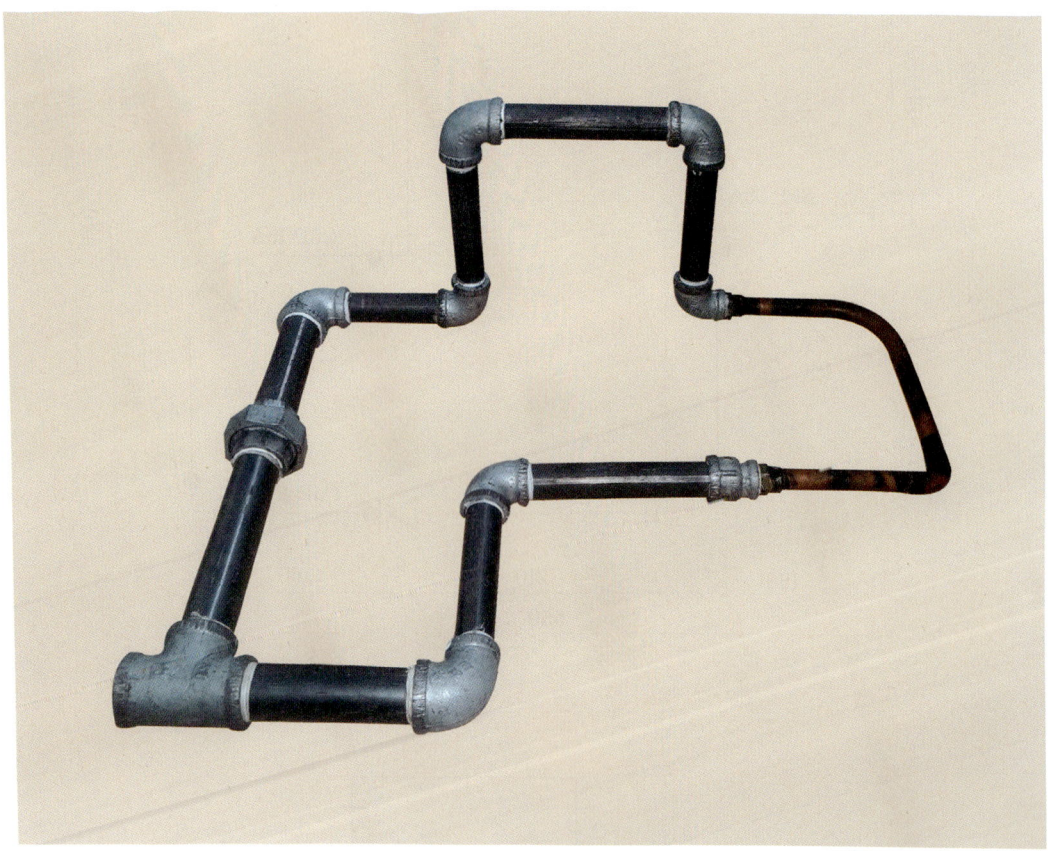

작업형 실기시험 공개 도면 ⑥

| 자격종목 | 에너지관리기능사 | 과제명 | 강관 및 동관 조립 | 척도 | N.S |

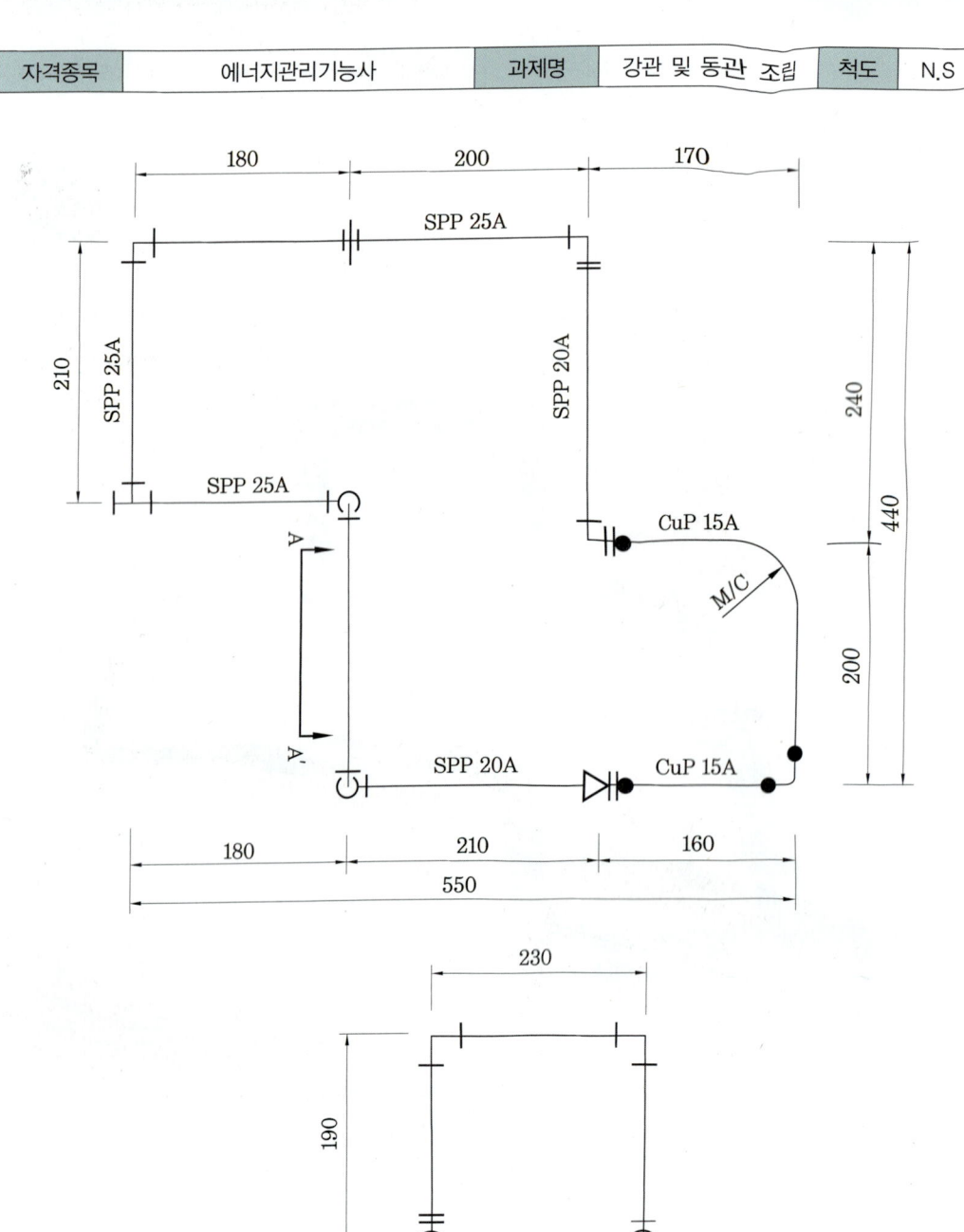

A-A′ 단면도

작업형 실기시험 완성 작품 ⑥

| 자격종목 | 에너지관리기능사 | 과제명 | 강관 및 동관 조립 | 척도 | N.S |

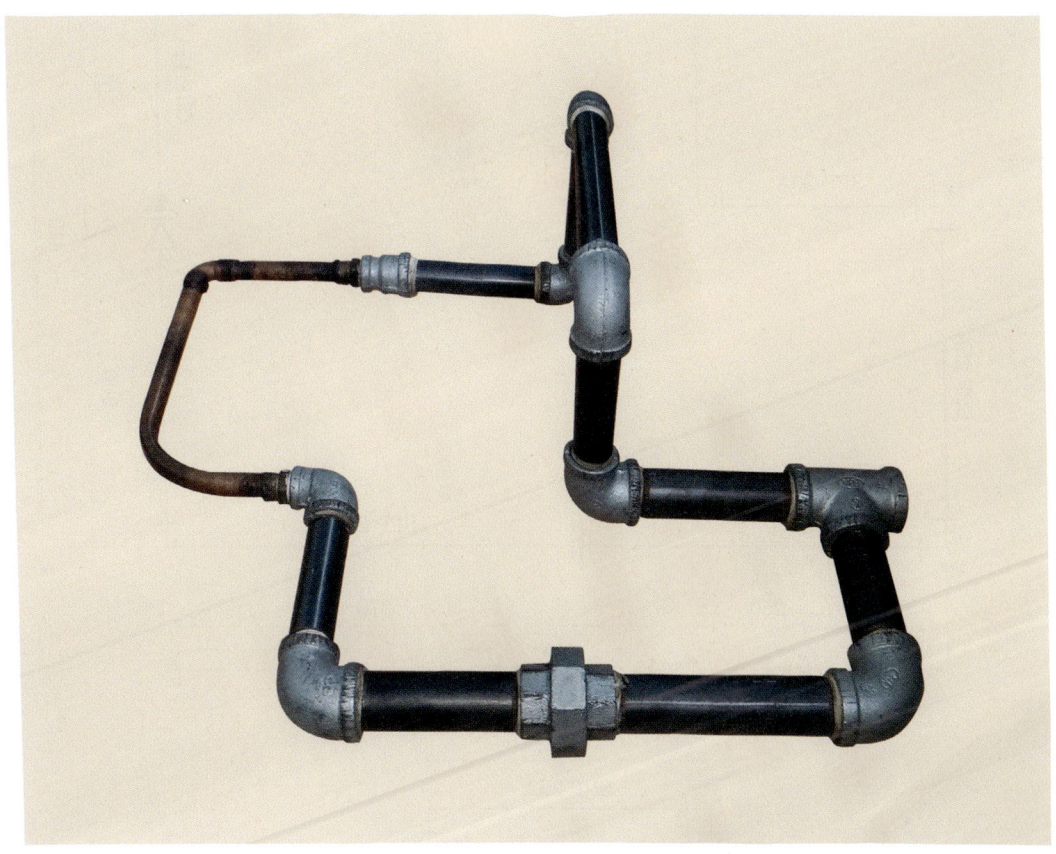

작업형 실기시험 공개 도면 ⑦

| 자격종목 | 에너지관리기능사 | 과제명 | 강관 및 동관 조립 | 척도 | N.S |

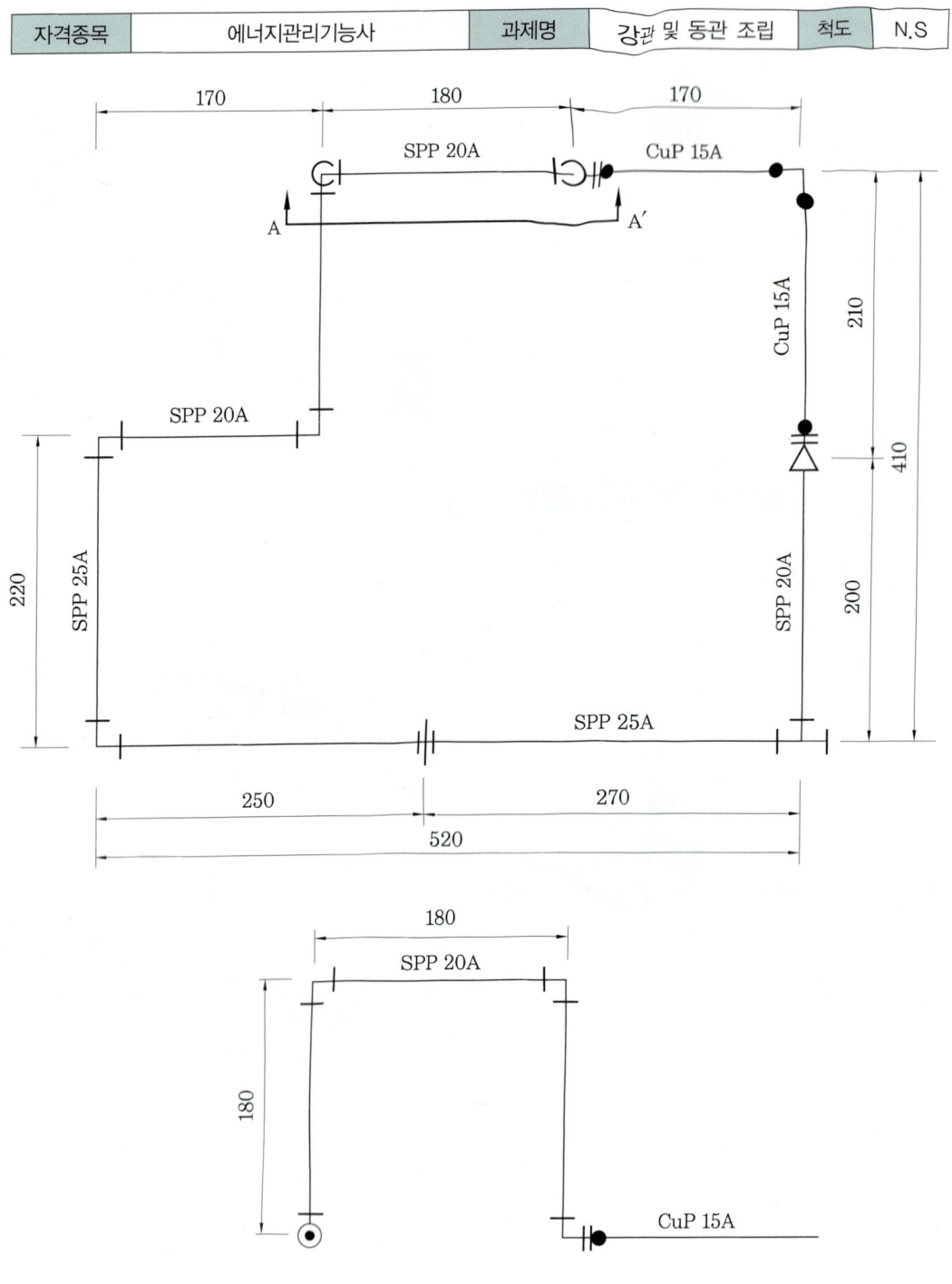

A-A′ 단면도

작업형 실기시험 완성 작품 ⑦

| 자격종목 | 에너지관리기능사 | 과제명 | 강관 및 동관 조립 | 척도 | N.S |

작업형 실기시험 공개 도면 ⑧

| 자격종목 | 에너지관리기능사 | 과제명 | 강관 및 동관 조립 | 척도 | N.S |

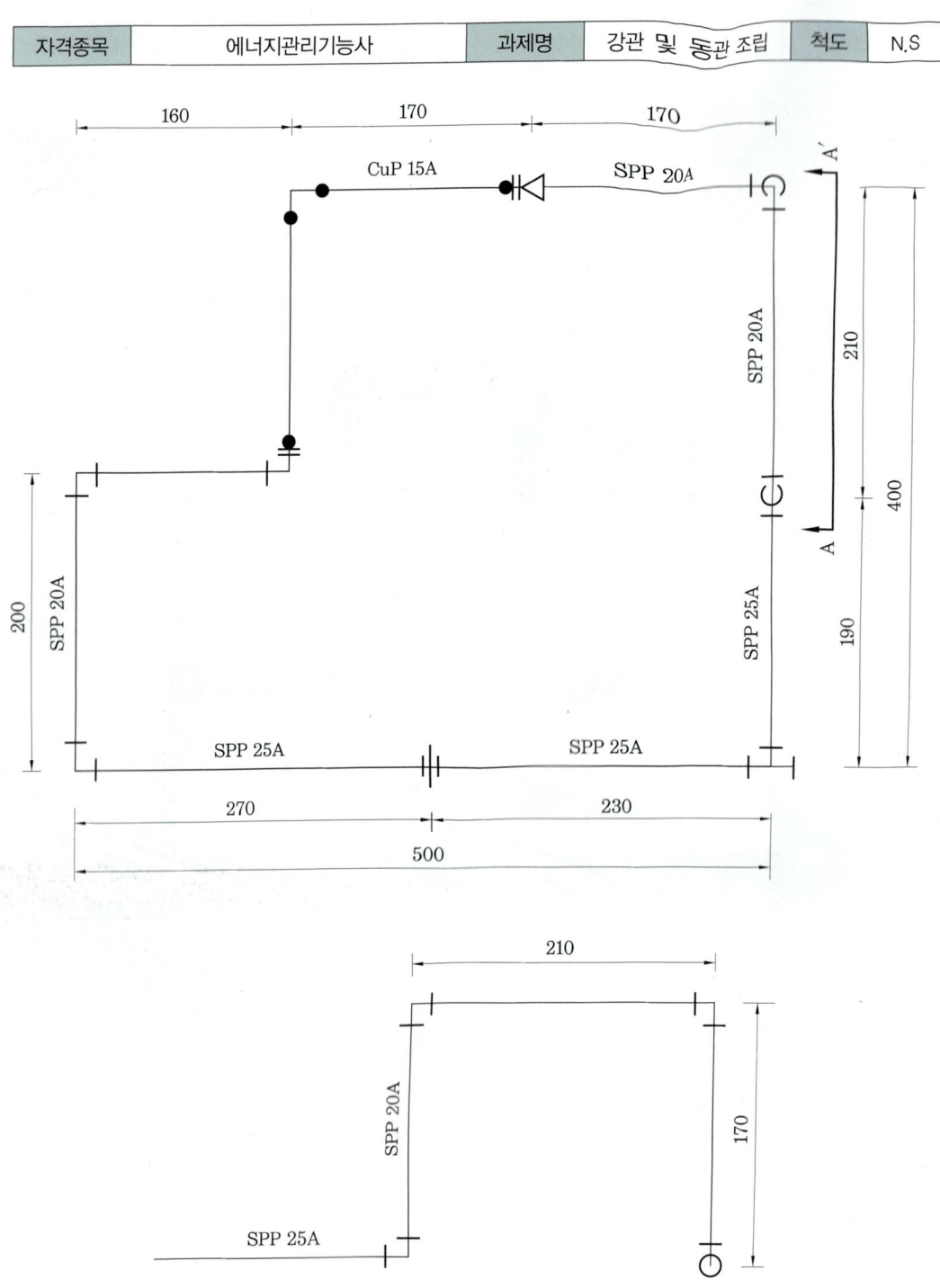

A-A′ 단면도

• 작업형 실기시험   293

작업형 실기시험 완성 작품 ⑧

| 자격종목 | 에너지관리기능사 | 과제명 | 강관 및 동관 조립 | 척도 | N.S |

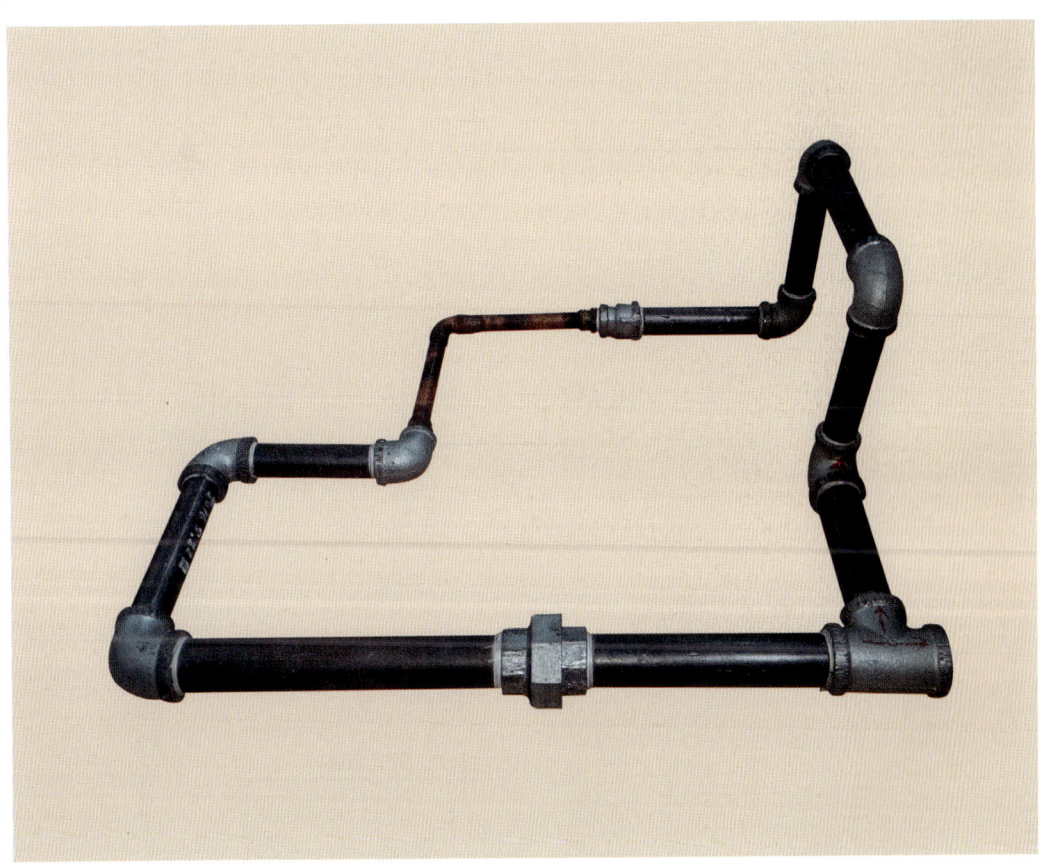

작업형 실기시험 공개 도면 ⑨

| 자격종목 | 에너지관리기능사 | 과제명 | 강관 및 동관 조립 | 척도 | N.S |

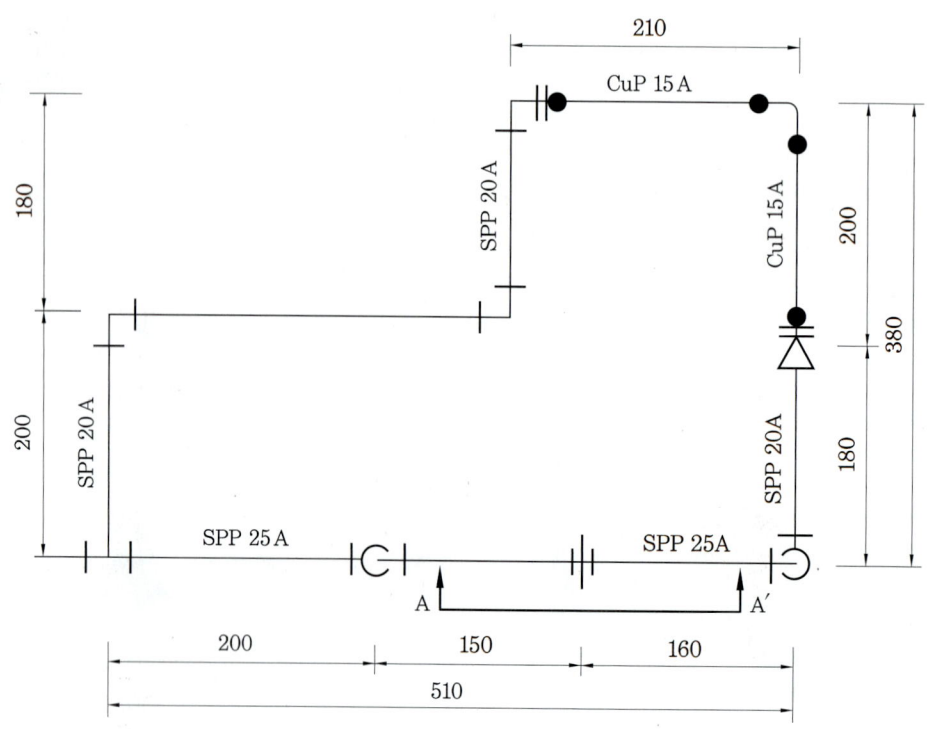

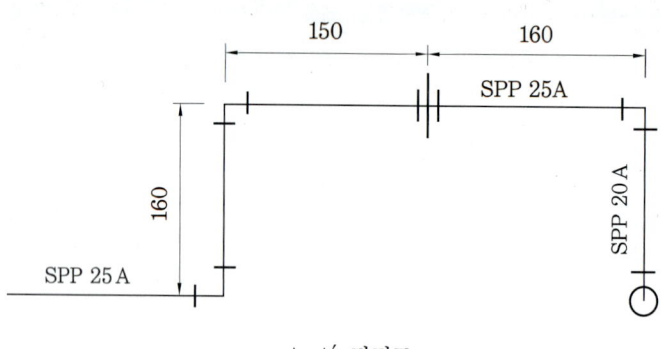

A-A′ 단면도

작업형 실기시험 완성 작품 ⑨

| 자격종목 | 에너지관리기능사 | 과제명 | 강관 및 동관 조립 | 척도 | N.S |

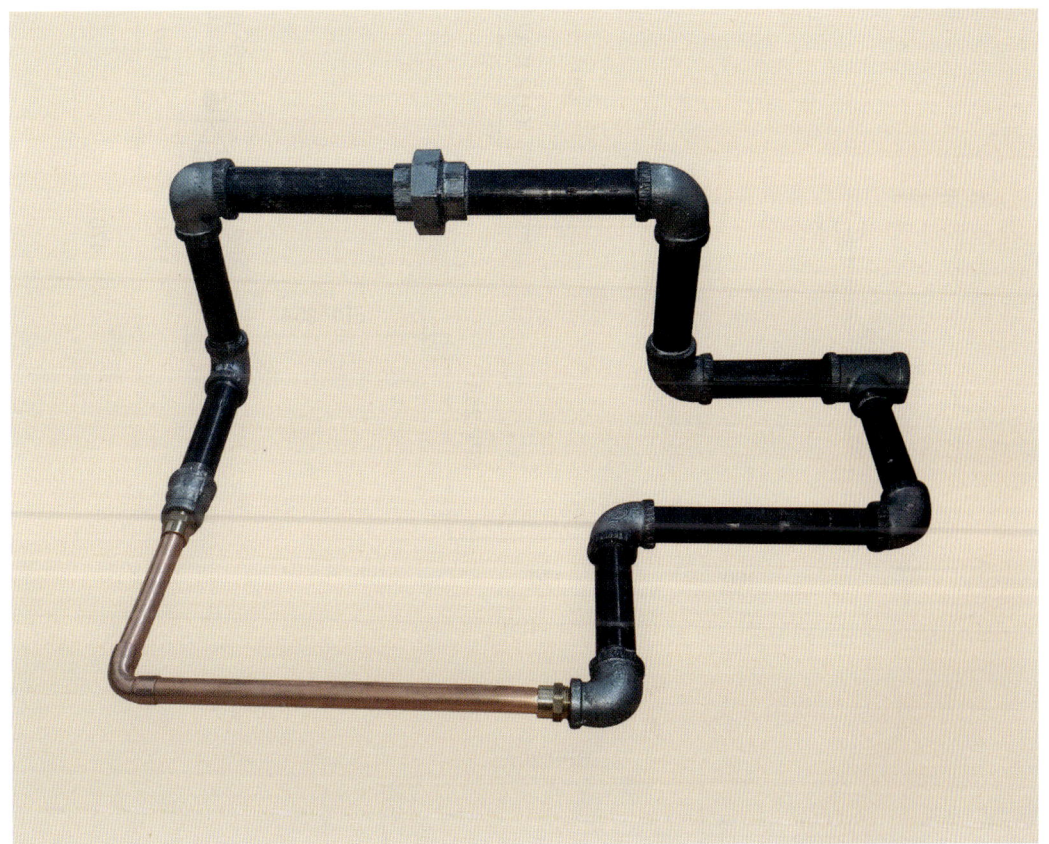

작업형 실기시험 공개 도면 ⑩

| 자격종목 | 에너지관리기능사 | 과제명 | 강관 및 동관 조립 | 척도 | N.S |

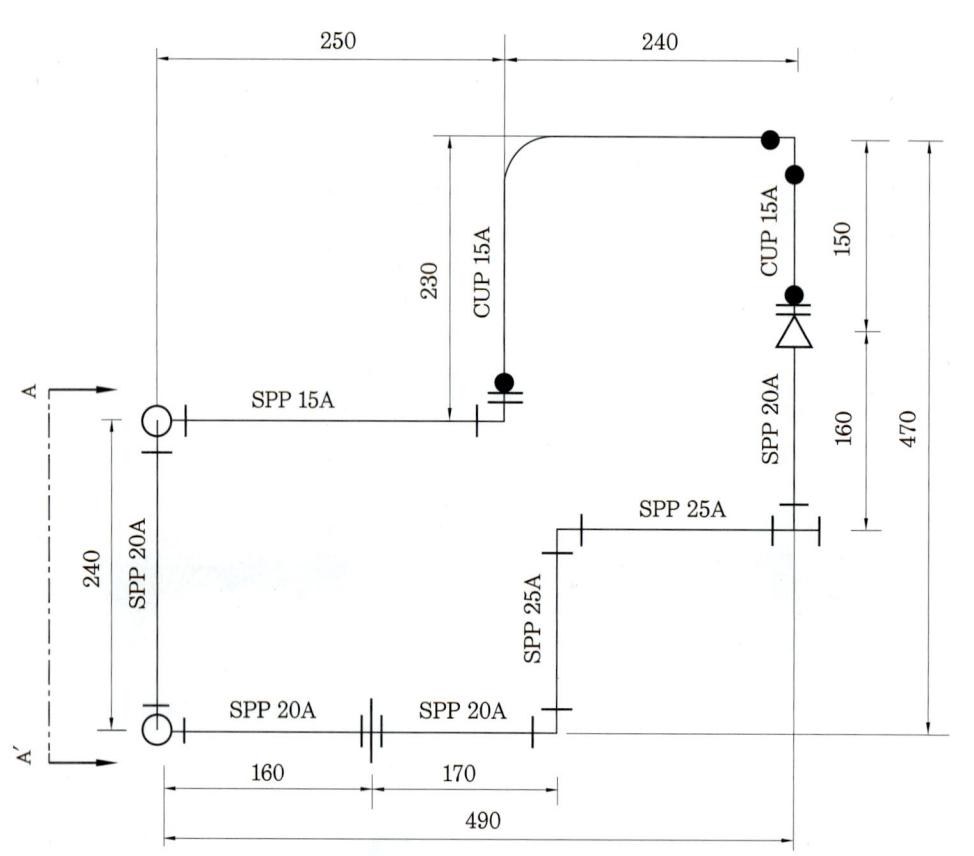

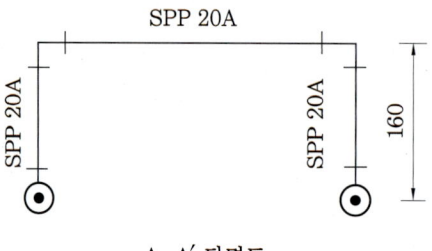

A-A' 단면도

작업형 실기시험 완성 작품 ⑩

| 자격종목 | 에너지관리기능사 | 과제명 | 강관 및 동관 조립 | 척도 | N.S |

에너지관리기능사 실기시험

2019년 1월 15일 인쇄
2019년 1월 20일 발행

저자 : 윤상민
펴낸이 : 이정일

펴낸곳 : 도서출판 **일진사**
www.iljinsa.com

(우)04317 서울시 용산구 효창원로 64길 6
대표전화 : 704-1616, 팩스 : 715-3536
등록번호 : 제1979-000009호(1979.4.2)

값 **20,000원**

ISBN : 978-89-429-1571-2

* 이 책에 실린 글이나 사진은 문서에 의한 출판사의
동의 없이 무단 전재·복제를 금합니다.